記憶裡的幽香

嘉義蘭記書局史料文集百年紀念版

財團法人台灣文學發展基金會◎策畫
文訊雜誌社◎編

蘭記書局創辦人黃茂盛。

赴日旅遊的黃茂盛。

因黃茂盛喜愛蘭花，以蘭為名的蘭記書局內常佈滿蘭花的盆景。

黃茂盛先生家族合照，前排左起：黃櫻（次女）、黃素貞（長女）、黃暉美（三女）、黃吳金（妻）、黃楊勤（母）、黃茂盛、何乃仁（大女婿，抱何惠淑）、紀經博（二女婿，抱何惠蘭）；後排左起：黃德興（五子）、黃德銘（六子）、黃德榮（四子）、黃振文（次子）、黃學良（三子）。（黃寶慧提供）

將經營書局重心移交下一代的黃茂盛，專心奉母，並以養蘭與集郵自娛。

3

1955年，黃茂盛次子黃振文與黃
陳瑞珠結婚。

1963年6月9日，黃茂盛五子黃德興
與黃張淑芬結婚。（黃寶慧提供）

黃茂盛與妻吳金、孫兒攝於
蘭記書局內。

蘭記第二代黃振文、
黃陳瑞珠夫婦。

黃茂盛先生三個女兒，左起：
黃暉美、黃素貞、黃櫻。（黃
寶慧提供）

5

黃茂盛擔任嘉義市縣圖書教育用品公會理事長，於某次演講時之致詞講稿。

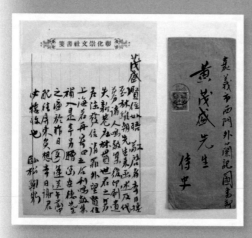

黃茂盛與當時彰化崇文社社長黃臥松交誼深厚，此為黃臥松的來信。

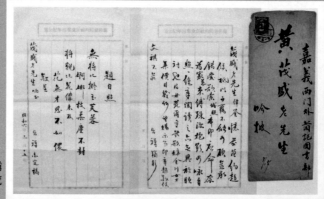

有澎湖第一才女之稱的蔡指禪當年與黃茂盛魚雁往返的紀錄。

旅日畫家陳永森為黃茂盛的摯友，有多封信函的往復。

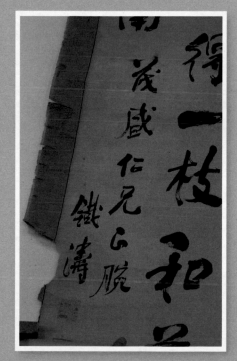

洪鐵濤是台灣日治時期知名畫家，與黃茂盛的交誼可視為當時知識份子圈的一個縮影。

黃茂盛蒐藏的畫作中，有
曾創辦琳瑯山閣詩仔會的
女詩人畫家張李德和的作
品，詩畫相映。

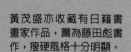

黃茂盛亦收藏有日籍書
畫家作品，圖為藤田彪書
作，瘦硬風格十分明顯。

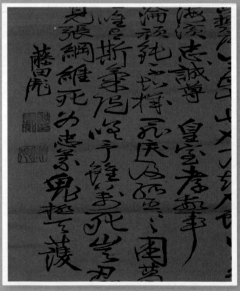

蘭記書局曾三次
遭祝融肆虐，遭
受極大的打擊。

火災發生時，《台灣日日新
報》等媒體對此一事件有詳
細的報導。（何義麟提供）

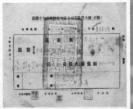

由於黃茂盛有保
險的觀念，而將
火災的損失減到
最低。

火災發生後，蘭記
書局迅速整建，於
隔年在《三六九
小報》上刊登新居
訊息和新書廣告。
（何義麟提供）

蘭記書局相當注重廣告行銷，常於《三六九小
報》頭版刊登大幅廣告。（何義麟提供）

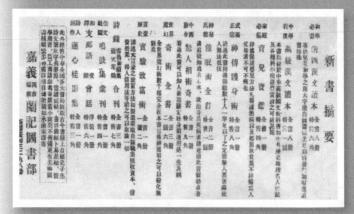

蘭記廣告　「新書摘要」，《三六九小報》，昭和五年11月3日，新書
摘要前兩冊即為「初學必需《繪圖漢文讀本》」與「中學程度《高級
漢文讀本》」。（蔡盛琦提供）

蘭記廣告　《新生報》，1946年7月21日，版1。廣告中的讀本已更名為《繪圖初學國語讀本》、《高級國語讀本》，冊數都是四冊。（蔡盛琦提供）

蘭記廣告　「最近出版之連環圖畫」《三六九小報》，第46號，昭和6年2月13日。（蔡盛琦提供）

蘭記廣告　「收買古書」，《新生報》，1946年11月12日，版1。（蔡盛琦提供）

蘭記廣告　「拳乘出版了」，《三六九小報》，第103號，昭和六年8月23日。每冊圖書定價後面都有「寄費」項，可見當時郵購買書是很普遍的方式。（蔡盛琦提供）

蘭記廣告 「本版書大特價優待同業」，昭和五年6月。批發同業的書目單上標明，初級本全書八冊定價是一圓，批購十部即可以五角進書。

蘭記書局《醫學書目錄》封面。（楊永智提供）

蘭記圖書部漢籍流通會曾於大正十四年4月出版《圖書目錄》一冊。（李國隆提供）

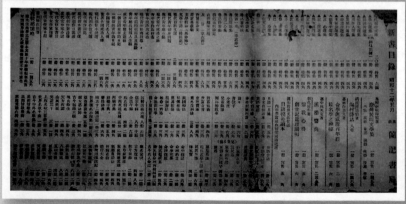

昭和12年5月「蘭記書局」發行單張新書目錄，共計156種。（楊永智提供）

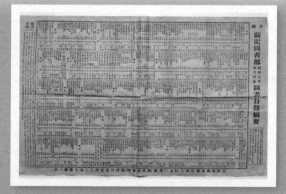

昭和九年四月的蘭記圖書部目錄摘要。

蘭記書局代理經銷上海「沈鶴記書局」圖書的廣告目錄。

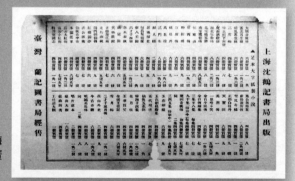

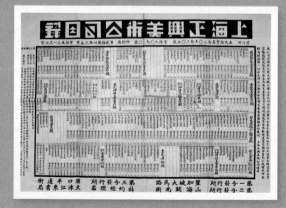

蘭記書局不僅代銷海外書籍，畫片也在代售的範圍內，圖為上海正興美術公司目錄。

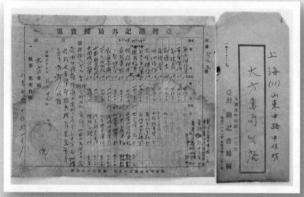

蘭記書局自上海引進中國新文學書籍，此為蘭記向上海大方書局購書的採貨單。

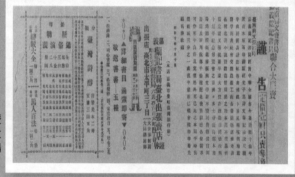

昭和十年十月十日，「台南興文齋書局暨嘉義蘭記書局聯合大廉賣」廣告單。（楊永智提供）

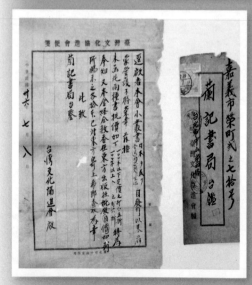

蘭記書局銷售交易的範圍遍布全台，此為來自台北的台灣文化協進會來函。

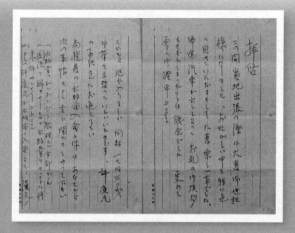

任職台灣出版會的中榮越二給黃茂盛的信中，可看出蘭記書局在南台灣出版界所扮演的重要角色。

日治時期台灣出版文化株式會社信封。

15

蘭記書局留存至今的印
章有數十種，用途與形
貌各異，從中可知蘭記
書局的發展盛況。（上
為楊永智提供）

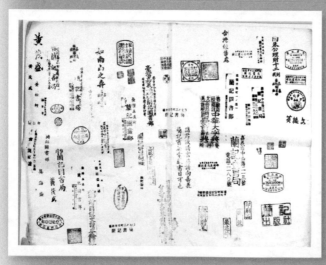

蘭記圖書部的明信片。

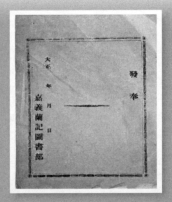

蘭記圖書部的便箋。

蘭記圖書部的信封。

黃茂盛曾於民國三十五年十月以「私立蘭記圖書館」名義印製藏書票兩款。（左為楊永智，右為蘇全正提供）

蘭記書局深諳經營行
銷策略，設計各種方便
郵購書籍的函件及劃撥
單。

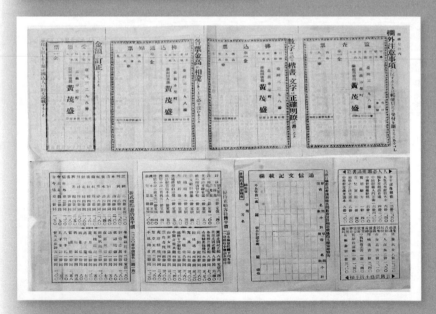

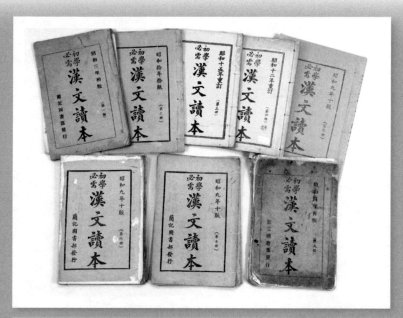

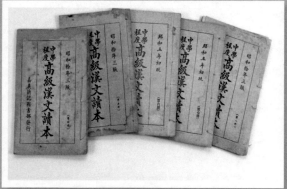

黃茂盛親自編選適合台灣人閱讀的《初學必需漢文讀本》，及以別名黃松軒發行的《中學程度高級漢文讀本》，各有八冊，均廣受歡迎，多次再版。。

戰後初期出版的《繪圖初級國文讀本》是以《初學必需漢文讀本》為本，更名再版，提供台人恢復中文使用及學習之需。

蘭記書局出版的《居家必用千金譜》為實用性書籍，亦為當時暢銷書。

黃松軒編輯的《不可不笑大笑話》。

蘭記冒險經售未獲審查許可，充滿民族意識的《台灣革命史》。

蘭記出版本土作家許丙丁代表作品《小封神》。

《精神錄》為陳江山所著，是蘭記流傳最廣的善書、右為三版的助印紀錄。

蘭記圖書部於昭和五年
七月出版的《新撰仄韻
聲律啓蒙》。

蘭記於30年代出版的
《注音字母北京語讀
本》。

蘭記出版釋義甚詳、
暢銷一時的《中華大字
典》。

蘭記重要台語叢書《國臺音萬字典》，及
後來增補修訂的《蘭記臺語字典》。

黃陳瑞珠致力於閩
南語教育的推廣，編
有《閩南語發音手
冊》。

現藏蘭記書籍中，《民間情歌漫畫集》由中國知名工藝美術家張光宇插畫，對男女情愛表現真切詼諧。

蘭記代售書籍中不乏當時上海豔情文風色彩濃厚的作品。

蘭記對引進中國新文學作品亦有貢獻。

從引進的書籍中，可看出當時已開始關注「女性」問題。

陳重光夫婦

黃哲永

蔡義方

賴彰能

蔡榮順（右）與採訪者
柯榮三合影。

吳明淳女士將蘭記書局史料轉贈
遠流出版公司、財團法人台灣文
學發展基金會王榮文董事長，於
2006年8月7日攝於文訊雜誌社。

蘭記書局交易熱絡、人聲鼎沸的情
景，透過相片依稀仍可感受。

蘭記出版社

蘭記書局最後的招牌，更名為蘭記出版社。

2017年7月20，於嘉義市中正路黃寓進行訪談合影，前
排左起：柯榮三、黃德興、黃德銘；後排左起：蘇淑
妍、黃寶慧、黃陳淑橙、黃寶瑢。（黃寶慧提供）

見證台灣出版產業的
開發奮鬥史

◎王榮文

遠流出版公司董事長

2005 年 7 月初的午後，一通急切的電話將我帶回故鄉嘉義，爲了一批蘭記書局的書籍文物。

蘭記書局，這間在日治時期頗具盛名的書店，位在嘉義中山路上，一直是當地的精神地標。來電的吳明淳女士則是蘭記書局第二代經營者黃陳瑞珠的外甥女，長年旅居國外，爲了處理遺留下來的蘭記書局文物而輾轉聯絡上我，基於同鄉的情誼與對出版的熟稔，吳女士相信將這批資料托付給我，定能得到妥善的保管與應用。

一間經營了七十年的書局，在台灣的出版史上會留下多少痕跡？蘭記越過戰前與戰後，是日治時期重要的中國與日本圖書引進者，從累積超過半世紀的出版品、各式主題的代銷書籍、圖書目錄、書店帳本、與書商的往復資料、圖章、剪報，還包括創辦人黃松軒的蒐藏品：書畫卷軸、照片、文友函件，這些林林總總超過三、四十箱的文物，幾乎等同於二十世紀前半葉的台灣出版縮影，我開始感到這是多麼沉重的托付！

回台北後，我一點一滴的將書籍整理、裝袋，磨挲這些泛黃、歷史久遠的珍貴寶貝，心中掛記的是該如何向世人顯現。所幸台灣文學發展基金會所屬的《文訊雜誌》，一向關心台灣的文學與出版發展，以其史料整理與研究的專業接下文物整理的工作，並爲蘭記書局策畫專題，邀

約專研日治時期教育與文學的學者爲此專題貢獻心力，學者們分住各處，爲了親炙這些珍貴的資料不辭路遠與舟車勞頓，有的甚至是數次來訪，花了幾個月的時間撰文，而《文訊》也在 2007 年的 1～3 月連續三期，推出「記憶裡的幽香——蘭記書局史料研究」專題。學者們或就經營者分析、或針對出版品討論、或以懷念的角度述之，或對當時的出版環境探究蘭記的貢獻，希望呈現出來的是蘭記書局在台灣出版史上的定位與影響力，相信這些貢獻並不因書店的結束而消失。

這本書，不僅是專題的結集，並增收了黃陳瑞珠口述、其弟陳崑堂整理的〈蘭記書局創辦人黃茂盛的故事〉、目前文物中所能看見的蘭記圖書目錄的分類整理，以及百餘張珍貴的照片及書影。透過後輩及專家學者的筆，除追憶感懷前輩的努力與精神外，也瞭解到上個世紀初漢文的閱讀與傳播，出版產業的開發奮鬥史，相信對台灣出版研究有所助益。

期待有一天，理想中的「台灣出版博物館」能夠成立，這一批蘭記的珍貴文物及史料將捐贈並典藏於此。它不僅見證了台灣出版產業的發展與變遷，同時也能告慰念茲在茲蘭記書局史料保存的後代子孫。

願以此書遙寄爲台灣出版貢獻心力的先賢故人。

〔增訂新版序〕
蘭記百年

◎黃寶慧

蘭記書局第三代、東森新聞雲執行董事

應該是二年前，我的遠房親戚文史工作者黃惠君告訴我，有一本關於我嘉義老家「蘭記書局」的書出版。不久，果然送來一本《記憶裡的幽香——嘉義蘭記書局史料論文集》。

我因爲大學從嘉義負笈北上之後又赴美求學、在海外工作多年，對於孩童時代的經歷記憶，幾乎從未和朋友提起。翻閱這本書和照片，勾起些許兒時記憶。小時候的印象中，「蘭記」就是嘉義最大的書局，我的爺爺黃茂盛先生是地方上知名的大善人和孝子，每日都要從蘭記書局走到隔著中山路正對門的東成書局（分家後由四伯父黃德榮經營），向居住於此的曾祖母請安；我的奶奶黃吳金女士是位精明能幹的女性，天天都坐鎮書局經營。我的童年就住在蘭記書局後方廳堂的二樓，直到分家時，排行第五的爸爸分得興中街的一排透天厝，我才搬離位在嘉義地王中山路的蘭記書局。

看到《記憶裡的幽香——嘉義蘭記書局史料論文集》，才知道原來祖父創辦的書局記載著這樣多台灣文化及出版的歷史。但是，我的父親和叔伯們卻對此書部分內容失真有意見，這也是我承命要更正並且將這本書增訂再版的緣由。因爲第一版時未有訪談過蘭記書局真正的後人，從書中得知吳明淳女士是二伯母黃陳瑞珠女士的娘家親戚，其實和我們

素昧平生，也因此不知還有我們這些蘭記嫡傳後人存在。不過我還是相當感謝吳女士協助把蘭記書局遺留下來的圖書史料交託給王榮文先生，讓它們得以保存下來，才有這本書籍的面世，也讓蘭記紀錄台灣出版一百年的史實得以還原。

這本書的增訂新版，增補了蘭記後人的訪談，感謝柯榮三教授對我父親黃德興和叔父黃德銘夫婦的訪談，我們共同回憶當年蘭記的軼事，還有我們後人對於祖父黃茂盛先生、祖母黃吳金女士的記憶。而我也藉此機會得以重新探看這些遺留下來的史料文物，我相信這些印刻著台灣文化一百年的史料圖書得以保存，將為台灣這塊土地的文化傳承作見證。

謹以此書《嘉義蘭記書局史料文集百年紀念版》獻給我的祖父黃茂盛先生。

一百年前他創辦台灣第一家現代化經營的蘭記書局。

他身體力行教養我們孝順父母、勤奮向學、樂善好施。

目次

【輯一】人的故事

【輯二】書店的故事

輯一◎
人的故事

蘭記書局創辦人黃茂盛的故事

◎黃陳瑞珠 著
◎陳崑堂 整理

先翁黃茂盛先生，字松軒，1901 年生於雲林斗六，1978 年 11 月 3 日逝世。

童年時因父親遠渡南洋經商，母子及姊三人乃舉家遷居嘉義東門紅毛井附近（今蘭井街），與母親娘家為鄰。後來父親突然客死他鄉，母子生活頓成問題，一度曾受舅父接濟。

七歲在漢學堂（私塾）學習漢文，之後進入嘉義公學校就讀，畢業後（第十一屆）因家境清寒未能繼續升學，經服務於銀行之舅父楊象庵先生之介紹，進入嘉義信用組合（嘉義第二信用合作社）工作。先翁自小好學，又受姨丈林玉書先生（書法家臥雲）之薰陶影響，經常手不釋卷，博讀漢文書籍。下班後時常四處至親朋好友家搜借閱讀，不知厭倦。自然，過不了多久，所有的書都已看過，就再也無書可讀。正在納悶之際，忽發靈機，在看過的書本末頁時有附印出版目錄，如上海棋盤街商務印書館，鴻文新記書局和千頃堂等等，其出版書刊悉皆先翁當時亟盼一讀之好書，於是乃興購讀之念。唯當時家貧，書本又貴，非輕易負擔得起，但讀書慾望太強，只得硬著頭皮，鼓足勇氣情商母親，不意竟獲其首肯，在那區區二十元微薄薪水中捻出一部分供購書之用。

於是乃託旅居日本之遠親輾轉向中國上海郵購，再轉寄來台。

　　書每一寄到，先翁如獲至寶，日夜捧讀，幾至廢寢忘食。且性又慷慨，每於閱畢之後，悉皆分借於同為愛好漢學之親朋好友共享。但書一出借，一手接過一手，傳遞之間，很多好不容易購到的好書卻從此散失，蹤跡杳然，令他心痛不已。乃有朋友建議：何不將自己已看過而不欲保存之書，以舊書價割讓於人，一來可分享眾人，二來所得款項也可為再添購其他新書之助。想來有理，乃徵得其上司之同意，於合作社正門門柱旁倚放一扇舊板門，將已看過書冊擺設其上，開始上班兼做迷你舊書攤生意。由於自己素來愛好蘭花，便於門板上方置一橫幅，上書「蘭記圖書部舊書廉讓」字樣。這扇舊板門，實乃日後名聞遐邇之蘭記書局初萌之幼苗。

　　未料到這獨扇門小舊書攤一開張擺設，愛書者趨之若鶩，所擺書籍頃刻間竟被一掃而空，還有遠道聞風者不少因遲來撲空，只得怏怏而回。受此激勵，又體會當時社會一般愛好漢學之風甚盛，為讓更多人士也能享有閱讀好書之機會，先翁於研商再三之後，遂創立「台灣之漢籍流通會」，會採會員制，為以書會友之讀書會，有書者捐書，無書者墊交現金為押借書，還書時退還墊金，並酌收會費，開圖書交換閱讀之風，一時間好讀書者紛至沓來，會員遍布全台各地，頗獲好評。

　　1922 年 22 歲時與嘉義聞人吳海盛先生（丸山運送店店主）之長女吳氏金小姐完婚。吳氏畢業於嘉義女子公學校，天生麗質，聰明伶俐，先翁得此賢內助益更精勵奮發，夫婦倆於婚後不久便於嘉義西市場旁租一店舖，正式開設書店，店名仍為蘭記圖書部（吊掛蘭花於門楣上）店面由吳氏掌理，本人則白天上班，下班歸來後再整理帳目，訂貨，並做流通會事務，其後更為花、東、澎湖等偏遠地區設函購部，又兼出版部編輯。婆婆曾說：當合作社還不讓他辭職時，有時為了趕稿，曾數夜未碰到床，他還精神飽滿。

　　先翁雖僅國小學歷，卻胸懷大志，早年便決心以推廣文化事業為終

生職志。於創業略有成就後，遂摹計畫自中國大陸引進漢文書籍，除應士、農、工、商、醫藥各界學業參考所需外，更著重引介供幼小初學使用之初級漢學讀本教材，一來供貧苦家庭失學子女於家中自學識字用，二來供部分不願接受日式教育者自修研讀用。但其計畫卻一開始便已觸礁。因時日本政府採皇民化政策，為貫徹皇民教育，嚴禁中國文化入侵，是以先翁所提進口漢文書籍之申請悉遭駁回。面對如此困局，他卻從未氣餒。為推廣漢文教育，為消滅文盲，他一而再地申請、陳情，最後以其長年在嘉義文化界樹立之良好信譽與所獲佳評，並有日本人為其保證之下終於在下列條件下，有限度准其進口漢文書籍。條件為，禁止：

（一）**有關政治者。**

（二）**妖言惑眾，符咒卜卦，巫醫，幻術者。**

（三）**違反國策及其他政令者。**

這是日本治台三十年來，首次批准進口中國大陸漢文書籍，堪稱文化界一大盛事。但首批書甫一進口，立即遭遇挫折。其商務印書館發行之「最新國文讀本」一至八冊各二百本悉遭當局沒收。原因為：

（一）**非日本國語文，書名卻為「國文」。**

（二）**內容全為有關中國之歷史、文化、教育、思想等，違反日本國策。**

如此打擊，精神與金錢兩受其創，如換成別人，可能已經一蹶不振，而先翁竟能化悲憤為力量，在弄清楚問題之癥結後，對症下藥，馬上著手編撰自己之初學漢文讀本，除部分委曲委協日本當局種種嚴酷之規定外，其內容較之商務版者更適於台灣之幼年學習，文字由淺而深，並附插圖，故事引人入勝，又與本土文化相符，足堪取代當時民間習用之三字經，昔時賢文等教材。黃茂盛編撰之初學漢文讀本一至八冊經當局審核再三，再歷不少波折，於將第三冊第一課之內容改編為「天長節」（日皇誕生紀念日）之後，終獲通過。

　　1927 年由嘉義源祥印刷之初級漢文讀本一出書，馬上被搶購一空，由此信心大增，隔年 1928 年便在上海中西書局與嘉義源祥印書館同時大量印刷，由蘭記圖書部發行。其間且賺便，將原來之「天長節」一課偷偷抽掉。

　　此時，由於出版以及書店業務急速擴張，資金需求孔急，爲協助丈夫大展鴻圖，吳氏乃將陪嫁之私房錢悉數獻出湊合。資力一足便自中國大陸大量批購圖書進口販賣。由於所進書目林林總總，涵蓋各門各業，頗能適合各界需要，是以口碑載道，求書者自各地紛至沓來，絡繹於途，有人形容當時情形，謂蘭記門庭若市「彷如花蜜蜜招徠群蜂」。於是蘭記招牌名聞全台，不但文化學術界受其惠，即鄉間漢學私塾也因之而蓬勃發展，失學學子再得學習機會。當時嘉義市長伊叢氏，嘉義中學校校長小池氏都讚揚先翁黃茂盛先生爲教育文化界之偉大幕後功臣。

　　然而由於社會進步，學術水準提高，各界對書本之需求漸趨繁雜多歧，是以蘭記書局所提供之書籍漸漸無法滿足各界需要。例如資治通鑑每套百卷，佩文韻府則有八十卷之多，國學醫藥叢書等價位也都極昂貴，而各地書商又紛紛要求批售，凡此皆已非他們夫婦之能力，財力所能及。正在進退兩難之際，幸遇台南聞人陳江山與屏東馮安德兩位先生有感於先翁爲提高台灣學術文化水準所作之努力，仍大手筆的各供出一千圓及五百圓交與先翁作爲進口書籍之資金。於是當大陸貨品運到，嘉義郵局之送貨卡車整日往返奔波，裝箱之圖書及文具、圖片等等鑲銅邊之木箱，除自家店面外，更堆滿左鄰右舍之騎樓，讓一帶店家之顧客步履維艱。書籍之外，其他如美術掛圖、圖片更受歡迎，舉凡公共場所，商場莫不懸掛、張貼，蔚爲時尙，而暢銷一時，而零售商爲免向隅，更爭相付款預訂。幾位店員時常爲避免妨害左右店家白天的生意，而徹夜分裝批發忙到清晨。

　　此外自行出版也盛極一時，例如善士陳江山先生所著《精神錄》也

於此時由蘭記圖書部承印發行，各界爭相捐款印贈，更有遠自南洋暹邏、香港、中國大陸之四川、浙江、湖南等處亦有函索與求參與印贈者。一再地再版，一時洛陽紙貴。此時，蘭記書局業務達其最為鼎盛期。此時黃茂盛應時局之需編著日台對照日語會話，也一而再版頗受台日港者之愛。

　　蘭記書局之另一顛峰發生於台灣光復初期。因為學校教材一夕之間由日文改為中文，於青黃不接之際，各級學校之教材嚴重荒欠。教育當局應急需，臨時決定以蘭記出版之初級漢文讀本權充小學國文課本，而其高級漢文讀本則充當中學國文課本。一時之間需書數十萬冊，蘭記書局即使日夜趕工也無法應付，各地書商遂乘機盜印出售。為求釋解教科書欠缺情形，先翁並不計較，版權任由侵害翻印也不追究。同時，鑑於大陸與台灣間之語言隔閡問題亟待化解，蘭記遂於一九四六年相繼出版以漢字母拼音之中華大字典，以及以羅馬字拼音之國台音萬字典二冊（皆為國台音雙注音）供各界使用。其中前者方便長一輩人士檢索，而後者則以青年學生，教會人士等為對象，使老少兩稱其便。正當台灣語言文化激變之過渡時期，先翁適時盡一己之力，為台灣文化建設做了相當程度之貢獻，蘭記招牌也因而提升了知名度。

　　先翁自小樸實無華，即使於事業有成以後，也仍然留平頭，著便服，煙酒不沾，不知賭博為何物。久之店員也皆以之為榜樣，而仿效之。對事業經營，也態度嚴謹，曾為書店經營訂下如下三原則：即（一）不賣盜版書或仿冒品。（二）不賣黃色書刊。（三）顧問至上，童叟無欺。其堅實之經營原則，在消費者及廠商三者之間建立起堅固的互信關係。

　　同時，由於堅信「取之於社會，用之於社會」之理念，其為公益活動之付出極多，而為自身之打算卻少。是以在蘭記事業極為鼎盛，收入頗豐之時，先翁也未曾計畫購置書店自用之店舖，仍然每三、五年就為店舖租賃期到而東搬西遷，影響營業。所幸能幹，賢慧的婆婆仍自己設

法買下榮町二丁目七十號（中山路台灣銀行斜對面），作爲蘭記書店自用店址，奠定日後業務更上一層樓之基礎。

先翁黃茂盛自立志創業以來，爲蘭記，爲台灣文化學術界之發展奔波勞苦數十年後，於 1970 年，決定退出蘭記經營，理由：（一）次子振文學成返鄉，才識頗堪重任，而年輕一代嶄新之經營方式頗適合時代需要，是以安心交棒。（二）長年爲事業東奔西跑，疏忽了最爲敬愛的母親，深覺內疚，而母親年事已高，需人扶持，爲讓其安享餘年，決定自業務退休，以便早晚奉侍在側。

於是移居蘭記書局對面，與母親同住，除凡事爲母親操持之外，並就近養蘭，集郵，以爲消遣。自此日復一日，從不間斷，直至母親高齡百歲，無疾而終爲止。如此孝行，識者莫不欽佩動容。

在先翁幾近完美的人生旅程中卻有一件事令他遺憾終生。

由於少時未能升學，深知失學之苦，便立志設立蘭記圖書館，供失學之民眾或子女自修，好學之青年、學者研習之用。

於是自早期起就將蘭記書局所發行或經售之書籍每種各留下一本，蓋上「私立蘭記圖書館藏書」圖章，並編號，再叮嚀店員好好整理，收藏，並且於市內元町購得一地，予備將來興建館舍之用。

不幸二次大戰空襲疏開時藏書散失不少，又遭爆擊前後三次火災燒失，書籍所餘無多，致計畫不克實現，成爲先翁未竟之遺志。

2000 年 6 月 15 日
黃陳瑞珠敬撰

漢文知識的散播者

記蘭記經營者黃茂盛

◎江林信

政治大學台文所碩士

　　黃茂盛（1901～1978），字松軒，生於雲林斗六，經營台灣日治時期最大的漢文書局「蘭記書局」，以知識的傳播作為終身志業。書局成立之初，自上海引進各式圖書，範圍涵蓋幼兒教材、語言工具、古今故事、善書佛經等類別，1930 年代之後則偏重通俗小說之進口，影響台灣民眾對於「小說」的重視。[1]

　　以漢文書籍為主要銷售項目是蘭記的重要特色，漢籍的內容思想也影響著黃茂盛的出版策略，從日治時期「漢文讀本」到戰後《國臺音萬字典》、《國音標註中華大字典》等書的出版，可見其對於時代需求的敏銳反應。而對於儒教思想的認同，使其出資贊助崇文社的社務費用，並協助該社諸多文集的出版與發行，對於台灣日治時期的讀書市場與社會教化扮演著重要的角色。

漢文本位的「讀書人」

　　以漢文書籍所承載的知識為起始，並在戰後延續漢文的傳播與教學，黃茂盛的語言堅持標示著他的民族立場，在新式教育（公學校）與

---

[1] 黃美娥〈文學現代性的移植與傳播〉，文收《重層現代性鏡像：日治時代臺灣傳統文人的文化視域與文學想像》，台北：麥田，2004，頁 294。

傳統教育（漢學堂）的雙軌教育之下，他對於漢文書籍情有獨鍾。受書法家林玉書的薰陶與影響，其於工作之餘依然手不釋卷，博覽群書，並循著書末所附目錄，透過日本的親戚郵購上海商務印書館、鴻文新記書局與千頃堂等書店出版的圖書。

作為一個愛書人，黃茂盛讀書幾至廢寢忘食，並將閱畢之書分借給親朋好友閱讀，以推廣文化。只是，書本遞送往來，造成許多書籍的散佚，殊為可惜。於是他接受朋友的建議，將舊書以廉讓的方式脫出，一來既可以保持書籍的流通，嘉惠更多讀書人，二來又可將賣書所得再行購置新書。黃氏便在其工作之信用合作社門柱旁擺置舊門板，並於其上置一橫幅，書「蘭記圖書部舊書廉讓」字樣，進行二手書籍的販賣，建構起克難形式的漢文書籍流通。

就日治時期的教育環境而言，自發涉獵書房以外的漢文書籍具有特殊的意義，除了品味的因素之外，漢籍所承載的內涵與書寫方式，顯然深深令黃茂盛感到親切與認同。舊書廉讓的反應甚佳，使其受到無限鼓舞，顯示當時台灣受日本統治雖逾二十年，但是漢學之風依然盛行。為了避免向隅之憾，並且務求漢籍流動的擴大，黃氏乃創立「漢籍流通會」，酌收會費，開啟圖書交換閱讀之風。這項措施的廣泛度雖然無法與學校、圖書館相比，但是其出發點，卻展現了台灣人對於漢籍的渴求與自力救濟，在私塾的幼童教育與技能教育之外，拓展了漢籍在成人教育方面的版圖。

其漢文立場之堅定還展現在另一件事蹟上，即從上海進口商務印書館發行的「最新國文讀本」與自行編著「漢文讀本」。此舉有助於在日本教育之外加強培訓漢文教育的幼苗。蓋台灣日治時期的知識分子亦曾就台灣語言之主流與推廣手段產生長久的論爭，「讀本」的經銷無疑是以實踐為優先的釜底抽薪之計。

漢文讀本的編撰除了顯示黃茂盛著重漢學與矢志推廣的決心之

外，從讀本的內容涉及寓言、古文、衛生、科普等方面來看，也可以窺知其對於漢文能否承載新時代知識是深具信心的。

捐金佈教的傳道者

漢文雖然可以作為一種民族的標誌，然而其中的內涵卻是另一番的精神所在，漢學堂的教育與儒家道德教化的思想指導著黃茂盛的文化事業，而崇文社的贊助與文集出版則是最具體的實踐。

從崇文社授予黃茂盛「見義勇為」的匾額，並在《祝皇紀貳千六百年彰化崇文社紀念詩集》為其立傳，可知其在崇文社的重要地位。崇文社以「崇文重道」為其創社宗旨，除了固定的廟堂儀式之外，主要以課題徵文方式鞏固儒家觀點之下的文化教化論述，透過《台灣日日新報》的媒體傳播威力，崇文社的論述在當時社會有不小的力量。黃茂盛對於崇文社最主要的貢獻在於出版崇文社的徵文結集，如《崇文社文集》、《鳴鼓集》、《過彰化聖廟詩集》、《彰化崇文社詩文小集》、《祝皇紀貳千六百年彰化崇文社紀念詩集》等，在出版競爭日趨激烈的 1930 年代，願意出版並發行這些性質接近「善書」的刊物，相當程度展現其對社會的責任感。從崇文社的寄附者名單中可以發現，黃茂盛不止一次寄附印製文集所需的費用，最高的一次還高達一百圓（昭和 11 年），當時一般寄附的金額多在十圓上下，身為醫生的賴和最多也僅達六十圓（大正 10 年），非富貴人家卻有如此手筆，顯見其對於該社團宗旨的認同與結集出版的支持。

黃茂盛對於儒教思想的看法可以從其為陳江山《精神錄》所做的序文窺見一斑，其段落中言及：

> 古聖賢憂天下，人心不正，道德淪亡，故特立言垂訓，以遺後世，雖不能使人人服從，然天下之大，豈無一二身體力行者。蒙經云：

> 人之初，性本善，性相近，習相遠，誠哉斯言。吾人苟能日省吾
> 身，不為外物所誘，斯何誤入歧途。[2]

　　從「古聖賢」之憂天下，到「道德」可以透過「立言」來保存、傳播，正好體現出版事業與道德事業的結合軌跡，崇文社透過報紙徵文當然有透過媒體力量以擴大視聽的企圖，將徵文優選的作品結集出版、散布，則有進一步保存價值，並遺教後代的功效。文集的印製費用雖然以各方寄附的金額支付，不過，在出版發行業務的繁雜與瑣碎之下，若非使命感驅使，當不易在熙熙攘攘的業務當中堅持作為。從當時文人與黃茂盛往來的書信中可以發現，除了印刷出版事務，文字校正與文集寄贈等瑣碎雜務亦由其料理。崇文社社長黃臥松曾致函寫道：「林維朝外數氏，及王子典先生、王國材、楊爾材諸先生，望將鳴鼓集四五合刊、過聖廟遞贈，□貴處轉寄□□（筆者按：□為字跡無法辨識）」，可見當時傳統文人對於崇文社出版物的重視，與黃茂盛的散布流傳之功。

　　另外，資助崇文社最力的陳江山與馮安德兩人，最多曾一次寄附四百圓，成為崇文社文集出版的重要後盾，若非經過黃茂盛的引介，黃臥松的儒教事業恐怕大打折扣。〈黃茂盛先生傳〉[3]述及：「對於崇文社也，亦不惜鉅資寄附，並代鼓舞親朋援助……其衛道之功宏，堪為孔教之功臣，誠不誣也。」允為適當之評價。

謙和平易的出版家

　　雖然黃茂盛的學歷僅有公學校畢業，以行員職位任職於信用合作社，不過其透過圖書的交換與經銷，卻與當時的傳統文人有相當的接觸。

　　如同黃氏之媳黃陳瑞珠所言：「先翁自小樸實無華，即使於事業有成以

---

[2]. 陳岷源《精神錄》，嘉義：蘭記圖書部，1929 年，頁 8。

[3]. 文見黃臥松編《祝皇紀貳千六百年彰化崇文社紀念詩集》，未標示撰文者，嘉義：蘭記圖書部，1940 年，頁 3。

後，也仍然留平頭，著便服，菸酒不沾，不知賭博為何物。」[4]黃茂盛始終維持其質樸的性格。從與之往來的黃陳瑞珠著，陳崑堂整理〈蘭記書局創辦人黃茂盛的故事〉。書信中，也可以約略看出其行事的風格。和他相當熟悉的友人陳江山曾自責自己太過忙碌，導致黃茂盛多次來訪不遇，在1934年6月3日的信中寫到：

> 敬啟者光駕裏臨，值敝不在，大有失迓之愆，遺憾良多，又蒙　寵錫隆儀美味佳珍，感謝莫名。……今受先生高情，足感大德，愛我知我者，惟先生一人也，永世不忘。

　　江氏陳述其購置新家，親朋好友之慶賀皆不敢受，惟收下黃茂盛餽贈之禮，蓋因其交情匪淺。而每次造訪不遇，皆不計較，始終對其多所協助，又可見黃氏樂於助人與謙遜的一面。在1934年10月23日的信中，陳江山又提到：

> ……每以繁務為辭，不得久聆□□，又不能少盡地主相待，遺憾實在因先生過於謙遜也。且而每賜佳珍美?，正在感□不已，大昨更蒙寄下子供洋服，如斯厚□，敝實難以克當。

　　因為「過於謙遜」所以未事先通知造訪行程，導致無法特別款待，可見黃茂盛不欲勞動他人的個性。
　　圖書的出版經銷也令黃氏結交許多當時重要文人，透過許多公私事務，增添交流的機會。資助崇文社最力的馮安德在其胞弟娶親時，亦希望透過黃茂盛邀請崇文社諸文人赴宴，其於1936年11月22日的信中拜託：

---

4. 黃陳瑞珠著，陳崑堂整理〈蘭記書局創辦人黃茂盛的故事〉。

> 並擬煩先生代為招待王則修先生、陳江山先生及其他昔時崇文社
> 中之知己文人等玉趾蒞臨，俾得與　諸君子相見、飫聞高論，欣
> 幸何如。

　　這段文字說明身為屏東麟洛庄長的馮安德雖然重金支持崇文社的
事務，不過對於崇文社的文人並不熟識，黃茂盛除了站在推廣儒教思想
的立場為其穿針引線之外，還扮演著私誼促進的角色。

　　其實，因為圖書經銷之故，黃茂盛精於出版業務，對於上海的情況
也較為熟悉，再加上其總是忠人之託，友人囑其協助之事並不止於這
些，連台南文人王則修也曾請其「為購就五百枚之譜」的美濃紙，而陳
江山的公子前往上海攻讀中醫時也受其安排照料。

　　除了男性文人的接觸之外，有澎湖第一才女之稱的蔡旨禪也曾與其
魚雁往返，其因緣際會透過短短數語呈現如下：

> 憶前曾約趨候，只以事羈不能如願，並承錯愛，欲索線照奉印應
> 命。奈為家慈束縛，殊彌抱歉。乃咏自照，絕章閱讀之，亦無異
> 於晤對也。……無將比擬玉芙蓉，婀娜枝柔塵不封。將貌比花儂
> 未及，花無才思不如儂。（**題自照**）

　　黃茂盛與蔡旨禪原打算以面相見，而終究僅得以文相會，雖然此函
最終的目的是「茲欲購金川女士集，價目幾何，望賜示。」不過，卻也
提供了圖書經售者與女詩人的一段逸事。

　　黃茂盛在文人諸友中的形象多建立在圖書經銷的專業，與其為文化
事業奔波的熱忱上。

多元知識的傳播者

　　日治時期台灣人所開設的書店多負有啓蒙教化的訴求，從連橫之雅堂書局、蔣渭水之文化書局、及台中的中央書局，多少對引介當時世界萌發之思想、各種新式的知識有所貢獻。而以漢文爲堅持，黃茂盛的經營方針與其對於知識生產的看法相關。其在《精神錄》的扉頁廣告有如是的詮釋：

> 竊願世之有志者，以實心求實學，俾古今聖經賢傳，物理科學，靡不了然於胸中，然非博覽群書，何由而得此。

　　這段文字實爲鼓勵向學以促進圖書銷量而寫，不過，從「以實心求實學」可知黃茂盛對於學問的態度，蓋知識應當作爲經世濟民之用，從聖賢言行到科學原理，皆可裨益民生。而其明於是非、崇尚道德的個性，亦可見於其爲書店經營所定下的原則：一、不賣盜版書或仿冒品；二、不賣黃色書刊；三、顧問至上、童叟無欺，此三者若爲一般僅求牟利之書販恐怕難以辦到，蘭記有此規章可見黃茂盛的道德潔癖與其對於知識的誠篤。

　　黃茂盛所經銷書籍的多元豐富，成爲台灣日治時期漢籍知識的重要參考，從中部文人張淑子的來信可以得知：

> 拙近將開設書房，意欲買些漢書，以供諸生誦讀，伏乞店鋪及書籍整頓就緒，惠寄目錄一枚裨拙選定。

　　當時蘭記書局甫遭祝融，店鋪與書籍猶未整理恢復完成，張淑子爲了開設書房，親自致函向黃茂盛索取購書目錄，顯見蘭記所販售的書籍

在當時的漢文知識界具有一定的地位。

另外，從其所編撰的「漢文讀本」的內容，也可以歸納出其科技與人文並重的理念，在《中學程度高級漢文讀本》的課題中可以發現〈勤訓〉、〈儉訓〉、〈堯舜禹〉等偏重傳統道德教育的篇章，也可以找到〈力學〉、〈顯微鏡〉、〈電氣〉、〈無線電報〉等新式科技的介紹，顯見其雖然鍾情於漢學，但對於西學種種仍然有一定的接受。[5]彰化黃百川曾致函索取書籍目錄，有如下言詞：

> 生是一介白面書生，素對於書籍甚以趣，本是菲才之輩，欲隨心研究西文，素聞　貴局對於此類書籍無所不有，本應趣局選擇購置，但因路程千里，況復交通不便，茲修寸楮，懇乞貴局所發行之書籍目錄一份，送下以資應需注文。

可見蘭記書局所引進的書籍除了滿足基礎教育、生活知識、道德勸善的需求之外，亦對於西方種種科技新知的介紹有所著力。

然而，爲求書局的永續經營，光靠中國歷史文化與生活知識相關書籍爲主的出版並不足夠，雖然「漢文讀本」頗受好評，陳江山所著的《精神錄》亦風行海外，銷售量高達數萬冊。不過，面對日本殖民政府的干涉與打壓，與島內其他書局的競爭，黃茂盛亦不得不調整經銷的方針。

爲了能夠在日本統治之下，持續經銷漢文圖書，蘭記亦出版了一系列日語教材書籍，諸如《無師自通日文自修讀本》、《ペソ字入實用書翰辭典》等，就如同崇文社必須與當局保持良好關係，以求其儒教推行事業之不墜，黃茂盛爲了讓漢文書籍出版順遂，有時也不得不委曲求全施行一些掩護的措施。[6]

---

5. 科目參見蘇全正〈日治時代台灣漢文讀本的出版與流通——以嘉義蘭記圖書部爲例〉，第一屆嘉義研究學術研討會，嘉義縣政府主辦，2005 年 10 月 21-22 日。
6. 同註五。

　　從 1920 年代到 1930 年代，蘭記書局主要銷售的圖書類型逐漸產生了一些變化。除了原本幼兒教材、語言工具、古今故事、善書佛經等書之外，也開始大量引進中國通俗小說如《官場現形記》、《孽海花》、《啼笑姻緣》、《漢宮春色》等。[7]這項另闢蹊徑的變化，主要因為現代化的發展導致大眾的閱讀需求轉變，通俗作品成為重要的娛樂商品，黃茂盛於是在最為普遍的啟蒙讀物之外，另外找出具有高銷售量可能的圖書類型。

　　黃茂盛的一生如果僅從圖書販賣商的角度來關照，顯然不足以突顯其文化地位，以對於知識的嗜好到分享、流通到出版，蘭記書局從草創至茁壯，多少可以體現其對於漢文化的使命。尤其就日治時期的讀書市場而言，因為黃茂盛的理念而出版的圖書，如崇文社各種集子、漢文讀本與《精神錄》等，更具體體現了該時代傳統文人的文化關懷與使命。而通俗小說的大量引進雖然主要作為一種生存策略，也可見到黃茂盛對於時代演變與大眾需求的敏銳嗅覺。從漢文本位的堅持，到知識的分享，黃茂盛的書籍事業連結了中國與台灣的讀書場域，讓傳統知識與新式知識共同成為漢文知識界的內涵。

參考資料

1. 蔡說麗〈黃茂盛〉，文收許雪姬主編《台灣歷史辭典》，台北：文建會，2004年。

---

7. 柳書琴〈通俗作為一種位置：《三六九小報》與 1930 年代台灣的讀書市場〉，《中外文學》，2004 年 12 月。

蘭記書局後人共話當年
訪蘭記書局第二代、第三代家族成員

◎柯榮三
雲林科技大學漢學所副教授

　　2017 年 5 月間，不意接到文訊雜誌社杜秀卿小姐來電，告訴我當年企畫「記憶裡的幽香——嘉義蘭記書局史料研究」專題時，原來尚有未及訪問到的蘭記書局第二代、第三代家族成員，他們讀到《記憶裡的幽香——嘉義蘭記書局史料論文集》（2007）以後，點點滴滴的過往浮上心頭，希望能有機會以黃家後人的角度，重新談談他們所知道的蘭記書局。接到杜小姐的電話，十年前有幸參與《文訊》「嘉義蘭記書局史料研究」專題的印象，也瞬間重新映現於我的腦海當中。

　　十年前，承文訊雜誌社邱怡瑄小姐之託，我在嘉義訪問了賴彰能、陳重光及其夫人陳賴金蓮、黃哲永、蔡義方、蔡榮順等地方耆老或文史研究前輩，追尋他們記憶中的蘭記書局，撰成〈耆老共話當年——訪老嘉義人‧談對蘭記書局的印象〉（收入《記憶裡的幽香——嘉義蘭記書局史料論文集》，頁 219-228）。十年後，想不到我竟有訪問黃家第二代、第三代家族成員對蘭記書局的機會，這或當不是偶然，而是我何其有幸地與蘭記締結下難得的緣分。

受訪者：黃德興、黃德銘、黃陳淑橙、黃寶慧
採訪者：柯榮三、李昀瑾
訪問時間：2017 年 7 月 20 日 14：00～15：30

訪問地點：嘉義市中正路黃寓

　　據《文訊》雜誌杜秀卿小姐告訴我的資訊，我與黃德興先生的二千金黃寶慧小姐約定了訪問的時間。2017 年 7 月 20 日，我們依約來到位於嘉義市中正路黃德興先生住處，當天在座者有蘭記書局創辦人黃茂盛先生的第五公子黃德興先生（1934～）及其妻子蘇淑妍女士、第六公子黃德銘先生（1935～）及其妻子黃陳淑橙女士（1942～），以及黃寶瑢、黃寶慧姊妹（黃德興先生的兩位千金）。

　　雖然身為第三代，但黃寶慧對於蘭記書局的記憶仍在，她說：「我和我姊姊都是在蘭記這塊地方出生的！」後曾住過興中街（即後來蘭記書局遷離中山路，另再懸掛招牌處）、國華街。歷經家族分家，幾經遷徙，目前黃德興仍居嘉義市，黃德銘則居台北。黃德興已高齡八旬有四，在細讀《記憶裡的幽香——嘉義蘭記書局史料論文集》後，親筆羅列出11 處有待修改之處做成筆記，其中錯誤最鉅者，在於黃茂盛先生絕非僅育有「三男三女」（《記憶裡的幽香——嘉義蘭記書局史料論文集》，頁20、257。按：下文標注頁碼，皆出自此書），應是「六男三女」才正確。黃寶慧提供了一張黃氏家族簡表，上載黃茂盛（1901～1978）、妻黃吳金（1901～1992）、長子黃伯勳、次子黃振文、三子黃學良、四子黃德榮、五子黃德興、六子黃德銘、長女黃素貞、次女黃櫻、三女黃暉美。黃氏後人積極主動地與《文訊》聯繫而促成這次訪談，其中的目的之一，正是要釐清、糾正長期以來對於黃茂盛先生家族成員僅有「三男三女」的重大誤解，黃茂盛先生膝下「六男三女」，可謂是枝繁葉茂、子孫昌盛。

　　談起蘭記書局為何以「蘭」為名？黃德興、黃德銘兄弟異口同聲地說：「我父親對蘭花很有興趣，種很多蘭花」，早年不僅興中街設有蘭園，甚至在蘭記書局位於中山路舊址的對面，係黃茂盛先生的四子黃德榮居所（黃德榮曾在該處開設過「東成書局」），其後方也有蘭園。說到蘭園，

若有朋友來參觀並且稱讚蘭花漂亮,「我爸爸會說:『喜歡的話就帶回家!』但是媽媽會說:『這蘭花是花錢買的耶?!』」黃德銘說:「這是因為我爸爸很高興,高興朋友稱讚他種植的蘭花漂亮。」黃茂盛先生對待朋友大方、熱情的性格,由此可見一斑。不僅如此,黃德興印象中,黃茂盛先生有次到市場看到攤商有滯銷的荔枝,便請攤商全部送到店內;黃寶慧則提到:「朋友若拿古董、書畫到蘭記書局要賣我阿公,阿公都會收。有時到書店外問:『蘭記頭家在嗎?』明明阿公在書店後面,阿嬤卻會說:『不在!不在!』」聽蘭記後人分享這些黃茂盛、黃吳金夫妻的日常趣事,他們親切又生活化的形象,彷彿就在眼前。

蘭記第二代對於黃茂盛先生在蘭記的經營上,獲得來自屏東麟洛的馮安德(1889~?)大力支持一事,至今不忘。黃陳淑橙記憶中,約在1970年前後,某年過年時,黃茂盛先生曾和兩位公子黃德興、黃德銘全家人一同從台北南下,沿途拜訪老友,台南的許丙丁(1899~1977)、屏東麟洛的馮安德都在其中。關於黃茂盛先生來往的友人們,我問起由蘭記書局出版,堪稱印量最多的善書《精神錄》之作者陳江山(1881~1963,台南人),黃德興形容他「人瘦瘦的,不高」。令人意想不到的是,出身嘉義的前副總統蕭萬長及其家屬亦是蘭記的熟客,黃德銘說,蕭萬長的岳母最為常來,但目的多半在聊天而非買書,黃茂盛先生會領她到鄰近的西市場品嚐小吃。談起黃茂盛先生好與名流雅士往來之事,還有一樁較鮮為人知者,戰後戴綺霞(1919~)、顧正秋(1929~2016)兩位京劇名伶,若有機會到嘉義演出時並非投宿旅館,而是在黃家住下。我聯想到這或許和熱愛京劇的許丙丁有關,因為黃茂盛、許丙丁兩人有著深厚的情誼。

在蘭記書局出版的圖書當中,黃德銘對於《初學必須漢文讀本》、《國臺音萬字典》印象較為深刻。《初學必須漢文讀本》、《中學程度高級漢文讀本》熱銷不斷,曾被其他書局翻印,黃德榮印象中原本預計向對方

提告，但黃茂盛先生基於這是「文化事業，大家都能印」，遂不了了之。黃德銘說：「說起來我爸爸真的是很善良。」

關於蘭記書局經營的概況，過去口述訪問所得的資料，皆有「黃茂盛……於 1952 年，52 歲時決定退出蘭記經營」（頁 8）、「黃茂盛先生自 1952 年將蘭記交棒給次子黃振文、黃陳瑞珠夫婦」（頁 19）的說法，不過這與黃家人實際上的記憶卻大有不同。我循著黃德興手書的筆記，問起從黃茂盛先生晚年到 1978 年辭世以後，蘭記書局店面實際的經營者是誰？黃德興表示：「主要是我的媽媽，可以說一直都是我媽媽在經營」，黃吳金女士約從 1970 年開始，即成為蘭記書局主要的經營者。身為黃吳金女士另一位媳婦的黃陳淑橙（六子黃德銘之妻）也說：「那時候都是我的婆婆在經營，我是民國 54 年（1965）嫁入黃家；整個書局的運作，都是我婆婆在掌管。」黃寶慧補充說：「阿嬤過世以後，蘭記書局就沒營業，收起來了……她是位女強人！」

歷來針對蘭記書局的研究，多半將眼光集中在黃茂盛先生身上，忽略了黃吳金女士，當我問起蘭記第二代、第三代家族成員們對黃吳金女士的印象，黃德銘首先說：「我母親黃吳金的娘家，就是以前的阿里山運送店，董事長吳火盛以前是騎乘白馬的。」黃德興先生也說：「日本人看到台灣人會敬禮的，我阿公（吳火盛）是其中之一，當時算是很『有力』的！」黃德銘指出，黃吳金女士過去在嘉義號稱「三大女強人」之一，黃陳淑橙則說是「三女俠！」過去，黃吳金女士家族的地產不少，還有一位被蘭記第二代稱之為「炳舅」者協助巡田地收租，黃寶慧說：「我阿嬤把他當作弟弟，所以稱為『炳舅』，我們叫他『炳舅公』」，這位「炳舅」的全名為謝炳榮，謝氏後人迄今也仍與黃家保持聯繫。「講起來，我媽媽真的很不簡單！」黃德銘這麼說：「她不識字。」之所以能打理、經營蘭記書局，黃陳淑橙覺得：「她有『神奇』的記憶力！」

訪談接近結束之時，黃寶慧拿出珍藏的家族相片冊，其中有一幀黃

茂盛先生家族的全家福合照，包括黃茂盛先生的母親（黃楊勤女士），以及五位公子、三位千金，甚至已經出嫁兩位千金的夫婿及第三代成員，皆在照片當中。我想，隨著黃家第二代、第三代家族成員的出現，將能讓我們對於蘭記書局的創辦人黃茂盛先生，及後期真正的經營者黃吳金女士，有更加完整且正確的認識；進一步再結合文訊雜誌社所藏蘭記書局的文獻史料，我想必定可以再一次喚起眾人記憶裡的那一抹幽香。

黃陳瑞珠女士與蘭記書局
訪談吳明淳女士

◎蔡盛琦
國史館修纂處研究員

黃茂盛（1901～1978），字松軒，生於雲林斗六，經營台灣日治時
黃茂盛先生自 1970 年將蘭記書局交棒給次子黃振文、黃陳瑞珠夫婦後，
對於書局此後的經營，黃陳瑞珠女士有著不可抹煞的功勞，書局雖於
1991 年結束營業，但黃陳瑞珠女士對蘭記史料的整理更是不遺餘力。

本篇以口述訪談方式，於 2006 年 8 月 15 日上午在《文訊》雜誌辦
公室訪問其外甥女吳明淳女士，吳女士學生時期常利用暑假探視阿姨的
機緣，留在蘭記幫忙，對蘭記有特殊的情感，這也是黃陳瑞珠女士會將
蘭記相關文件史料，留給吳女士處理的原因；希望藉由她口中的阿姨印
象，重建蘭記後期的記憶。以下以第一人稱敘述：

黃陳瑞珠女士是我媽媽的妹妹，我最早對阿姨的印象，是來自我家
整櫃的兒童書；在我小時候，台灣物質生活不是很好，兒童書不是每家
都買得起，但阿姨會從嘉義寄來許多兒童讀物給我們，像是《王子》半
月刊、東方出版社及文化圖書公司出版的一些世界名著，滿滿的一櫃子
都是我童年時代的精神食糧。

阿姨與蘭記書局

我們家在北部，阿姨則在嘉義，我們並不是常常有機會見面。小時

候會見到阿姨，通常都是跟著外婆或媽媽到嘉義蘭記書局的時候，有時暑假還會在那裡住上一陣子。那時我阿姨的公公（創辦人黃茂盛先生，1901～1978）還在世，我也常看到他，他待人非常和氣，溫文儒雅，一點也不像生意人。看到我，他常熱情地塞給我一把糖果。

印象中的蘭記書局，當時是嘉義規模最大的書店，又位於嘉義火車站附近最熱鬧的地方，只要是嘉義人買書、找書幾乎都知道要去蘭記。所以書店的顧客平常就多，暑假時生意更好；我上中學後（1967～1972年），有時暑假我會去找阿姨，便住在蘭記，每當書局客人一多，我也就在店裡幫忙，暑假結束，阿姨還會算給我一些打工的錢。在待人處世上，阿姨真的是個非常周到的人，我想黃茂盛先生會把蘭記交給阿姨，也是這個原因。

黃茂盛先生一共有六男、三女，長子是牙醫，娶了日本人，但長子不幸早逝。姨丈是次子（黃振文），所以我阿姨嫁到黃家不久，就將蘭記交給姨丈與阿姨經營。剛開始時，黃茂盛先生還會帶著阿姨一起去台南市，教她如何訂貨、進貨，工作完會請她吃些台南有名的小吃。阿姨曾跟我說過，偶爾回想起來，那真是一段溫馨時光。

蘭記店面是台灣傳統的街屋，店面很深，面積約 60 坪，中間有透光的天井，天井後面還有一個房間是黃茂盛先生的，但他不一定住在那裡。整棟店面有三層樓，一樓是書店，二樓是住家，三樓放一些庫存書、堪輿與羅經之類冷僻的書，還有一些以前蘭記自己出版沒有賣掉的書，這些書都是有顧客詢問，才上樓去取書的。書店內陳列圖書的書櫃非常高，一直到天花板，書櫃旁邊有梯子，可以讓人爬上去取書；中間則是平擺的一些參考書及考試用書，最裡面是結帳的櫃檯。

書局內除了我阿姨是老闆娘外，還請了三、四個人幫忙，其中一位我阿姨稱他炳舅，我都稱他炳舅公，[1]他負責店裡進貨、出貨，全權處

---

1. 柯喬文，〈《三六九小報》古典小說研究〉，南華大學文學研究所碩士論文，民 92

理店裡所有的大小事務，類似現在的店長；另外還有一位送貨員，兩位在店內顧生意的女店員；如果有時候太忙，炳舅公也會下去送貨。

　　阿姨對書店的經營非常用心，只要是顧客託書店代找的書，她一定會盡力，所以那時在嘉義要買書，幾乎都會來蘭記。書店生意很好，但是經營書店是件很辛苦的事，蘭記營業時間又很長，上午 8 點左右開門，到晚上 11 點才關門；[2]我阿姨幾乎沒有什麼個人及家庭時間。姨丈大學念的是經濟系，但基本上他不太管蘭記的事，偶爾會在店裡晃晃，對書店的事不太放在心上，對生活卻很講究，他一直過著雅痞式、比較優閒的生活。

　　雖然阿姨將心力都放在蘭記書局，但她經營方式很保守，已經不像她公公那時代，會在報紙上刊登廣告、出版圖書，做一些有擴展性、有行銷性的工作。書店陳列圖書的方式也幾乎從未變動過，只有後來因為文具禮品生意好，才隔出一半專門賣文具、禮品。文具禮品生意好，是因為當時嘉義有一個美軍招待所，那些美軍要回去前，常常喜歡買一些禮品帶回去送人，尤其是玻璃櫃中整排的派克鋼筆最受歡迎。我阿姨大學時念靜宜女子英語專科學校（現靜宜大學），所以英文程度還不錯，她對客人很好，溝通又沒什麼問題，甚至有些美軍回去後還會從美國寫信給她。

結束營業

　　蘭記的保守經營方式，無法抵擋生意開始衰退的事實，尤其是新式

年 6 月，頁 258：「當時店員有謝炳榮（16 歲起便在蘭記幫忙，73 歲因病去世，奉獻青春 53 年以上在蘭記）、王天生（則幫忙店裡 38 年以上）兩位先生協助經營」。
2. 在 2001 年 2 月 12 日《明日報》中有篇記者張貝雯所撰的特稿〈嘉義蘭記書局以漢文讀本跨越兩個時代〉中說：「書局的營業時間從早上六點半，一直到半夜十二點才關門，黃陳瑞珠說，當年她和丈夫黃振文曾想過縮短營業時間，改由上午八點到晚上十點，顧客也漸漸適應。」

書店的陸續興起後，對蘭記的生意來說有很大的衝擊，先是專門賣參考書的明山書局成立後，蘭記的參考書就賣得很少了，接著金石堂書店在嘉義開店後，蘭記的生意明顯下滑許多；但這時期有很多人特地遠赴嘉義，或託人到店裡，找市面上已不再版，早期出的一些勘輿、風水類的書，還有過去蘭記出的台語書，這類過去沒有賣掉的庫存書，反而成了蘭記的最大特色。在這個階段我阿姨曾一度想將蘭記重新裝潢，改變過去的經營方式，交棒給下一代，但表弟沒有一個人願意接手，阿姨就萌生結束營業的念頭，到後來我姨丈身體不好，她想專心照顧姨丈，才真正下定決心結束營業，時間大約在 1991 年的時候。

但蘭記關門不是一下子就關的，在決定蘭記結束營業後，我阿姨開始整理店內的東西，有些圖書、文具，可以退的，就退回給經銷商，不能退的一些書及蘭記自己出版的書，則丟掉不少，店面仍是隔個三、兩天會開門營業，只是關門整理時間越拉越長，直到店面轉手賣掉後，蘭記才算是真正的結束了。

店面賣掉後，阿姨搬到中興街，留下來的圖書及文件資料也一併搬過去，這是她公公以前養蘭花的地方。她在那裡除了著手開始整理老蘭記的資料外，也想重新修訂蘭記過去的暢銷書《國臺語萬字典》。

編輯台語手冊

我阿姨有語言天分，她和我們晚輩平常講話用台語，和我媽同輩間用日語溝通，和孫子輩則用國語交談，其間還會夾雜著幾句英語。我阿姨雖然可以靈活運用這些語言，但她對台語卻是情有獨鍾，非常具有使命感的，最大心願就是要編訂台語的字典。

過去蘭記的出版品《國臺音萬字典》，後來雖然沒有再印，但蘭記快結束營業前那幾年，一直都有人特地跑到蘭記或託人來買，我阿姨也發現坊間有關台語的書非常少，她覺得台語很多音無法用現有的音標標

示出來，覺得有必要為台語留下標準的發音，於是在蘭記結束營業後沒幾年，我姨丈也過世了，她一個人除了每週固定在嘉義華南商職教授台語課外，其他時間就全心全力修訂過去的《國臺音萬字典》。

《國臺音萬字典》原來是用「羅馬字拼音法」注台語發音，她除了修訂原先「羅馬字注音」外，還多加用了「台語ㄅㄆㄇ注音法」，「台語ㄅㄆㄇ注音法」是她研究改良「ㄅㄆㄇ注音法」發展出另一套標音符號，對每個發音都詳細列出發聲方法，她非常滿意自己這套標音方式，認為可以彌補有些台語發音，是注音符號或羅音拼音拼不出來的困境；另外在釋義部分，也做了修訂，並加添一些新的語詞。

對於一位不會用電腦的老人家來說，這真的是非常辛苦的工作，一個人用剪貼方式一個字一個字慢慢去注音、注釋，總共花了幾年的時間才完成，1995 年的時候才又重新出版《蘭記臺語字典》、《蘭記臺語手冊》，希望讓有心學台語的人，更容易掌握發音的方法。

在這期間我二舅陳崑堂也幫了不少忙，我二舅定居在菲律賓，為了幫她編這字典，特地回台灣租了間套房，兩個人像是經營大事業一樣，一起整理釋義、鑽研標音的方法，兩個人在編台語字典的過程中，有時也會相約一起去遊山玩水，她們姊弟感情非常好，像那篇〈蘭記書局創辦人黃茂盛的故事〉就是阿姨完成初稿，再由二舅幫忙整理完成的。

整理蘭記史料

我外婆一共有三個女兒、兩個兒子，外婆是個很特別的人，文采非常好，雖然沒有受過正式教育，但她非常喜歡看書，幾乎把中國古典文學小說全都看過了。晚年時，她還去學英文，把上課的內容用錄音機錄下來，一遍又一遍聽，是個非常認真的人，她的小孩都受她的影響。

阿姨受外婆影響，也非常喜歡看書，經營書店時，她會利用客人少的空檔，在店裡看書，晚上店面關門後，她也會看看書才去睡覺，她喜

歡看《文藝春秋》、《讀者文摘》之類的雜誌當消遣娛樂，也喜歡閱讀一些傳記類書籍；阿姨還喜歡寫文章，偶爾寫些散文或台語歇後語，投稿到報社去，每當刊登在報紙上，她就很高興。她們幾個姊妹都受外婆薰陶，連我媽媽也是個會寫文章投稿的人。

阿姨一度花了不少時間，將過去的一些往事，憑著個人記憶一段段記下來，想要整理出版成書。她興沖沖地將作品從嘉義抱到台北，要我幫她看可不可能成書？那些文章有的寫在稿紙上、有的寫在筆記本上，厚厚一大疊。我看過後，跟她說要成書出版，可能還要經過很長一段時間的整理才有可能，沒想到她回去後把這些全丟掉了，真的非常可惜。

對於蘭記舊資料，她也一直很珍惜，像日治時期、戰後初期店裡那些往來的信件、訂單、財務紀錄、民俗版畫等，她都一件件整理出來，她知道在她公公那個時代，能像她公公那樣發揚漢文的人不多，所以她很重視這些文件的價值；但很遺憾的是在她過世前，這些東西還沒有整理完成。

她過世實在是一件很意外的事，她原本和她姊姊（即我大阿姨），約好在台中見面，一起去唱卡拉 OK，她們常常這樣邀約，但這次我大阿姨久等不到她，於是打電話給隔壁鄰居，請消防隊敲開門進去看，進門後才發現她已經倒在地上，當時她穿戴整齊地正準備出門，卻意外的在家摔倒。

她過世得突然，來不及交待任何事，冥冥之中卻留下唯一一張小紙條，上面有她寫的幾個字：「文物資料交給表姊吳明淳處理」，這是在她過世前幾個月，和我講電話過程中，隨手用鉛筆寫下的小紙條，就一直擱在桌上，她知道我對蘭記有著特別的感情，我能瞭解這些資料的珍貴之處，我也很感動她對我的信任，將蘭記的文件史料託付給我，但我在處理過程中，個人能力實在有限，一綑綑綁著未經整理的東西太多，實在沒有辦法一件件整理出來，其中也清理掉不少；不管如何其餘已整理

出來的史料，我相信我已經替它們找到最好的安排。

蘭記書局黃茂盛的書畫收藏

◎楊儒賓

清華大學中文系教授

一

　　台灣文學發展基金會託管蘭記的書畫總計 59 件，書畫作品的品相大多不佳，每多看一回，即加速損壞的速度。筆者依基金會人員拷貝的光碟解讀，由於拍攝角度不一定理想，有些作品的狀況又到了不堪收拾的程度，因此，部分作品無法窺其全貌。但大致而言，仍可見其梗概。筆者按作品性質，大約分成如下三類：傳統中國字畫、日本書畫、近現代台灣書畫。

　　首先是傳統中國字畫，這類的作品大約有十件：（一）唐寅（伯虎，1470～1523），水墨荷花，乙軸。（二）王翬（石谷，1632～1717），設色山水，乙軸。（三）翁方綱（1733～1818）藏並題蘇軾畫像，乙軸。（四）上官周（1665～？年），山水，乙軸。（五）張問陶（1764～1814），〈雙松圖〉扇面，乙幀。（六）史可法（1602～1645），草書條幅，兩軸。（七）張廷濟（1768～1848），楷書橫幅。以上八件墨跡，加上未署款拓片乙幅，陳摶「開張天岸馬，奇逸人中龍」對聯影本乙軸，共得十件。

　　八件墨跡不知得自何處，但張問陶的〈雙松圖〉扇面可以提供一點線索。此作品浮貼一張紅箋，上寫「面雙松，600 元」，看來此件作品當得自書畫市場。其餘六件墨跡作品也都是書畫市場的熱門貨，也有可能

依同一管道收藏而得。唐伯虎、王石谷名震畫史，傳世真跡不多，唐伯虎尤少，其作品至今仍是拍賣市場炙手可熱的標的。上官周，閩人，與揚州八怪黃慎（1687～1768）、華喦（1682～1756）等人同爲乾隆朝閩籍名畫師，其作品一向受閩台人士青睞。翁方綱一生佩服蘇東坡，珍藏蘇東坡畫像，固其宜也。此畫上有閩籍著名書家伊秉綬、陳寶琛等人的觀款，收藏章亦有閩籍人士所鈐之印，此畫流傳可能與閩籍人士有關。史可法作品兩幅，一幅下款爲「史可法」，另一幅則爲「張芝」，然兩幅皆鈐「史可法」之印。兩件作品皆爲草書，筆墨相近，當是同時期作品。史可法忠貞殉國，國人共仰。片言隻字，自然都有極重要的史料價值。然史可法作品流傳於世者極少，《中國美術全集・書法篆刻篇》第五冊收錄手札兩通，除此之外，可信者不多。

八件墨跡皆落名家或名人款，依收藏慣例，名頭愈大者，爭議也愈多。蘭記書局主人這部分的收藏有些會有真僞爭議，勢所難免。然觀其名目，大致可想像蘭記書店主人的收藏興趣與其時的大陸收藏家差別不大。明四家、四王、明季遺烈的作品都是追求的目標。比較值得注意的是上官周的漁樵山水，此畫作的真實年代姑且不論，僅觀其名，也可想像舊時代閩台書畫的密切關聯。

二

日本書畫家的作品大約也是十件：（一）雅素，山水畫乙軸。（二）豐慶，山水畫乙軸。（三）福田信，竹石圖，乙軸。（四）達摩圖，共四件。畫家一爲靈岳，一爲鐵雲，餘不詳。（五）觀音像，乙軸，畫家落款難以辨識。（六）高砂畫乙軸，旭日松鶴圖。（七）吉永瑞甫，竹石圖，乙軸。（八）美人畫，乙幅，無款。（九）藤田彪（1806～1855），行楷，乙軸。（十）龜田敏子，行書，乙軸。另外，署名爲「六樵漁者」的青綠山水或許也是日籍畫家的作品。

這些日籍畫家的作品很難講有個系統，除了藤田彪赫赫有名外，其餘的作者名氣不大，很難講對日、台的書壇或畫壇產生過什麼影響。

上述的作品比較醒目的主題是佛畫較多，其中達摩畫像即有四件，觀音像乙幅，此一現象不知有無特別的宗教涵義。然而，達摩在日本社會的意義是多樣性的，已非佛教一詞所能拘囿。這四幅畫當中，署名「前大德鐵雲玖」的和尚所畫的達摩圖像，鼻鉤眼凸，造型古怪，但所讚之內容仍為宗教內涵，可視為廣義的禪畫。另一幅款識難認者所畫之圖像，上有讚語曰：「武雄震十方」，看來像是二戰時期歌詠「聖戰」的產物。

藤田彪，字東湖，後期水戶學派代表人物，近代日本皇國史觀的主要奠基者，影響明治維新甚巨。藤田彪書作瘦硬崢嶸，勾勒險峭，個人風格很突顯。本幅作品內容大約是上書規諫，陳述孤忠之意，書風與東湖其他作品近似，內容也與東湖行事相合。

日籍書畫家與蘭記書局主人經歷直接相關者可能有兩件，一是吉田瑞甫的竹石圖，此圖上有詩句題曰：「清清首陽節，楚楚湘江煙。」竹石圖是水墨畫常見題材，畫家本人大約是依樣畫葫蘆，不見得有特別的絃外之音。但畫中詩句對殖民地遺民而言，卻大可聯想。吉田瑞甫昭和十二年（1937年）曾來台個展，此畫或與瑞甫此行有關。另一件有趣的作品是龜田敏子的行書，此件書法作者時為嘉義高校四年生。然運筆自然，不見生澀。所書內容為「婦德」之事，典型日治時期的主流想法。蘭記書局主人會保留一件當地高校女生的書作，並為之裱褙，這是一樁可續探究的美事。

三

第三類書畫的數量較多，它們在廣義上都可視為「台灣文獻」類的作品，實際上則可分成兩類，一類是台灣本地作家的書畫，另一類是各

寓台灣的大陸（主要是福建）作家之作品。後者的作品有馬兆麟的松鹿圖，另外楊蘭亭的竹石圖也有可能屬於此類。馬兆麟，福建紹安人，工行書，善花鳥。台灣的古董市場中，偶爾可見到他的作品。本幅作品的鹿，似犬似麋，大約是仙鹿，所以長相特顯古異。此畫邊側有文字題曰「畫冊一幀」，內容不像題記，反而像帳目或畫目，不知何故。

　　張李德和（1892～1972）的蘭花圖與葉漢卿（1876～1950）的蘭石圖是保存狀況較良好的兩件作品。張李德和，號羅山女史，黃茂盛先生的同鄉。此畫的蘭為蝴蝶蘭，畫家題詩曰：「栩栩迎風舞，蘧蘧□日妍。迷離莊子夢，喃呢契清緣。」葉鏡鎔，字漢卿，新竹人。此圖畫素心蘭，作者有詩讚曰：「流水渺然去，空山風露寒。一枝何足貴，總是素心蘭。」四君子是極常見的畫材，更是典型的文人畫必具的內容。然而，這兩幅作品的素心蘭與蝴蝶蘭皆為台產蘭花，兩位台籍畫家以之入畫，加上題詩，詩畫相映，清氣逼人，常見畫題遂得綻放異彩。

　　呂壁松（1872～？）的鯉魚觀音圖也是保存狀況較好的一幅畫。呂壁松為府城人，他的作品據說曾獲得京都洛陽美術會的金牌獎，在日治時期頗富時譽。他繪畫的題材較廣，山水、人物、花鳥皆精。一般常見的是水墨畫，但筆者也見過他的膠彩畫，其畫之優雅甚至超過他擅長的水墨。本幅作品的題材是常見的宗教畫題材，鯉魚觀音圖在日治時期的台、日兩地，皆頗受歡迎。

　　另一件署款「子溪居士鍬」的作品，看風格有可能是出自日治時期來台大陸書家之手，作品云：「至聖大成殿，先師南正中。爵□存禮樂，賢哲配西東。貌儼神如在，頭低眾所崇。老榕臨泮水，今尚鬱乎蔥。大正丙寅夏抵南台謁文廟。如佛老兄兩政」。上款的「如佛」其人事蹟待查，本作品落款署年為「大正」，因此，書家也有可能是台籍文人。

　　本地書家的作品有余塘（1871～1940）、鄭鴻猷（1856～1920）、洪鐵濤（？～1948）的書法，另外還有一件破損較嚴重的隸書，筆者懷疑

是鄭貽林（1860～1925）的作品。余塘、鄭鴻猷、洪鐵濤、鄭貽林四人是日治時代台灣書家中之佼佼者，他們的成就可代表當時台島的書法水平。洪鐵濤，府城人，工詩書，聞名南台；余塘作品書寫〈藤王閣序〉結尾的名詩：「藤王高閣臨江流……」云云，〈藤王閣序〉是舊時代文人必讀的名文，也是書家喜歡書寫的材料。余塘晚年左書，書風剽悍；鄭貽林隸書平穩，深具和穆之氣；鄭鴻猷諸體皆備，尤擅行草，於日治時期書壇中，獨享大名。四件書畫當中鄭貽林、洪鐵濤作品的上款皆為「茂盛」，當是書家贈於書局主人者。鄭鴻猷作品的上款為「衷和」，不知是否和黃茂盛先生有關。第三類中有一幅合作圖，畫家姓名可見者有趙素（白山）、蓬萊主人、吳百樓、林天（秋溪）、蔡大成、蔡榮寬（雪溪，1885～？）等等，畫材則含道釋人物、山水、花鳥、溪馬，錯落畫面。看來可能是畫家雅集時，一時合作之產物。書畫家的出身則是島內與大陸畫家都有，由此可見當時兩地交流的一個面相。此幅合作畫的題材散渙，中心主旨收拾不住，有些書畫嘉年華會的趣味。

四

除了上述的作品，另有些作品未落款，難以辨識作者。有些作品殘缺已甚，追蹤實難。台地溼溽，不利字畫收藏。除非藏家特別用心，否則一傳再傳之後，作品不是沾黏模糊，要不就是乾裂細碎。茂盛先生收藏的這批字畫之年代大多未逾百年，但保存良好者已不多見，作品都需拼拼湊湊，才能拼出本來面目。少數書畫即使費工費時，最後還是拼不出原貌。

如果這批捐贈的藏品可以反映黃茂盛先生的收藏實情，那麼，黃先生顯然不是很專業的收藏家。依一般收藏家的標準來衡量，不管就質、就量，或就系統來看，黃先生的收藏都還有改善的空間。但書店主人的專業在經營書籍的出版與流傳，為什麼我們要以收藏家的角度看待這批

藏品？

　　如果我們從非專業的收藏家的角度來看這批藏品，就有趣多了。我認為其中最大的趣味在於他反映了日治時代具有漢學修養的中上階層知識分子之品味：他對傳統中國的書畫有相當的嗜好，對同代的書畫家之作品也能欣賞。由於身處殖民地，他對殖民母國的南畫、書藝，也有種霧裡看花、似幻還真的直覺。由於受到時代的限制，他們的鑑賞水準自然也跟著受到了侷限，藏品的藝術價值難免參差。但侷限不全是壞事，因為它是一種客觀的反映，反映了一代的風氣。

　　蘭記書局主人的藏品如果和同代的江浙收藏家或和當代台灣的收藏家相比，可以說駁雜不純，但這樣的駁雜不純卻素樸的顯出一種寬宏的襟懷。當代台灣收藏家往往對「台灣」、「本土」之類的書畫有嚴格的定義，內外之間的界限，切割得很清楚。但老一輩的收藏家卻可在「台灣文獻」或「台灣書畫」的名目下，容納大陸及東瀛作家的作品，這種前近代的未分化竟無意間吻合了後現代的雜交化。老一輩收藏家收藏的作品誠然駁雜不純，但這不妨礙他們在渾沌不明的交會中，想要摸出一條文化的活路來。

　　如果我們想給蘭記書局主人的收藏品一個定調的話，筆者認為：我們不容易從經濟或藝術史的觀點著眼，因為這一方面的價值較薄弱。但我們可將這些作品視為日治台灣文化中某個知識分子圈的一個縮影，主人的收藏品味則具體而微的反映了一個時代的精神氛圍。

輯二◎
書店的故事

蘭記在嘉南地區的活動

◎江寶釵

中正大學台文創應所教授兼所長

　　根據柯喬文的訪問，黃茂盛（1901～1978），筆名松軒，嘉義羅山人（今東門吳鳳北路附近），畢業於嘉義公學校，16 歲開始在嘉義組合（農會）工作，晚上兼營蘭記圖書部。「蘭記」命名的由來，是他喜愛蘭花，後來更親自養蘭、品蘭。他 19 歲那年，結合幾位愛書人士共同成立「漢籍交流會」，作為蘭記的附設單位。1913 年（大正 13 年），蘭記成立「小說流通會」，並寫信給報社，廣為宣傳。做為知識產業的傳播者，黃茂盛極留心圖籍的流通，因而，蘭記行銷的書，每一種都留下一本提供愛書者流通，書前鈐印「私立蘭記圖書館藏書」。1922 年，黃茂盛 22 歲，他結了婚，並決定專志於書店的經營。他在嘉義組合附近租屋，進口大陸圖書。麟洛馮安德、台南陳江山兩位人士，分別捐金 500、1000 圓，實質幫助了蘭記擴大營業。

　　「蘭記圖書部」先租房子在嘉義街西門外，西市場前（西門街 159號）。之後，購入蘭記書店現址，即當時最熱鬧的榮町四丁目，今日的嘉義市中山路 367 號，現為寶島皮鞋公司。可惜早期蘭記位址附近皆木造屋，曾多次遭到祝融光臨，「私立蘭記圖書館藏書」所留有限。

　　蘭記的活動樣態，與今日的大書局並無不同，可見其經營模式之先進。在圖書部分，蘭記有自行出版者，也有代為銷售的；經銷的有台灣本土的出版，如《三六九小報》、《明心寶鑑》（附三聖經，線裝，1934）。

有來自中國大陸的,如上海新文學——張天翼的《在城市裡》;甚至自行前往日本東京的購書。其銷售方式,可以到蘭記現地選購,也可以郵購。蘭記始終堅持黃茂盛留下的幾個原則:(一)不賣色情刊物;(二)不賣沒有版權的翻印書;(三)不賣仿冒文具商品;(四)致力於漢文的推廣。進書時,大抵都經過當局核准。

也許是蘭記的正派經營形象相當明確,日治時代儘管對出版品實施監控檢查制度,日本警察光臨蘭記是有的,看看書局是否承賣非法或未經核准的圖書,但都表現出相當的信任。[1]

致力於漢文的推廣是黃茂盛的興趣,也是蘭記的目標。他對漢文的追求已表現於上述「流通會」的號召,也表現在他的出版內容,如:漢文教材的出版,《新撰仄韻聲律啓蒙》(林珠浦,嘉義:蘭記,1930.7)。除了教材,蘭記也出版文人詩文集,如賴子清編輯《台灣詩醇》(前、後編,1935.6),以及或出版或經銷黃臥松編輯的崇文社作品系列——《崇文社文集》(卷一至卷八,共八冊)、《鳴鼓集》(一至五集)、《過彰化聖廟詩集》、《彰化崇文社拾五週年紀念圖》(附追懷武訓廖孝女詩集合刊)、《彰化崇文社紀念詩集》、《前明志士鄧顯祖、蔣毅庵、十八義民、陸孝女詩文集》(1936)、《彰化崇文社貳拾週年紀念詩文集》(1936)、《彰化崇文社貳拾週年紀念詩文續集》(1937)、《彰化崇文社詩文小集》(231、232、234 期,1937)、《祝皇紀貳千六百年彰化崇文社紀念詩集》(1940)、《崇文社文集》(1927)[2]。

我們不妨從這些出版物觀察蘭記的傳播網絡。首先,我們看到黃茂盛與黃臥松暨崇文社的關係匪淺,而崇文社係彰化的漢學社團。其次,我們看到賴子清。子清,嘉義市人。日治時代文官考試及格,任職台灣日日新報社,擔任記者及編輯,編著《台灣詩醇》兩冊、《台灣詩海》、

---

[1]. 以上有關蘭記書局相關資料,參見男弟柯喬文所寫之〈黃陳瑞珠女史(黃茂盛媳婦)訪問稿〉,(嘉義:南華大學文學研究所碩士論文,2003),頁 258~259。
[2]. 以上蘭記書局出版物係柯喬文所提供,特此誌謝。

《中華詩典》、《古今詩粹》、《台灣詩珠》等。筆者檢尋《詩報》，發現
1935 年 7 月 1 日〈騷壇消息〉曾經刊出《台灣詩醇》出版的消息：

> 臺日記者賴子清氏編輯臺灣詩醇，現已出版。卷頭有滿洲國駐日
> 大使謝介石幣，原臺北帝大總長深川文教局長題字，南社長趙雲
> 石、瀛社長謝雪漁、樂生院醫官賴尚和博士序文，嘉社長蘇櫻村
> 氏題字題詩，各地詩人三十家題詠東吟社之由來、畫家林玉山氏
> 所執筆東吟社觴詠圖、臺灣有關古今大家律絕長篇試帖一千五百
> 首、作家七百名，末附辯護士賴雨若氏題跋。書中大家名家如乾
> 隆帝福康安、鄭成功、朱術桂、楊岳斌、孫爾準、官保覺羅滿保、
> 劉銘傳、王凱泰、沈葆禎、梁啟超、章炳麟、郭尚先、呂西村、
> 謝琯樵、林琴南、孫貽汾、吳魯王仁堪、陳寶琛、劉福姚諸臺灣
> 歷史上大人物，或臺灣出身之高官大吏、舉貢生員諸先輩，及現
> 代詩人閨閣名媛等，網羅殆遍。大人物附有略歷，特殊題目詩句
> 附有說明，分門別類。各人之詩在何頁，附有目次。唐裝，上下
> 兩卷。擊缽吟時攜帶便利。殘部無多。希望者可向臺北市下奎府
> 町賴子清氏或嘉義蘭記書局接洽云。

與本則出刊消息異曲同工、相互輝映的是《詩報》298 期頁 1（1943
年 5 月 9 日），「近刊介紹」專欄中，刊出蘭記經銷「文學士吳景箕氏著，
和裝批本，兩冊共一套」的《蕉窗吟草》的消息：

> 右為鳴皋學士之第五著。收錄其近作文十篇。詩諸體五百四十
> 首。有清新流麗者。有慷慨淋漓者。洵可藉以鼓舞士氣之名著也。
> 至吳氏之博學多才。則昔日天隨博士、曾為延譽不必在此多事喋
> 喋。謹此介紹。（價送料共金六圓發行所嘉義市榮町大通蘭記圖

書部振替臺灣三二九八番）

吳景箕，自號鳴皋山樵。雲林人，秀才吳克明長子，斗六高中首任校長（1946～1948）。著有《兩京賸稿》（兩京即東京、西京）、《蕈味集》、《簾青集》、《蕉窗吟草》、《揀藻賸》、《詠歸集》等作品。這兩則資料，或出版經銷，或僅爲經銷，都可以看到蘭記與雲嘉地區文人的互動。這樣的代銷例子，還有張李德和、賴惠川的著作。1958 年 6 月，文心拿《自由談》頒發給他的獎金，委由蘭記出版《千歲檜》，這是文心的第一部小說選集。該書年底獲推薦，得到台北西區扶輪社第四屆文學獎。1962年，文心除了將《千歲檜》的同名小說更名爲〈山地情歌〉之外，《千歲檜》加上三年間的新作，在東方出版社出版小說集《生死戀》。

蘭記後來的經營者爲黃陳瑞珠女士，仍然提倡本土教育，出版《閩南語發音手冊》、《蘭記臺語手冊》（1995）。從這裡，我們看到蘭記與雲嘉文人的關係，以及在日治時期推廣漢文，在國府時期推廣台語的本土性格

黃茂盛推廣漢文的行動，尤其積極地是，登報募集漢詩作品。在筆者檢得的《台南新報》1930 年 9 月 3 日第 10281 號「翰墨林」裡，有這麼一則：

> 擬刊臺灣詩集徵求惠稿啟。吾臺夙稱鄒魯。今沐文明。民風、土俗、政治、教化，雖日見于報章。而風氣之開通，文化之向上，猶有未知者，以其鮮詩文歌賦以鳴盛也。今則詩社林立矣。高吟低唱，處 聞聲，或幽瀠積諸胸中，發為歌詠。或世風縈於懷抱，見乎篇章。或登山涉水，寄情風物，隨事抒意，以寫襟懷。聲律之進步，直欲追跡李杜。敲玉□金，不特風雅已也。特以各蘊名山，未窺金豹。以致騷壇錦繡，抵作一時風花雪月。可惜熟（孰）

甚！吾人有鑒及斯，爰懇吾臺諸騷客逸士，不拘新作與舊章長篇
短什，均為惠錫，俾印成詩集，使得以誇耀人世，宣揚風化諸海
隅。休哉其足以介紹全球，知吾臺詩略之聲價也。祈勿吝玉，早
賜佳章，幸甚！蘭記圖書部黃茂盛謹啟投稿規定。

一、卷數　每人限五十卷以內

詩體　近古不拘

期限　昭和五年十月末日

校閱者　擬託島內名士

交卷處　嘉義市蘭記圖書部

贈品　惠稿者均有薄贈[3]

　　本次徵募詩集，其成果如何，難以查考。不過，蘭記能登出如此文
采豐茂的廣告，他與嘉義地區文人的往還，恐怕不在少數。

　　這則廣告登於《台南新報》，另一經常性看到蘭記廣告的《三六九
小報》，也由台南發行出版。與蘭記有關的出版物，有時還可以看到在
台南印刷，在蘭記發行或經銷的合作。這使我們想及募款協助蘭記擴大
營業的陳江山也是台南人，他曾寫作《精神錄》，由蘭記發行，文言文
體，提倡道德教育。蘭記與台南之關係，由此可知。

　　黃美娥已注意到日治時期廣告特具導讀性功能[4]，對作者形塑與文
化傳播發揮相當的功效。此地擬進一步以傑哈・簡奈特（Grard Genette，
1930~ ）提出的「側文本」（paratext），說明一部作品，包括封底封面的
設計，如簡介、推薦，「序跋」、版型，行銷刊出的廣告等等，都有助於
圖書性質的理解，進而擴大對該文類的認識。我們也可以站在這個基礎
上，進一步觀察側文本對於出版社自身形象的建立、所在位址的介紹

[3.] 以上《詩報》、《台南新報》的資料皆來自江寶釵、吳帆主持的「台灣漢詩資料庫」。

[4.] 黃美娥，《重層現代性鏡像》（台北：麥田，2004，頁 294）。

等，都有一定的幫助。易言之，廣告不僅引薦作者、注解圖書性質，同時也告知銷售地點，提高出版社的能見度。對於文化資本之管理與流通，蘭記可謂相當老到。不僅報刊所登廣告中註明經銷地，自家出版的書，還爲自家圖書做廣告，如《明心寶鑑》封底即刊有嘉義市榮町蘭記書局廣告，版權頁加刊「有欲印送者請向嘉義蘭記接洽」。

從出版業擴及漢籍流通的社團，到進用圖書，蘭記以嘉南地區爲基地，活動擴及彰、雲，並與這幾個地區的文人、文人社團與出版界保持相當密切的關係，合縱連橫，在嘉義矗起一座文化地標，贏得全島性的知名度。從日治時期到戰後初期，蘭記有聲有色的經營，論者咸以爲其規模與台北連雅堂辦的雅堂書局、台中蔣渭水的文化書局、台南的「興文齋」等書店齊名。

祝融光顧之後
蘭記書局經營的危機與轉機

◎何義麟

台北教育大學台灣文化研究所教授

　　蘭記書局是日治時期漢文書店經營成功的典範，近年來已有部分相關之研究成果出現。[1]但是，有關其經營手法有何特色？如何獲利或是實際獲利情況如何等，並沒有被充分地討論。換言之，有關日治時期漢文書局經營手法層面的問題，幾乎從未被觸及。從許多蘭記的相關文獻中可以發現，書店的經營經過許多次擴張與變革，當然也曾經遭受過許多重大打擊，包括進口書被沒收、火神光顧、同業倒帳等問題，各種磨難中以火災的傷害最大，影響層面也最廣。特別是 1934 年 2 月 10 日，蘭記遭祝融光顧，屋舍全毀，店內的書籍也全數付之一炬，可說是蘭記創業十餘年來最大的災難。

　　蘭記如何克服這次的打擊呢？從結果來看，我們知道蘭記不僅重新復業，而且經營規模更加擴大。為何蘭記沒有被火神打敗，而且能更上一層樓呢？這應該都是大家都想了解的問題。2006 年暑假，筆者在瀏覽文訊雜誌社內收藏的蘭記相關資料時，很幸運地發現一批黃茂盛將發出的信函重新謄寫之手札，其內容主要都是有關書店遭逢困境後，進行善

1.　有關蘭記書局之發展史，本文主要參考以下論著：柯喬文，〈《三六九小報》古典小說研究〉（嘉義：南華大學文學研究所碩士論文，2003 年）。蘇全正，〈日治時期臺灣漢文讀本的出版與流通——以嘉義蘭記圖書部為例〉（嘉義：第一屆嘉義研究學術研討會，嘉義縣政府主辦，2005 年 10 月）。

後處理的相關信件。到底蘭記主人原本就有重新抄寫發出信件內容的習慣，還是爲處理災後事務而刻意留下紀錄，詳情無法得知。但不論如何，透過這批珍貴的手札，不只可以了解蘭記災後重整旗鼓之過程，同時也可看出經營者的經營理念與其特殊之經營手法。

以下筆者將綜合《台灣日日新報》、《三六九小報》、〈黃茂盛書信手札〉等資料，重新描繪蘭記圖書部遭遇 1934 年這場大火焚毀前後的經營情況。

一、災後迅速恢復營業

根據《台灣日日新報》1934 年 2 月 11 日之報導，嘉義市在前一天發生火災，起火時間約爲下午 4 點 45 分，火勢沿著榮町大馬路擴散並波及西市場內，大約有三十餘間店舖、住家等被燒毀，損失達金額約達二十萬圓，蘭記也是受災戶之一。[2]隔天《台灣日日新報》漢文欄對於火災現場有進一步的採訪報導，此項報導中指出，當火災消息傳出後，消防組、壯丁團與警察署人員全部出動，但當地爲市中心點，四面店舖稠密，加上數月來不雨，以致延燒迅速，人員無法靠近。火災現場眾多市民聚集，幾無立錐之地，至同夜 9 時尚未撲滅，延燒達 5 小時以上。13 日《台灣日日新報》後續報導：「此番火災，稱 27 年來未有大火，且古曆年關在即，地租納期。被害者中，或因殘品不能般出，目擊心傷暈倒現場，幸被救起者。或夫婦子女，相抱呼號者，爲狀至慘，令人不忍仰視。」[3]如此詳實而生動的報導，宛如昨日發生之事。

此外，更讓人驚訝的是，報紙上也詳細地刊載每家商店損失之金額，以及各家投保之火險公司與投保金額。大致而言，三十餘家受害店

2.　《台灣日日新報》，1934 年 2 月 11 日，第 7 版。關於起火的確切時間說法不一，根據事後連續幾天該報之相關報導，起火時間最早爲 4 時 30 分，最晚爲 4 時 50 分。

3.　《台灣日日新報（夕刊）》（漢文），1934 年 2 月 13 日，第 4 版。

舖約有十餘家投保火險，其中蘭記圖書部損失，書籍一萬五千圓，家具三千圓，投保千代田火災保險一萬圓，其餘各家店舖損失從數百圓至一、二萬元間不等。對於蘭記的情況，記者甚至還暗示性地指出，其申報之損失額有過高之嫌疑。報導中還提及特別的案例是台榮雜貨店，該商店損失約五千圓，原本自四、五年前起投險二萬圓，因最近店主計畫改建，從 2 月 1 日解約，所以應該沒有獲得理賠。從以上報紙報導之分析可以發現，當時火災保險的觀念頗為普及，因此蘭記雖然是受害較為嚴重的受災戶，但透過保險不僅將傷害降至最低，而且也獲得災後重建復業的機會。

　　火災對蘭記是怎樣的打擊呢？從災後黃茂盛發出的信件中，可以獲得明確的答案。2 月 23 日黃茂盛災寫給上海一家書店中提到：「文彬先生大鑒　神交多年備荷關愛獲益匪少，曷勝感激。不意禍從天降，本月十日鄰家失火延燒敝局，萬餘金之商品盡付一炬，痛恨奚如。本欲從此罷業，弟念十數年苦心經營，基礎已固，且各方面期望方殷，實屬可惜，因決定繼續營業，暫租驛前大通路羅山館跡充臨時營業場，一俟舊址西市場前新築告竣再行遷回（引文標點為筆者所加，以下同）。」[4]接著 26日，店主又向上海另一家書店（應該是大東南書局）寫信提到：「不意本月十日禍從天降，因鄰家失火敝號累燒竟盡，損失約有萬金，十數載苦心經營一旦付之烏有，徒喚奈何。本欲從此罷業，乃承諸同志慫恿，須再繼續維持文化於不墜，且各方面逐日函購書籍者源源不絕，情不可卻，已決定三月中旬再行繼續開業。」[5]由這兩段話可知，蘭記自認全部損失約萬元，這筆金額應該是指扣除保險之後的損失。祝融光顧後，似乎曾讓蘭記主人有放棄書店經營的念頭，但這種想法在友人與顧客慰問鼓勵下很快就打消了，復業之準備迅速展開。根據同月下旬《台灣日

---

4. 〈致文彬先生函〉，黃茂盛等，《黃茂盛書信手札》，1934 年 2 月 23 日，文訊雜誌社收藏。

5. 〈致啓文先生函〉，黃茂盛等，《黃茂盛書信手札》，1934 年 2 月 26 日。

日新報》之後續報導,地主黃新慶決定原址重建,數個月之內西市場前新建店面即可完工。[6]這時蘭記似乎也決定待新建店面完工,即遷回原址復業,在此之前則另租臨時店面繼續營業。重建工作積極進行,包括被燒毀的店印也迅速重刻,2月25日黃茂盛發出一封信,向「東石堂石井製印所地方部」訂製四顆店印,「蘭記書局」與「蘭記圖書部」店號各兩顆,兩種店印中都是一顆沒有地址,另一顆則有「嘉義市榮町一~四一」之地址。[7]由此可知,日治時期蘭記書局、蘭記圖書部之店號是一併在使用。

二、漢文書店的經營手法

受災後先確保營業場所,若要盡速恢復營業,首先必須結清舊帳並延續交易,亦即重新整理來往帳目並盡速補貨。前述23日黃茂盛寄往上海的信件中,即提到以下之事項:「所有與貴局往來帳目,未知結欠若干,煩將昨年底結欠數目及本年來往細帳(每次發票)再行抄示,今年亦無幾條,俾可登冊也。此後發貨可作新往來,而舊帳數額清還也。但此次敝號損失之鉅,倘蒙俯賜同情,乞以另紙記載貴局出版書約百八十元之貨惠下,以資補助,即感戴隆情不忘,此後大宗添貨或印新書所得利益亦可取償也。茲先由美東公司匯上大洋五百元託辦另單各貨,望即迅速交郵寄,以應急需,其餘所缺容陸續添配可耳。」[8]這裡最值得注意的是,請求同業寄贈180元左右之圖書做為復業之資助。一般而言,捐助受災戶是常見的行為,但主動提出要求則非常態,不知是否當時圖書同業之間有此慣例。若能獲得幾家往來同業如此之資助,對恢復營業應該也是不無小補。

---

6. 《台灣日日新報》(漢文),1934年2月22日,第8版。
7. (致東石堂石井製印所地方部函),黃茂盛等,《黃茂盛書信手札》,1934年2月25日。此為日文信件,由內文可知已燒毀之店印也是委託東石堂製作。
8. (致文彬先生函),黃茂盛等,《黃茂盛書信手札》,1934年2月23日。

　　在這些相關的信件中，第二件值得注意的重點是，處理焚毀圖書之處理原則。從現有資料中大約可歸納出，黃茂盛的處理方式大致上是：第一，請求對方給於部分優惠；第二，付給對方部分補償。例如，前述26日寄往上海之信中提到：「尊帳自去年（想兩年前）接示囑寄台金百元以作完帳，而敝似乎減匯廿元匯上八十元欲作清楚，並不在帳矣。況尊貨乃自行寄來託售，並非敝去信添配者，故貨款遲遲而未匯奉，單品花寶鑑一項，亦有一二十部，久存難銷，原擬合同他書璧還。」沒想到不久碰上火災，因此店主要求：「以上情形倘蒙先生鑒諒賜與同情，望將前帳作完，勿再提起。此後重新交易，定有利潤，亦可取償也。試問此區區之款，敝號當時豈無力可完乎。實因來貨非敝號所添，乃尊處自配者，敝不能墊款故耳，否即疊承催討，對於良心上亦過意不去也。」[9]如此的說明，等於是說雙方各讓一步，實際上是要求對方給予部分優惠，以便結束前帳，聽來似乎頗有道理。然而，託售書刊是否真的「久存難銷」呢？以前述提及的《品花寶鑑》一書為例，實際上 1933 年間蘭記在《三六九小報》上曾大打廣告，似乎不像是久存難銷之貨。問題在於託售的貨品在火災中燒毀，其損失是否應該如蘭記採取的處理辦法，由貨主與經銷商各承擔一半呢？這個問題在此無法進行深入的討論，但是從下舉的實例中可知，蘭記似乎頗為堅持這種處理模式。

　　蘭記遷回西市場前店面恢復營業之後，6 月 20 日寄給上海久義書局一封信件，信中提到：「關於尊處寄來連環圖書，因不合敝號銷途，本欲寄回，礙於郵費非少，故暫收存樓上，候示轉交他家發售。詎意古曆年底 12 月 27 日，鄰家失火累燒敝局，損失不下萬金，營業為之停止，迫前月開始於現址復業。尊貨被焚既屬不可抗力，敝原無負責之必要（請函詢敝地同業捷發或玉珍，當知敝號之書被燒失，雖樓下陳列品搬出一二於店前，亦被消防水浸濕，可謂全部損失）。第念貴局深信敝號，寄

貨託售無非冀獲利益，今歸烏有亦復可憐同情者，故願支出三十元，藉
資補貼成本之半，尊意如何乞即示復，倘不以為然，即聽之法律可也。
彼此同業互相體貼，來日方長，若有合銷之出版物，大宗添配未必無可
相補也，順希擲下貴局出版書目錄一份，以備選擇也。」[10]這是對焚毀
圖書給於部分補償之實例，法律上是否如蘭記所言不必負責，尚待查
證。但綜合上述兩例，最重要的是讓我們看到，當時漢文書店經營模式，
特別是台灣與上海之間的書店，似乎明顯存在著圖書「託售（委託販賣）」
的情形。

　　蘭記等漢文書店在圖書「託售」時，經常面臨「收帳困難」的問題，
在這次火神光顧後蘭記主人發出的信件中，也充分地暴露出來。前述 2
月 26 日信件中，黃茂盛對同業間託售圖書之收帳問題說明如下：「鄙人
鑒於近來書業競爭無利可圖，同業批發尤覺危險，因收帳為難也。數年
來如鳳山（原設屏東）黎明書局、台中共榮圖書公司、彰化陳記書店、
台南同復書局、台北雅堂、三春兩書局，基隆生記書局等，所欠不少，
一文亦難收回，間有收歇者固勿論，若黎明書局之尚在活動者，亦不處
理，亦無可如何者。（中略）黎明書局之款，敝號斷定難收，台北勝華
早已倒閉，貴局損失亦不少，良堪同情。但亦先生放帳太濫所致，且自
寄貨色之舉最為不宜，敝當初已為先生慮及矣。設若欲寄回寄費，不如
上海寄台灣之便宜也（約在兩倍，誠多費耳），然尤勝於無，乞致函黎
明書局，囑其寄回可也。但恐其不願支出寄費，即又無望，亦徒喚奈何。
貴局有無下列存貨或別種便宜貨，乞示價目與部數，如能合銷者，自當
匯款託配也。」[11]託售後發生收帳困難的情況似乎頗為普遍，特別是如
信函中所述，因上海與台灣間郵資的落差達兩倍以上，以致台灣的經銷
商對滯銷貨，不僅不願付款，甚至會因為台灣寄到上海的郵資昂貴而不

10. （致久義書局函），黃茂盛等，《黃茂盛書信手札》，1934 年 6 月 20 日。
11. （致啓文先生函），黃茂盛等，《黃茂盛書信手札》，1934 年 2 月 26 日。

想寄回。總言之，郵資落差對於日治時期台灣與中國大陸間書籍流通，具有相當重大的影響。此外，包括還有兩地的印刷工本、圖書審查制度、匯兌方式、行銷方法等，也是相當關鍵的問題，因此各方面的落差如何影響書籍流通，同樣都必詳加釐清。

三、蘭記書局之獲利基礎

分析蘭記的經營手法，最根本的問題是經銷漢文圖書經銷利潤何在？中國大陸與台灣之間，不僅存在郵資的差距，從蘭記經常委託上海的書店代印圖書一事可知，漢文圖書在上海的印刷工本，似乎較在台灣印刷便宜甚多。火災發生後，前述 23 日發出的信件中，也提及代印圖書的處理問題如下：「一月十八承寄警鐘醒夢百部，延至二月廿一日尚未接到，疊承印主同善社催迫，且聲言過期不受，敝因北上基隆局查詢，乃悉各家配貨甚多（因準備新春開學之需），而檢查官只有二名，每日檢閱不過數包，固爾遲遲而不能早日配達，憾如何之。但因期限（年底交貨）經過，欲商請減收印費之舉，故前日曾託另寫副票一紙加開二成，以作商量之用，未卜已抄寄在途乎。如猶未者，請即再寄正副票各一紙（正發票已燒失）為盼，所餘警鐘醒夢九百部，請即日再寄五百部，隔十日再寄四百部，即清楚可也。」[12]信中提及《警鐘醒夢》為一本善書，印主「同善社」是由高雄市苓雅區內之道壇意誠堂信徒於 1929 年所組成，該書為 1933 年意誠堂扶鸞著書之作品。[13]由於該書為非賣品，因此蘭記只能獲取代理交涉上海印刷之所得，而無銷售之利潤。信中請求開正副票的作用為何？筆者無法確定是否與避稅有關。但由索取單據此舉來推斷，代印工作應該不會因善書而變成無償服務。

[12.] （致文彬先生函），黃茂盛等，《黃茂盛書信手札》，1934 年 2 月 23 日。

[13.] 筆者以電話向意誠堂確認相關史實，但並未獲得閱覽《警鐘醒夢》原書之機會，有關意誠堂資料詳見高雄市苓雅區之寺廟簡介：http://www.kcg.gov.tw/~linyea/ 瀏覽日期 2006/11/16。

　　根據各方資料判斷，上海低廉的代印工本，應該是蘭記獲利的原因之一。但是，同時代其他台灣的漢文書店，似乎很少採用同樣經營手法，這一點可能與檢閱制度有關。如前引信函中提及的基隆局查驗情況可知，從中國大陸進口圖書都要經過嚴格的檢查，因此若無與警方交涉能力者，必定不敢貿然從事這項工作。上海漢文圖書印刷成本低，進口郵資又便宜，因此只要能開拓台灣之市場，必然是有利可圖。然而，在台灣進口同業競爭之下，如何選書？如何聯繫？如何匯款？以及採用何種銷售手法等，勢必都會影響漢文書店經營之成敗。如前所述，從黃茂盛發出的書信中發現，有幾封在災後向上海書局所發出要求減價之商業書信，以及幾封處理匯款與匯款託付友人代購圖書之私函，其經營之用心可見一斑。黃茂盛具有如此高超之眼光與能力，才能將蘭記擴展為經銷中國通俗讀物的龍頭級業者。[14]

　　蘭記的事業除了圖書部還有種苗園，而且實際上黃茂盛大半的心血，似乎都投注在經營其「蘭記種苗園」，而非漢文圖書部。例如，災後重建期間的聯絡信函，大半都是以日文書寫寄給日本國內種苗園、果樹園之書信，主要是索取花卉種苗之目錄，以及訂購各種最新優秀之花種與瓜果種苗。在前述的 2 月 26 日信函中，他曾提及自己經營事業情況表示：「弟因另創種苗園，培植各國奇花異卉、果樹苗木，一以娛樂，兼可營利，故對書店並不致意兼之。」[15]這段話在同年 6 月 22 日給停留在福州的林占鰲私信中，可以得到印證。[16]給林之信主要是告知寄來的

14. 柳書琴認為蘭與現代書籍經銷商的定位不同，只可視為進口中國通俗讀物之龍頭業者。但是，蘭記顯然不僅是進口而已，代印之角色功能也不可忽視。柳書琴，〈通俗作為一種位置：《三六九小報》與 1930 年代台灣的讀書市場〉，《中外文學》，第 33 卷第 7 期，2004 年 12 月，頁 26。

15. （致啟文先生函），黃茂盛等，《黃茂盛書信手札》，1934 年 2 月 26 日。

16. 〈致青坡先生函〉，黃茂盛等，〈黃茂盛書信手札〉，6 月 20 日。此封信函中提及，當時林占鰲停留於福州。有關林占鰲（1900~1979）生平事蹟散見各處，主要資料請參考：李筱峰，〈從「無產青年」到民俗學家——莊松林〉，張炎憲等編，《臺灣近代名人誌（四）》（台北：自立晚報社，1987 年），頁 287-309。

書收到了，匯去大洋 50 元請領收，此外也告知餘款可代購之圖書，以
及已經把《金川詩草》[17]十本寄到其台南住所等事。林占鰲是台南興文
齋書局之經營者，書局創於 1916 年，堅持不賣日文書報，專賣漢文書。
他是信奉社會主義的知識分子，曾以非武力的手段對抗日本殖民統治，
並用漢文化的詩、文從事啓迪一般民眾之工作。在給這樣人物的私函
中，黃茂盛竟正事談完並署名之後，竟然寫下追記：「暇時煩代查有無
『蘭』之變種者，蘭葉有異常，發現白黃色或紺黃白線，或葉端有覆輪
等等者，乞示價格，當匯款託購或自往買之也。倘有知人回台之順，乞
代買普通白花蘭，一芽一角以內者，百芽託其帶來為荷。」[18]由此可知
蘭記主人多麼投入種苗園之經營，從投入的心血來看，其收入主要非來
自販售書籍之所得，應該可以採信。當然，突顯這項事實，並不代表書
局的經營就是虧本或獲利不豐。在此要強調的是，蘭記主人具有特殊的
個人品味，而且具有現代商業經營的頭腦。

四、文化商人的理念與實務

　　蘭記書局經營的盈虧，沒有具體的資料可以論斷。目前從蘭記書局
的經營方式來觀察，我們可以判斷，其行銷手法新穎、效果顯著。蘭記
除了大量散發圖書目錄之外，從《三六九小報》的頭版，可以發現該書
局相當注重廣告。該報創刊於 1930 年，從 9 月 26 日發行的第 6 號開始，
就可以發現蘭記書局的廣告，同年 12 月 26 日第 33 號，蘭記書局成爲
《三六九小報》的「取次所（經銷處）」，其他的經銷處都是個人而非商
店，經銷處登在報頭之下，其宣傳效果甚佳。[19]除了成爲該報之經銷處，

---

17. 此處提及之《金川詩草》應爲 1930 年上海中華書局刊行之版本，作者黃金川
（1907-1990），台南鹽水人，黃朝琴的妹妹，陳啓清的繼室，是台灣著名古典詩
女詩人。請參閱：黃美娥，〈金川詩草〉，許雪姬總策劃，《台灣歷史辭典》（台北：
遠流出版，2004 年），頁 523-524。
18. （致占鰲先生函），黃茂盛等，《黃茂盛書信手札》，1934 年 6 月 22 日。
19. 《三六九小報》，第 6～33 號，1930 年 9 月 26 日～12 月 26 日。

蘭記也經常在頭版刊登新書廣告。相對於一般漢文書店只刊店名或營業項目，蘭記的廣告大多有主打圖書分類。主打廣告的書籍類別，並非只有傳統詩詞、古文、古典小說等，而是許多實用性書籍，其廣告詞相當吸引人。例如，推銷一套「養畜叢書」的廣告詞為：「無須大資本，可做大富翁」；另外還推出「中西製造叢書」，其標題為：「實驗致富術，業外生利法」。這樣的標題，想必能引起不少人購買的慾望。[20]

從廣告可以看出，蘭記書局在 1934 年遭遇火災之前，其圖書的經銷手法已經相當現代化。對於傳統的數十本書漢文工具書，可以歸納整理兩大類為「六大詞源、古文新選」；眾多不同的算術與尺牘類則歸納為「寫算大全集」；各種實用圖書除採用前述的吸引人的標題，也試著分類為「謀生致富必備書」，以及「各界應用必備書」等，推出連續性的廣告。當然也有主打一本或兩本之專書，例如前述的《品花寶鑑》登載相當詳細的內容摘要簡介。1933 年 8 月 13 日《三六九小報》發行至 315 號突然停刊，直到隔年 2 月蘭記遭逢火災後才復刊。不知是否與這場火災有關，《三六九小報》復刊後並未設置經銷處，而是指定由台南崇文堂書店為販賣店，直到同年 6 月 3 日，蘭記才在該報頭之下與崇文堂並列為販賣店。在此之前的 5 月 13 日，蘭記已恢復在《三六九小報》頭版的廣告，這表示蘭記已經從火災中完全恢復，從前述的信件中也可以印證 5 月初蘭記完全復業，遭祝融光顧到完全恢復營業只有短短的三個月，其重建進度顯得頗為迅速。隔年 1935 年 3 月 29 日，《三六九小報》第 432 號之頭版，刊出蘭記的新廣告：「新築落成紀念　新式標點書特售三折、著名新小說特售四折」，打折廣告延續到同年 8 月 9 日。[21]

---

20. 台灣文學研究者雖然將重點放在文藝類圖書，但也注意到蘭記所經銷的非文藝類圖書數量相甚多。柳書琴，〈通俗作為一種位置：《三六九小報》與 1930 年代台灣的讀書市場〉，頁 46。

21. 《三六九小報》，第 432 號，1935 年 3 月 29 日。新址為嘉義市榮町大通台灣銀行前，除強調可索取詳細書目，並刊載劃撥帳號（振替口座）。

促銷期間似乎太長了一點，但不論如何，這項廣告等於宣告蘭記在經歷火災打擊一年後，不僅完全復原，而且經營規模更加擴大。

　　概略觀察蘭記書局的創業，以及在 1934 年遭逢的經營上的危機與轉機，可以看出黃茂盛完全是小本經營而成功致富，也就是體現了前述廣告詞：「無須大資本，可做大富翁」、「實驗致富術，業外生利法」之情況。黃茂盛成功的要件在於，他所經營的事業，完全採用現代的商業手法，而且不僅能堅守傳統之買賣方法，而且也充分善用其日文能力。例如，他在種苗園的經營上，主要都是郵寄方式進行。火災後 2 月 25 日，黃茂盛寫信給日本的「園藝趣味社」，刊登「蘭記種苗園」之廣告，宣傳自己經營的項目，包括「和洋蘭諸盆栽」、「大葉報歲蘭大量栽培」，同時也進行瓜果種苗交換等，其地址為「台灣嘉義市榮町」。[22]蘭記與日本園藝界的往來之日文信件中，曾使用一些不同的姓名，包括黃伯壎、張天培等，地址還有「台灣嘉義市元町 5－126」，同時使用不同姓名與地址，其功效何在尚待考察。如果以商業書信來看，其發信的頻率相當高，信中頗注意價格之交涉。例如，在信末會附上：「大に宣傳して上げますから價格御勉強下さい（為您大力宣傳故請價格多予優惠）」。[23]如此善用郵寄通路、積極洽談折扣價、刊登宣傳廣告等，當然能拓展其商業交易之網絡，其經營手法可說相當靈活。這些手法都同樣用於書店的經營上，唯一不同的是，其種苗園經營成就似乎並未受到應有的關注。筆者認為，這兩項事業的經營手法有許多共通之處，必須合併觀察，才能徹底釐清蘭記的經營成功之道。

　　蘭記主人只有公學校畢業的學歷，為何能習得如此之商業手法呢？大致上推測其背景應該有兩方面，第一，如台灣史研究者周婉窈所言，

22. （致園藝趣味社函），黃茂盛等，《黃茂盛書信手札》，1934 年 2 月 25 日（原文為日文）。
23. （致一碧陶園函），黃茂盛等，《黃茂盛書信手札》，1934 年 3 月 8 日（原文為日文）。

公學校國語讀本或整個殖民地初等教育，原本就相當重視「實學」知識，故黃茂盛應有充分機會學習到商業方面實用的知識。[24]第二，同為台灣史研究者呂紹理之分析，日治時期總督府為發展經濟，鼓勵民眾從事休閒生活，近代國家日本也鼓勵國民培養良好的「趣味（興趣嗜好）」，黃茂盛應該是在這個環境下，養成了「讀書」與「園藝」之興趣。[25]時代背景之外，個人的資質與努力更為重要，蘭記主人能夠將「興趣」轉化為自己的專業，才是他成功的要件。整體而言，黃茂盛不僅是一個成功的商人，也是一個具有豐富學養的近代文化人。

五、結語：蘭記的「民族性」與「現代性」

　　蘭記書局在擴張過程中，首次遭遇到的打擊應該是進口書被沒收一事。1927 年間，蘭記自上海輸入漢文讀本，結果卻因書上出現「國語」之字眼，牴觸殖民政府的政策而遭查禁。針對這件事，同年 6 月 6 日友人洪和尚曾寄來明信片慰問書籍被沒收而遭受損失之事，信中為勉勵其繼續努力時說：「然天下不測，最能磨勵英雄，又曰有福傷財，又曰散財見功德，況先生心存利濟，憫世人之愚迷，故設流通會利國利人，其功莫大，此番之傷財大有因緣在，希能放懷是禱。」[26]文中流通會是指蘭記的前身「漢籍流通會」，利國利人的「國」應該漢人之國族文化，明信片上地址寫著「嘉義西門外蘭記圖書館」。從這樣的信件內容顯示，這位友人是認同漢文化的知識分子，這類讀者的存在正是蘭記創業的基石。蘭記從日治時期以來，就一直保持維繫漢文化書店之形象，因此如果說，蘭記在維護漢民族傳統之「民族性」方面具有相當重要的貢獻，

---

24. 周婉窈，〈實學教育、鄉土愛與國家認同——日治時期台灣公學校第三期「國語」教科書的分析〉，《台灣史研究》，第 4 卷第 2 期，1999 年 6 月，頁 7-55。

25. 呂紹理，〈日治時期台灣的休閒生活與商業活動〉《台灣商業傳統論文集》（台北：中央研究院台灣史研究所籌備處，1999 年），頁 357-398。

26. （洪和尚來信），黃茂盛等，《黃茂盛書信手札》，1927 年 6 月 6 日。

應該無人可以否認。

　　然而，蘭記書局在經營上，一向採取最為先進的現代商業手法，是一間十足具有「現代性」的書店一事，似乎鮮為人知。從前述的分析考察，我們知道蘭記早就知道要加入火災保險，同時也積極運用郵寄的通路進貨，甚至還在關鍵性的媒體上刊登廣告，打開郵購的行銷管道。此外，經營者對於印刷工本差價、匯兌方法、漢文市場之需求等，似乎也有獨特的瞭解，如此才能夠在商業書信的交涉中，提出對己方最有力的條件。而且，店主並非死守著圖書行銷事業，其靈活的現代商業經營手法，在蘭記種苗園的經營上更是充分地發揮。

　　根據筆者以上的觀察，日本統治時代蘭記事業多角化經營的轉折點，應該是 1934 年 2 月 10 日的這場火災。蘭記並未在火災的危機中被擊倒，反而是運用先前約十餘年的經驗累積，在這場火災之後更加擴大經營的規模，包括種苗園與書局皆是如此，克服這場災難後，讓蘭記開創日治時期另一階段的榮景。蘭記成功的祕訣，主要是黃茂盛個人的素養與努力，然而他成功所代表的意義，並非只有維繫漢人「民族性」傳統文化而已，蘭記也充分運用具有「現代性」的經營手法，這方面也應該要充分地理解，如此才不至於落入過去只能給予民族主義式讚揚與肯定的巢臼。

台灣出版會與蘭記書局

◎河原功 文

一般財団法人台湾協会理事

◎張文薰 譯

台灣大學台文所副教授

一、日治時期台灣之書店經營

根據「全國書籍雜誌商組合會員之推移」記載[1]，台灣「書籍雜誌商組合」是在 1921 年組成；其中組合成員數在 1923 年為 35 家，1925年為 45 家，到了 1927 年則增加至 63 家。1927 年 63 家這樣的數字，在日本全國之中位居最末，約與山梨縣相同。同時期日本全國的「書籍雜誌商組合」之成員總數超過 11000 家。（譯者註：日文「組合」中文意為「同業工會」，為求閱讀者日後尋查相關資料方便，故保留日治時期原文。）

然而，若對照同為 1927 年左右之紀錄，載有台灣零售書店狀況之《昭和二年臺灣商工名錄》[2]，可知全台販賣書籍之店家數目僅只 30 家。該書收錄對象為「大正拾五年度營業稅年納額二拾圓以上之納稅者」，可謂當時蒐羅相當詳盡之名錄；從其中專以書籍、雜誌為對象之書店數量絕少一事當可知，在書籍類販賣管道中，主要販賣其他商品（例如文具、紙張、雜貨、化妝品等）但兼營書籍類的商店應占絕大多數。而「台

---

1. 參見〈全国書籍雑誌商組合員数の推移〉，橋本求《日本出版販売史》，講談社，1964 年 1 月，頁 530-531。

2. 參見栗田政治編《昭和二年臺灣商工名錄》，台北州勸業課內台灣物產協會，1927年 8 月，頁 664-675。

灣書籍雜誌商組合」成員中，有一半以上是營業稅年納稅額不到二十圓的小型店家。

當時從事書籍雜誌販賣的是怎樣的商店呢？試從《昭和二年臺灣商工名錄》中抽出營業項目中記有「書籍」「雜誌」者觀之。以下括號內為所登記之營業項目，而加有底線者為台灣人所經營。

台北	尾古商店（書籍‧文具‧化妝品）、永盛堂書店（文具‧書籍）、萬伸舍（書籍‧寫真畫報）、極光社（書籍）、新高堂（書籍‧文具‧樂器‧運動用品）、文明堂（書籍）、杉田書堂（書籍）、井川商店（書籍‧文具）
基隆	若林ナミ（文具‧雜誌‧化妝品）、新柳堂支店（雜誌‧報紙‧明信片）、志村弘文堂（文具‧書籍）
宜蘭	文進堂（書籍）、研究堂（雜誌‧文具）
新莊	福興（書籍‧雜貨）
新竹	榮文堂（書籍‧文具）、犬塚商店（書籍‧文具‧紙張‧雜貨）
台中	榮山堂書店（文具‧書籍）、棚邊久吉（文具‧書籍）、棚邊支店（書籍）
員林	竹林軒（書籍）
台南	勸工場（書籍‧雜貨）、崇文堂（文具‧書籍‧雜誌）、成泰（紙張‧書籍）、益勝（紙張‧文具‧書籍‧成藥類）
嘉義	山陽堂支店（書籍‧運動用品）、合義（書籍‧簿冊）
高雄	山形屋支店（書籍‧鞋類‧玩具）
花蓮港	並木學生堂（文具‧雜誌）

透過以上資料可知，不但書店的數目少之又少，台灣人所經營的書店更是寥寥無幾。但書店數目的稀少，與當時台灣人口存在著相關性[3]。

---

3. 《台灣省五十一年來統計提要》，台灣省行政長官公署統計室，1946 年 12 月，頁102-103。

	台灣總人口	台灣人（本島人）	日本人（內地人）
1925 年國勢調查	3,993,408 人	3,775,288 人	183,722 人
1930 年國勢調查	4,592,537 人	4,313,681 人	228,281 人

居住於台灣的日本人之書籍雜誌購買力，較日本內地要高出數倍之譜，但由於人口總數畢竟有限，因此對於日本書籍的需求度自然亦有所侷限。在台灣人方面，此時對於日本語的修習程度尚不高，因此對於日本書籍的需求度亦無法反應在人口比例之上。對於當時的台灣人而言，對中文書籍與漢文典籍的需求自然比日本書籍爲高，但漢文素養之高低因人而異，閱讀市場亦不能說已然成形。

二、台灣人經營書店的增加

由台灣人自身經營的書店的逐漸增加，是由於 1920 年代中期以後台灣島內台灣人自主之文化運動、社會運動日漸興盛，日語教育在台灣人之間的普及，以及因台灣總督府高等學校（後來的台北高校）創立而帶動之教育熱潮在全島擴散，直接間接引發對日本國內及中國大陸所發行之報章雜誌與出版品的需求高漲所推動。

在這樣的時代風潮中，台灣人所經營的書店開始扮演重要角色。其中佼佼者爲嘉義「蘭記書局」、台北「文化書局」、台中「中央書局」。此三家書店幾乎於同時期開張，然性質卻各具特色。

「蘭記書局」爲黃茂盛在 1922 年於嘉義所創業之書店[4]，經營內容以中文書爲主體。與上海、北京之出版社或書店往來，範圍起自經史、子書、詩文、字典、辭典、讀本、尺牘、醫書、實用書、佛教書、古典小說，遍及孫文演說集、胡適、陳獨秀之著作、中國之國文教科書等皆爲其進口對象，再販賣至全島各地。不僅在販賣書籍內容上兼容古今；

[4.] 關於其開業時期眾說紛紜。若參照嘉義市勸業課所編之《嘉義市商工人名錄》（嘉義市役所，1936 年 3 月），其開業日期爲「1925 年 9 月」。

在經營手法上，亦有其獨到之處。除了在報刊上刊登廣告（見《臺灣民報》第 108 號，1926 年 6 月 6 日），更製成自家之圖書販賣目錄以求拓展至各地書店之出貨量，以及個人讀者之訂購。「蘭記書局」的經營手法不只侷限於店內書籍之擺設販賣，更積極向外擴展經營之可能性，是為新形態之書店。

「文化書局」則是 1926 年 6 月，蔣渭水（台灣文化協會理事）於台北所開設之書店。本身已經營大安醫院的蔣渭水，認為文化運動正值巔峰，台灣對於發行於中國本土之新刊書籍需求量日增，台北卻苦無一家由台灣人所經營的書店，故於台北市太平町 3-28（大安醫院鄰側）開設「文化書局」。此地至同年 5 月之前為《臺灣民報》臺灣支局所在地，「文化書局」就在其原址，使用其原來的電話而開業。藉由中國語字典、中文教科書、孫文、胡適、梁啓超、章太炎等人的著作、中國雜誌的訂閱、關於日本國內社會問題、勞動問題的書籍、各種小冊子的販賣等管道，蔣渭水致力於台灣文化的提升及進步。幾乎在每期《臺灣民報》上都可看見其廣告的蹤影，其中包含了列寧、馬克思著作、月刊雜誌《社會思想》、《海外》等。書局開設之初即企畫出版《殖民政策下的臺灣》，但旋即遭發行禁止處分，庫存 800 多冊皆遭沒收。[5]

「中央書局」則是緣起於 1925 年 10 月台灣文化協會全島大會於台中召開之際，全場一致贊成設立「中央俱樂部」作為文化啓蒙之根據地。於是翌年 1926 年 2 月，由林獻堂、陳滿盈等 20 人為發起人，擁張煥珪、賴和、楊肇嘉、林幼春等 55 人為贊助人，設立資本額四萬圓之株式會社中央俱樂部。意旨在於發揚台灣人之民族意識、普及新知識新學問、提升社會生活等，具體目標則是作為「旅社貸屋及食堂、

---

5. 參見文化書局之廣告〈被禁事謹告〉，《臺灣民報》第 141 號，1927 年 1 月 23 日。

販賣圖書學用品運動器材、舉行學藝及其他社交性集會，以及為逐行以上業務所需之附帶事業」。如此，以「漢和書籍雜誌、文具學用品、西畫材料裝裱、運動用品服裝、收音機西洋樂器」等為主要販賣範圍的中央書局即於 1927 年 1 月開張，不僅成為台中規模最大的書店，更為台灣文化運動之重要據點。如中文半月刊《南音》雜誌，即以中央書局為其總批發處，再出書至其他書店如文化書局、蘭記書局、彬彬書局（豐原）、崇文堂（台南）、振文書局（高雄）、黎明書局（屏東）等[6]。

因為性質特殊，總督府警務局從一開始即對中央書局以及文化書局嚴加戒備。《台灣總督府員警沿革誌》即記載「這些設施顯然是以透過圖書、報紙、雜誌的啟蒙運動為目的，而其代售、售賣的書刊，又以在中國出版的有關思想，政治及社會問題的居多」[7]。

除以上所述三家書局之外，其他如「廣文堂書店」的廣告亦多見於《臺灣民報》。廣文堂書店為彭木發於 1927 年 5 月在台北所開設[8]，營業項目包括「和漢新書、書籍雜誌、圖書出版、報紙購訂、文具類」等。在書籍雜誌方面，包括「自上海進口中國之新舊好書」；從日本內地輸入芥川龍之芥、穀崎潤一郎之小說、新村出《南蠻廣記》、泉哲《殖民地統治論》、大鹽龜雄《世界殖民史》；甚至刊登月刊雜誌《殖民》、《馬克思研究》、《社會思想》等的廣告。

三、未分業之台灣零售書店與出版社

1934 年 4 月，含跨全島之文藝組織台灣文藝連盟創立，同年 11 月，

---

6. 參見〈文藝雜誌『南音』各地販賣所〉，《南音》第 1 卷第 8 號，1932 年 5 月。
7. 參見總督府警務局編《臺灣總督府員警沿革誌》第 2 編（中卷），臺灣總督府警務局，1929 年 7 月，頁 158。中文翻譯引自王詩琅譯註《臺灣社會運動史 文化運動》（稻鄉出版社，1995 年 11 月版）P.285
8. 廣文堂書店之開店廣告，可見於『《臺灣民報》第 156 號，1927 年 5 月 8 日。

中日文並刊之機關雜誌《臺灣文藝》創刊。其創刊號上所記載之「本雜誌販賣所」計有書店 9 間，隨著雜誌刊行號數增加，販賣所亦隨之俱增，最終增至 18 間販賣所，其詳細名簿如下[9]：

台北	新高堂書店、文明堂書店、杉田書店、日光堂書店
新竹	榮文堂、 犬塚書店
台中	中央書局、棚邊書店、育英堂書店
彰化	金子商店
嘉義	振文堂書店、蘭記書局
台南	浩然堂書店、小出書店、崇文堂書店
高雄	振文書店、南裏書店
鳳山	小民書局

以此對照《昭和二年臺灣商工名錄》所載之書店名單，將可發現在某些書店消失的同時，亦有新開業的店家。約十年之間，書店經營亦已經歷一番淘汰生滅。

在上表所載的書店中，有數家是除了書籍與雜誌零售之外，尚經營出版事業的。然而在 1930 年代的台灣，商業取向之雜誌僅有《臺灣婦人界》（1934 年創刊）、《臺灣公論》（1936 年創刊），其他殆為公家雜誌、會員誌、同人誌等類，幾無商業出版社生存空間。在同業工會中，亦僅見以批發零售書店為對象的「台灣書籍雜誌商組合」，而未見以出版社為對象的「台灣出版組合」或「台灣出版協會」。總之，1930 年代的台灣，出版社與零售書店尚未分業。如果對照當時日本國內出版社至少有 1700 家以上的數字[10]，可知台灣之出版業界尚未成熟。

---

9. 參見《台灣文藝》第 2 卷第 8．9 合併號，1936 年 8 月。

10. 〈出版關係諸名簿（發行所一覽）〉，《出版年鑑　昭和十六年版》東京堂，1941 年 8 月，頁 1031-1066。另，該書記載其台灣發行所，則僅有杉田書店、東都書籍、新高堂、日孝山房、野田書房、華美出版部之 6 店（社）。

四、日本出版文化協會（文協）創設與日本出版配給株式會社（日配）之設立

隨著中日戰爭戰局日緊，爲求物資有效統制，日本內地開始加強對於出版活動的限制。主要可分爲思想層面之強化檢閱手段，以及物質層面之限制用紙等出版用資材二方面。

1939 年 8 月 1 日，商工省發布了最多可對雜誌用紙施以 25％供給限制之省令，當天即開始實施。至 1940 年 5 月 17 日，內閣情報部中更設置「新聞雜誌用紙統制委員會」，加強其統制。原來在商工省中僅被視爲「物」的用紙配給，到了情報部卻因應國策，成爲結合「物」「心」兩面厲行統治政策的手段，此舉對於出版業界所造成的衝擊難以估計。

接下來，出版新體制便以內務省爲中心開始成形，在第二次近衛內閣成立後，即產生使「新聞雜誌用紙統制委員會」與東京出版協會、日本雜誌協會解散後成立之「出版文化協會（暫定名稱）」合而爲一的計畫。決定案在 8 月 5 日提出後，日本雜誌協會即在 8 月 15 日召開臨時總會決議解散，而東京出版協會亦在 8 月 22 日做出相同決議。中等教科書協會亦遵從當局指示而於 10 月 4 日解散。其他從公益團體雜誌協會，到地方性的大阪圖書出版業組合、京都出版業組合等出版團體，亦相繼決定解散，出版業界漸呈現出趨於一元之樣態。但這些動向皆由內閣情報部所策動，連大綱文案都是內閣情報部所準備完成。

就在這樣的時代腳步中，1940 年 12 月 19 日，「社團法人日本出版文化協會」（文協）成立，於翌年 6 月正式獲得出版用紙之統制權。「文協」是作爲情報部之子機構成立的官方社團法人。

在用紙方面，「洋紙共販株式會社」於 1940 年 11 月 30 日成立；爲整合印刷業界，「日本印刷文化協會」在 10 月 27 日成立；墨水業界方面則有「日本印刷墨水協會」於 11 月成立。至此出版新制已見完成。

　　與出版新體制並行的，是將物流業者亦收納其中的書籍配給新體制。全國物流業者雖多達 300 多家，但向來由東京堂、北隆館、大東館、東海堂四大業者分占業界鰲頭，而原有之物流協會亦由此四業者組成，其向心力甚高。也正因為雜誌物流業利潤豐厚，因此其他中小型業者無法打入業界核心。

　　當統合書籍配給之機關設置方案被提出後，四大物流業者即合意聯合四家之資本，使雜誌方面不但仍維持向來掌握於四大手中的方式，在形式上更與書籍配給機關統合的目標結合。這樣的企圖隨即招致周遭反對，故再向當局提出第二案：分別設置雜誌配給會社與書籍配給會社，其中原物流業者出資比例占雜誌配給會社之 67%（其餘為出版業者 30%、中型物流 3%），占書籍配給會社之 35%（其餘為出版業者 30%、其他物流業者合占 35%），這依然是一個以四大之利益優先的方案。但因為書籍配給之統合機關的設置，對於物流業、尤其是中小型物流業者而言攸關存亡，因此其所屬之東京書籍卸業（譯注：批發業）組合、東部書籍卸業協會、西部書籍卸業協會等，與四大所組成之原物流協會之間對立嚴重，完全無法達成共識。

　　最後，政府方面於 1940 年 10 月 24 日提出「書籍雜誌配給機構整備要綱案」，籌設日本出版配給株式會社（暫定名）以作為書籍配給之統合組織。雖面臨四大與中小物流間因利害關係而產生的強烈敵對意識、因設立新會社所引發的生活問題（如失業、雇用、營業權賠償等）、債權債務處理之調停、認股與比例、職位分配問題等，但這些都在運作下被忽視，而於 1941 年 5 月 5 日正式成立出版物統合配給機關「日本出版配給會社」（簡稱「日配」、資本額 1000 萬圓），旗下統合了全國物流業者共 230 多社。

　　另一方面，當局亦著手組織零售書店之同業公會從而進行統制。首先從東京市開始，將既有之零售書店工會解散。雖然多少產生混亂，但

在日配成立約一個月後的 6 月 6 日，於九段下之軍人會館（今日之九段會館）召開了東京書籍雜誌零售商業組合之創立總會；此後同樣的書籍雜誌零售商業組合，漸次在全國各地方行政單位組成。

從此以後，只有同業公會之成員方被許可經營零售書店，也唯有這些零售書店才能從統制下的「日本出版配給會社」（日配），配給到統制下之「日本出版文化協會」（文協）成員之出版物。

而「社團法人日本出版文化協會」則是在 1943 年 3 月 29 日，於早稻田大學大隈講堂「升格」為統制機構「日本出版會」。其背後因素為 2 月 18 日公布了「出版事業令」，規定所有出版活動都必須依法完全遵從政府（情報部）之統制。為求達成紙張之重點配給及強化出版界之戰爭協力體制，以情報局（原情報部，1942 年 12 月升格）及內務省指令為後盾，「日本出版會」著手大幅統整出版業界。其中出版社之統整尤為「日本出版會」之重大任務，後來亦達成將原有 3664 家的出版社，縮減至 203 社（1944 年 3 月數字），而雜誌則由 2017 冊縮減至 996 冊。

五、台灣出版協會之創立與日配台灣支店的設置

以上所述施行於內地之統制，一年之後於台灣被如法炮製。

進入 1940 年代以後，商業導向的雜誌社與出版社開始出現，零售書店亦表達對出版的強烈興趣，出版體制因此出現統合之必要性。

1942 年 4 月 11 日，「台灣出版協會」創立總會於台北公會堂召集會員 64 名（其中 14 名缺席）召開，從中選出理事 15 名[11]如下：村崎長昶委員長（新高堂書店）、杉田英（杉田書店）、長穀川裕寬（文明堂書店）、長穀理教（《臺灣日日新報》社支配人）、西川滿（《臺灣日日新報》社學藝部次長、文藝臺灣社）、田中一二（臺灣通信社）、蔣渭川（日光堂

[11.] 參見《臺灣藝術》第 3 卷第 5 號，1942 年 5 月。

書店)、江間常吉(國鐵時報社臺灣總支社長、東臺灣新報記者)、林佛樹(興南新聞社廣告部長兼出版部長)、赤星義雄(臺灣芸術新報社)、金高佐平(臺灣公論社台北支社長)、碇延一郎(台灣圖書株式會社)、黃宗葵(臺灣芸術社)、持田辰郎(東都書籍臺北支店長)、吉川省三(南日本新報主筆)

自理事名單觀之,此階段「台灣出版協會」作爲社團法人,尙可反映出版業界內之立場。

同年5月1日,日配台灣支店(以奧村鄉輔爲支店長)於三省堂台灣出張所原址成立。奧村鄉輔原任職物流業龍頭東京堂,後轉至日配任西部販賣課長,再就任台灣支店店長。日配台灣支店的設置,是於同年2月經過情報局、拓務省、台灣總督府、內閣印刷局、日本出版文化協會、日配等相關人士合同商議之下,以「日配台灣支店設置要綱」爲準則經相關程式後實現。其要綱中要求「現存批發買賣業者之統合」,因此台灣也同日本內地一樣終將完成除日配台灣支店之外,沒有其他書籍雜誌批發買賣業者生存餘地之一元體制。日配台灣支店將內地出版物的移入台灣與配給、以及台灣出版物之配給權皆納入掌中。

然而,關於由中國進口之中文書籍以及物流、零售販賣方面,究竟曾被施與多少程度之控制?此問題因爲缺乏明確資料而疑點尙多。

六、「台灣出版會」之確立

1943年2月17日,在敕令第28號之下,基於國家動員法準則之出版事業令發布,翌日公布其施行規則。台灣亦循此於3月1日發布出版事業令,於5月21日公布施行規則(府令)。據此,依許可方得出版之出版許可制,亦同於內地準用於台灣。印刷用紙的不足在台灣也成爲迫在眉睫之嚴重問題,故等同於內地的出版會之組織便成爲必要。

如同內地「日本出版文化協會」於1943年3月「升格」爲「日本

出版會」，同年 12 月 18 日，循「台灣出版統制要綱」（於 10 月 1 日府議確定），「台灣出版協會」體制也出現變化。

「台灣出版會」要求現有之出版業者必須在同年 11 月底前，重新提出「入會申請書」。原「台灣出版協會」會員之出版業者、報社（因原有之六家日報社已統合為「臺灣新報社」，故僅有一家）即提出希望能直接成為「台灣出版會」新會員，但「台灣出版會」方面正想藉此機會統整出版業者，因此決意在嚴格審查入會資格之後才決定申請者之入會與否。篩選之後決定新會員，而在 12 月 18 日召開創立大會，集合第一種會員（出版業者）57 名、第二種會員（出版相關團體，主要為官方周邊團體）19 名而新成立「台灣出版會」[12]。

「台灣出版會」之權責內容明確記載於其規則第四條「一出版企劃之審查指導　二出版物用紙之配給調整　三出版物之配給指導　四其他出版文化相關事業」。在發揚軍國主義精神的意圖下，對印刷用紙使用之限制、對出版物的徹底配給管理，都使台灣與內地在步伐上漸趨一致。另一方面，「台灣出版會」亦有與「日本出版會」保持密切聯繫，以成為移出台灣發行之出版物至內地的仲介管道的意圖。

「台灣出版會」理事成員如下[13]：

會長	山內逸造（情報委員部次長、警務局長）
常任理事	森田民夫（官房情報課長）
理事	後藤吉五郎（警務局保安課長）、天岩旭（農商局政課長）、山中樵（總督府圖書館長）、太田周夫（文教局學務課長）、柴山峯登（文教局社會課長）、福島停（情報課調查官）、矢野禾積（台北帝大教授）、大澤貞吉（皇民奉公會戰時生活部長）、村崎長昶（書籍小賣商組合長）、長穀理教（臺灣用紙配給株式

[12]. 參見中越榮二〈台灣出版会の創立経緯とその方向〉，《臺灣時報》第 289 號，1944 年 1 月。

[13]. 參見《臺灣出版會要覽》臺灣總督府情報課，無出版表記。或為 1944 年初？

	會社長）
監事	山口一夫（鐵工局物資動員課長）、奧村鄉輔（日配臺灣支店長）

　　從以上理事名單觀之，可知「台灣出版會」完全在總督府控制之下運作，其事務所位在總督府情報課內，為一官方團體。

　　理事之外尚有審查委員 20 名，以委員長山中樵（總督府圖書館長）為首，下轄總督府之相關部課（情報課、保安課、文書課、學務課、編修課）課長共 5 名、陸軍 2 名、海軍 1 名、台北帝大教授群 4 名、台北高校教授、編修官、事務官 2 名、調查官等，成員幾乎全為官僚與軍人。雖有非官員亦非軍人的成員 2 名，但卻也是半官半民性質之台灣電力與台灣拓殖公司職員，無法看作完全之民間人士。

　　經過之後的會員增補，「台灣出版會」發展為有第一種會員（出版業者）69 名、第二種會員（出版相關團體，主要為官方周邊團體）26 名之團體。在第一種會員 69 名中，日本人 50 名、台灣人佔 19 名。對於現有之出版社而言，若不能成為「台灣出版會」會員，就沒有接受出版企畫審查的資格，亦無法配給到印刷用紙，無法將出版物配給至書店，等於是生死存亡的重大問題。

　　「第一種會員　出版業者」台灣人成員 19 名之名單如下：食糧經濟新聞社（林佛樹）、清水書店（王仁德）、中央書局（張煥珪）、崇聖會出版部（許廷魁）、台灣子供世界社（賴海清）、日光堂（蔣渭川）、瑞成書局（許克綏）、玉珍書店（陳玉珍）、蘭記書局（黃茂盛）、南進出版社（賴清吉）、大木書房（李清輝）、台灣藝術社（黃宗葵）、和文堂出版部（盧祖轍）、盛興出版部（王清焜）、吟稿合刊詩報社（張曹朝瑞）、萬出版社（陳萬）、南方雜誌社（簡荷生）、日本基督教台灣教團事務所（黃六點）、日本真耶蘇教會本部（黃呈聰）

　　19 家出版社中亦有詳細經營情況不明者，此處茲列舉於「台灣出版

「協會」時代過渡至「台灣出版會」時代會員所發行之部分出版物以為參考。

清水書店	黃得時《水滸伝》（1941.9～1943.6）、坂口れい子《鄭一家》（1943.9）、楊雲萍《詩集山河》（1943.11）、呂赫若《清秋》（1944.3）
台灣子供世界社	皇民奉公會台北州支部撰《青年演劇腳本集1》（1942.6）
玉珍書局	《和文小説西遊記》（未見）、《和文水滸傳》（未見）
蘭記書局	本山泰若《實話探偵秘帖》（1944.3）
南進出版社	瀧澤千恵子《封神傳》（1943.9）
大木書房	篠原柏庭《花は囁く》（1943.7）、《台灣小説集 1》（1943.11）
台灣藝術社	中日文並刊大眾雜誌《臺灣藝術》（後改名為《新大眾》，1940・3～）、西川滿《西遊記》（1942.2～1943.11）、稻田尹編《臺灣歌謠集》（1943.4）、江肖梅《包公案》（1943.11）、吉村敏《一つの矢弾》（1944.12）
和文堂出版部	鶴丸詩光《戦ふ台湾娘》（1943.4）
盛興出版部	楊逵《三國志物語》（1943.3～1944.11）、龍瑛宗《孤独な蠹魚》（1943.12）、坂口れい子《曙光》（1943.12）、楊逵《吼えろ支那》（1944.12）
萬出版社	陳逢源《台湾経済と農業問題》（1944.2）

以上這些出版物皆為日文書籍，在當時為引起話題之書籍。

而中文書籍方面，則可見以下出版物：

日光堂商會	李友三編《新編北京語讀本會話篇》（1939.5）、中文文藝雜誌《南國文藝》（1941.12～）
瑞成書局	張淑子編《和漢寫信不求人》（1937.2~3）
玉珍書局	阿Q之弟（徐坤泉）《靈肉之道》（1942.9）、同《暗礁》（1943.6，3版）
蘭記書局	黃茂盛編《國語會話》（1944.1，10版）

南方雜誌社	半月刊誌《南方》（《風月》、《風月報》（1935.5.9～）之後身，1941.7.1～）、吳漫沙《莎秧的鐘》（1943.3）、鄭坤五《鯤島逸史》（1944.3）

七、台灣出版會寄予厚望之蘭記書局

　　然而，以出版中文書籍爲主的出版社、發行所，在申請進入「台灣出版會」時各自遭遇不同命運；亦可見無法入會之例。

　　如林萬生之社會小說《運命》（1941.10）之出版社捷發書店[14]，雖強烈希望能進入「台灣出版會」卻未獲許可。在情報課任職之中越榮二（台灣出版會）[15]寄給蘭記書局的書信中，記載了捷發書店未獲認可入會的理由在於不諳日語、只出版中文書籍之事：

　　　蘭記書局大鑒

　　　此前之貴寶地出差備受關照，感激萬分。特別是您在百忙之中尚出示種種珍品，鑑賞之樂自不待言。回程啟程前未及道謝深感遺憾，在此謹再度致上誠摯謝意。

　　　信封中的十七圓三十錢，是之前先預付的車資。

　　　請還給許應元之子。

　　　另外捷發申請入會案，請您代為說明以下的理由。

　　　開始整理出版業是未來的方針

　　　將來勢必無法允許不諳國語者經營出版業

　　　即使許應元能獲准入會，但對於漢文出版物的審查十分嚴苛，大

---

14. 《運命》(1941 年 10 月)最後記有「発行人・台北市下奎府町 3-34　劉宗勳」、「總発行所・捷発書店」字樣。

15. 依《臺灣總督府及所屬官署職員録》（昭和 19 年 1 月 1 日版）記載，中越榮二一開始任職於交通局遞信部監理課（身分爲屬），亦兼任於情報課。但之後是否至情報課專任則不明。

抵皆不獲許可出版

雖然十分同情許應元氏的立場

但如上所述希望他能暫待時機行事

可考慮對台南以及嘉義市內的出版業者（如人數過少，可將書籍
零售業也列入）召開懇談會。會中希望能談及與日配間的交涉、
零售業同業公會間的商議等。

還有，麻煩您關照玉珍書局了。

關於玉珍的業務，還請您給予他們充分的指導。

六月十九日

台北市大安十二甲二七七

中越榮二

　　從這封書信使用「台灣出版會」用箋，可知書寫日期應為 1944 年 6
月 19 日。雖不清許應元是否即為捷發書店之主人，但從書信內容可確
知的是捷發書店確曾強烈期望進入「台灣出版會」。

　　在整合出版業界的時代風潮中，限制中文書籍之出版，以及對於以
出版中文書籍為營業重心的出版社之打壓日漸增強。然而，同時卻也可
見《風月》、《風月報》、《南方》、《南方詩集》（1935.5.9～1944.3.25）等
漢文雜誌的持續出版發行[16]；亦可見到在出版物方面恐怕也只出版中文
書籍的南方雜誌社，成功進入「台灣出版會」的案例。對於漢文文藝雜
誌《南國文藝》[17]，明明限制中文雜誌發行的總督府卻允許其創刊，更
通過其總發賣所的日光堂商會之「台灣出版會」入會申請。其原因或許
可以推測：對於不諳日語卻具有中文理解能力的台灣知識分子，總督府
仍需要藉由許可這些出版物的存在來懷柔感化，甚至進行籠絡──因其

---

16. 《風月報》只有在 1938 年 8 月 1 日至同年 10 月 17 日的短暫期間，以張文環為
主筆設置和文欄。

17. 《南國文藝》創刊於 1941 年 12 月，但第 2 號以後是否繼續刊行則不明。

中許多資產家為漢文雜誌的主要廣告來源——以遂行其政治目的吧！

　　以下這些出版業者的實際情況則尚未能解明：食糧經濟新聞社（林佛樹）、中央書局（張煥珪）、崇聖會出版部（許廷魁）、吟稿合刊詩報社（張曹朝瑞）、日本基督教台灣教團事務所（黃六點）、日本真耶穌教會本部（黃呈聰）。惟其中食糧經濟新聞社應可推測從事相關業界刊物的發行，吟稿合刊詩報社則是會員專屬機關雜誌或宣傳冊的發行，宗教界的三團體則為機關雜誌或經書等之出版。只是中央書局究竟出版了什麼？則是另一耐人尋味的問題。

八、台灣出版會與蘭記書局

　　若觀看寄給「蘭記書局（黃茂盛）」的郵件，可發現多有來自各地書店的訂購。

　　如台北日光堂有「貴店所發行之北京話讀本、或其他北京話書籍若有庫存，煩請透過日配給予一千部的配給。若需敝店之發行物也請不吝告知。八月十九日」的來信。而屏東張天□則有「漢文讀本當天就賣完了。每天都有客人來催促詢問何時還會進書，希望能早日印刷完成。若書上梓，煩請以最快速度寄來五百部左右，因為銷售狀況實在是太熱烈」的來信。羅東日榮堂書店訂購《字母讀音北京語讀本》一百冊。同時亦有來自日配台灣支店與中央書局的訂購。即使不知確切訂購日期，但蘭記書局大量出書至全台書店、與書店之間的深刻聯繫則由此可知。

　　另一方面，從中越榮二（台灣出版會）寄給蘭記的書信內容可知，蘭記書局被「台灣出版會」賦予南部地方的中間人，以及作為出貨中文書籍至全島書店的重責大任。對捷發書店的勸說、對玉珍書店的指導，以及號召台南、嘉義地區的出版業者與零售書店，「台灣出版會」的請託正反映了蘭記所扮演之角色。

　　關於「蘭記書局」尚有許多待釐清之處，但可以確定的是，蘭記在

號召統整南部的書店，以及輸入販賣中文書籍之重要據點層面上，都在日本統治期的台灣社會占有極為重要之地位。

　　對於蘭記書局所輸入之中文書籍在檢閱制度下的處境，以及其書籍之流通狀況、營業活動之詳細內容，將更待進一步的研究以勾勒其全貌。

從蘭記圖書目錄想像一個
時代的閱讀／知識故事

◎黃美娥

台灣大學台文所教授兼所長

一

　　第一次知悉「蘭記圖書部」是在十餘年前翻閱日治時代歷時最久的
文社——彰化《崇文社文集》時，發現了版權頁上，註明是由嘉義的蘭
記圖書部所發行。從「彰化」到「嘉義」，這段文字／文人與圖書販售
／消費間的因緣，究竟有著怎樣的空間位移意義？疑惑的解答，是在幾
年之後，終於了然於蘭記圖書部創始人黃茂盛（1901～1978）與崇文社
主幹黃臥松（1876～1944）的往來關係，以及其人對漢文、漢學與儒教
的長期支持。

　　而再次被「蘭記」吸引，則是因近幾年投身於日治時期台灣通俗文
學研究，《三六九小報》上蘭記所刊登爲數眾多的圖書廣告，突顯了該
書局在漢文通俗圖書銷售的龍頭角色。其實，早在閱讀 1927 年發行的
《崇文社文集》時，我便留意到隨書所附刊的幾則廣告，包括較陽春型
的書籍介紹，在列出書名如《粉膩脂香錄》、《滑頭世界》、《現代青年離
婚史》後，便記載各書價格，以提供讀者清楚的價目訊息；或是推銷蘭
記圖書部爲主體的書店型廣告，其上列有刻正販賣的圖書目錄，強調「發
售經史子集字典辭源詩文筆記各種讀本善書佛經法帖畫譜地理星相醫

學工藝名著小說特約上海中西書局出版各種書籍暨一般參考書定價從廉批發克已備有詳細書目函索即奉」，並贈送善書如《弟子規》、《朱子格言》、《白衣大士神咒》、《家庭教育》、《小學千家詩》等。這類廣告詞清楚勾勒了「蘭記圖書部」販賣書籍的趨向、種類、來源以及廉價的販售特點，而善書的提供，無疑更顯現了其對社會教育贊助與推動的熱忱，廣告成爲吾人對「蘭記」圖書部整體形象與經營訴求的認識的重要媒介。

不過，最令我詫異的是，專就單本圖書所做的內容摘要式的廣告詞，如《真本照相符咒大全》之介紹；這是五冊一函的精裝圖書，廣告詞指出「符咒靈勿靈一試便知」、「真勿真一見可曉」，而何以「尋常符咒往往不靈究係何故？」答案是：「因不得真本」，而本書則恰恰係「天師府真本照相精印。原原本本。絲毫無誤。」另如《福爾摩斯自殺》的推銷詞，印行的上海中西書局以「告白」方式，寫出下列扣人心弦的語句：「福爾摹斯──是英國第一怪傑」、「亞森羅頻──是法國第一怪傑」、「福爾摹斯此次自殺──並非爲了亞森羅頻」，「讀過福爾摹斯全案者不可不看此書一睹福爾摹斯之結局」、「讀過亞森羅頻全案者不可不看此書一究兩雄交藝之手段」，尤其更指出「閱之可以增進智謀──開發心思」。那麼，《真本照相符咒大全》和《福爾摩斯自殺》的讀者群是誰？可以想見的，這些登載文集上的廣告的閱讀者，自非崇文社文集的讀者莫屬，但何以這些通俗讀物的訊息，會直接刊載在以古典文人爲讀者群體的崇文社文集上？而古典漢文與通俗漢文的接觸經驗，是否暗示了日治中後期，台灣漢文知識版圖的裂變？正宗古典性與日用通俗性的漢文之間有了交易、斡旋、共構的空間？漢文讀者群的重層結構面目如何？透過幾則廣告詞的蛛絲馬跡，使筆者意識到了台灣漢文的閱讀／知識世界正在改變。

幸運的是，因爲嘉義蘭記圖書部的後人，在 2005 年將若干文物捐

出，目前委由《文訊》雜誌社整理中；而在《文訊》的提供下，筆者得以看到兩張印製於昭和九年（1934）的蘭記漢文圖書目錄，書單上列出當時販售的書籍名稱，並且予以分類，這兩張圖書目錄表，給予我對上述問題進行更深刻的思索。

由於人類思想的類別，並不固定於一種明確的形式，往往會因時因地而有創造類別、取消類別與再創造類別的傾向，因此「蘭記」圖書目錄上所展示的圖書分類，也就別具建構時人知識論的時代性意義。這樣的分類觀點，是一種連結於當時台灣社會、歷史和文化管道所生產出來的一種知識論，「分類」的意義於是從一個本質化概念的說明，轉化成動態的實踐「活動」。況且，因為蘭記圖書部是屬於日治時代全台性的漢文圖書書局，當時島內漢文書店甚至向其購書轉售，如「北台大儒」張純甫（1888～1941）經營之「興漢書局」，除向北京、上海等地書局購書外，也會向蘭記購書；加上書店在現場販賣外，尚提供郵購服務，且圖書類型豐富多元，兼具雅俗，故流通性甚大，此從《臺灣日日新報》中對此書局的報導遠超過其他同業店鋪便可略知一、二；兼以蘭記圖書部長於利用廣告，如《臺灣日日新報》、《台南新報》、《臺灣民報》、《三六九小報》、《詩報》等皆刊有相關廣告，更能擴增書局影響性與刺激性，何況《三六九小報》還曾言及有位讀者看了蘭記圖書廣告，而購買了數百部書籍，足見蘭記對漢文讀者群具有絕佳的吸引力。從上述幾點說明，愈加明白「蘭記」圖書部在台人閱讀／知識世界的重要角色了，而該書店的圖書目錄內容所具有的知識社會學意義，自然不言可喻。

二

「蘭記」，作為全台型的圖書消費書局，隱然是傳遞各類知識的火種。然而，該出售哪些書？書籍怎樣進到販賣者的眼界來？從什麼地方買來？一個賣書人與他銷售的圖書之間有何關係？追溯起蘭記的沿革

史，成立時間仍有異說，但大致是在 1920 年代前後，初名「蘭記圖書部」，戰爭前夕改爲「蘭記書局」，所售和漢書籍兼有，有時黃茂盛會親自前往東京購書，但多數是從中國進口而來，尤以上海地區的書局爲主，故所售仍以漢文書籍爲主，這實與黃氏受其姨父林玉書啓發後，始終對於漢文教育的重視有關。而投注於漢文圖書業的黃茂盛，其作爲賣書人的角色是既從事知識採集，同時也是知識的零售者，更是協助台人學習漢文知識的代理人或商人，他尚且一定程度地扮演了仲介中國漢文圖書知識視野的人物，爲台灣與中國之間建置了漢文流通的網絡，促使殖民地台灣得以擁有與中國較爲同步的漢文讀書市場。

蘭記販售的漢籍圖書內容，以現存 1934 年的圖書目錄來看，除了些許如《蓮心桂影集》、《金川詩草》、《周維金大陸遊記》等台人自撰作品外，黃茂盛所引進的中國今昔漢文著述，倘較諸張純甫「興漢書局」所售圖書，或黃春成〈日據時期之中文書局〉對連橫雅堂書局販售情況的回憶，將會明顯感覺到蘭記販售的漢文圖書，其實傾向實用與世俗色彩。以「興漢書局」（書局於 1931 年初設台北市永樂町市場內，同年 10 月遷至新竹）爲例，從張純甫登記販售圖書目錄的「守墨樓藏書目錄」、「守墨樓書目──卷密書室之部」稿本可知，其所經售的圖書，主要是傳統古籍，包括經、史、子、集四部，如《十三經注疏》、《御纂七經》、《四書古註群義十種》、《皇清經解》、《皇清經解續編》、《古經解彙函》、《小學彙函》、《小學類編》、《二十四史》、《史學叢書》、《九通》、《百子全書》、《二十五子》、《續二十五子彙函》、《道家六集》、《經典集林》、《漢魏百三名家集》、《唐詩百名家集》、《漢魏叢書九十六種》、《二酉堂叢書》、《適園叢書初集》、《惜陰軒叢書》、《國朝著述叢編》、《顧亭林遺書》、《梨洲遺著》、《崔東壁遺書》、《唐人說薈》、《清人說薈》、《清人說薈二集》、《天蘇閣叢刊》等；此外也有若干新學著作，如《世界史》、《中等東洋史》、《日本外史》、《朝鮮寶鑑》、《世界史綱》、《中古歐洲史》、《新

俄羅斯》、《教育哲學》、《赫克爾一元哲學》、《近代西洋哲學史大綱》、《西
洋古代中世哲學史大綱》、《印度哲學概論》、《東西文化及其哲學》、《實
用主義》、《笑之研究》、《動的心理學》、《群眾心理》、《社會心理學》、《心
理學大綱》、《心理學概論》、《倫理學原理》、《西洋倫理學小史》、《美國
教育徹覽》、《戰後世界教育新趨勢》、《孟祿的中國教育討論》、《英國教
育要覽》、《政治汎論》、《政治學大綱》、《公共意見與平民政治》、《新德
國社會民主政象記》、《現代民主政治》、《狄雷博士講演錄》、《美國勞工
狀況》、《富之研究》、《原富》、《天演論》、《天文學》、《穆勒名學》、《康
德傳》、《社會進化論》等，以及《伊索寓言》、《世界文學家列傳》、《中
國文學史》、《法國文學史》、《近代文學思潮》、《平民文學之兩大文豪》、
《不如歸》、《西洋演劇史》、《日本虞初志》、《官場現形記》、《二十年目
睹之怪現狀》、《情天寶鑑》、《西洋通俗演義》、《義俠女子》、《花月痕》
文學書籍。

　　整體而言，張氏所售圖書，在類別上未若蘭記圖書之活潑多元，不
過關於傳統漢學經史子集的著作，「蘭記」目錄所示的子書極少，且經
史方面所列的多種四書白話註解，或《詩經體註》、《書經備旨》、《左傳
句解》、《禮記節本》、《春秋左傳白話註解》等，在性質上比諸前述張氏
同類作品，內容較為淺近；而在新學引進上，「蘭記」雖可見《人體生
理論》、《中西合纂婦科大全》、《生育研究實驗優生學》、《藥物與驗方》
等具科學性質之著作，但涵蓋面不同於「興漢書局」政治、哲學、心理、
教育、社會、地理、歷史、醫療、考古所在多有，亦即「蘭記」所售圖
書偏向了實用導向。

　　如此一來，可以發現張純甫或黃茂盛雖然都是舊學出身，但其人對
於販售圖書內容的選擇，卻有了深淺之別；唯此差異性的強調，不在突
顯其人知識品味的高低，而是讀者群的消費問題。畢竟，黃氏的「蘭記」
圖書部，在台灣漢文圖書銷售史上，其業績深受肯定，這說明了其人推

薦或販售的漢籍圖書，獲致更多大眾的共鳴。

三

　　那麼，藉由「蘭記」的圖書目錄，究竟可以拼貼出怎樣的閱讀故事？至此，需就「蘭記」圖書銷售取向做更深入的陳述，並取徑黃茂盛的圖書分類，以顯豁其中的知識觀。從目錄看來，黃茂盛把圖書區分為：

經史類：如《十三經註疏》、《四書味根錄》、《繪圖速成四書讀本》、《言文對照新式標點詩經》、《三字經白話註解》、《千字文白話註解》、《幼學故事瓊林》、《圈點史記》等。

子書類：如《百子全書》、《孔子家語》、《山海經圖說》、《七子兵略》、《諸葛武侯兵法》、《歷代神仙傳》等。

詩文類：如《王註楚辭》、《蘇東坡詩集》、《白香山詩集》、《吳梅村詩集》、《隨園全集》、《林和靖詩集》等。

詩話類：如《詳註隨園詩話》、《滄浪詩話》、《漁洋詩話》、《清詩話》、《影印歷代詩話》、《梅村詩話》等。

字典類：如《康熙字典》、《中華新字典》、《新式學生簡易字典》、《校改國音字典》、《四體大字典》、《大字玉堂字彙》等。

辭典類：如《辭源》、《新式學生辭林》、《俗語典》、《實用成語大辭典》、《中國人名大辭典》、《動物大辭典》等。

韻書類：如《佩文韻府》、《角山樓類腋》、《精校詩韻含英》、《詩韻寸珠》、《字類標韻》、《彙音妙悟》等。

讀本類：如《初學必需繪圖漢文讀本》、《中學程度高級漢文讀本》、《臺灣三字經》、《歷史三字經千字文》、《繪圖百家姓》、《神童詩、名賢集》、《古文觀止》等。

白話類：如《白話文初步》、《白話文做法》、《白話信範本》、《白話詩文談》、《白話註解三字經》、《白話註解唐詩》、《白話註解瓊林》等。

尺牘類：如《言文對照古今名人尺牘》、《商業新尺牘》、《詳註商業日用尺牘》、《最新商務尺牘教科書》、《白話尺牘大觀》、《秋水雪鴻尺牘合璧》、《愛的書信》、《新式標點尺牘句解》等。

酬世類：如《大字酬世錦囊》、《儀禮便覽》、《家禮彙通》、《古今楹聯辭類纂》、《對聯大觀》、《輓聯合璧》等。

畫譜類：如《三希堂畫寶》、《佩文齋書畫譜》、《現代百大名家畫稿大觀》、《芥子園畫譜》、《醉墨軒書稿》、《吳有如畫寶》等。

法帖類：如《三希堂法帖正續集》、《大楷柳公權玄秘塔》、《大楷顏魯公雙鶴銘》、《大楷張文襄法書》、《大楷左宗棠法書》、《行書黃山谷七言詩》等。

祕本類：如《驚人相術奇書》、《家庭寶笈秘術海》、《秘術五百種》、《催眠術全書》、《日用百科奇書》、《日本武術大全》、《張三豐煉丹秘訣》、《少林內功秘傳》等。

常識類：如《家庭常識》、《舌劍脣槍辯駁大全》、《罵人百法》、《催眠術大觀》、《陶朱致富奇書》、《國民職業全書》、《養豬全書》、《化學工藝品製造大全》等。

雜書類：如《刑事補償法》、《支那語交際會話》、《中華·全國水陸旅行指南》、《象棋百局》、《世界奇趣》、《紅樓夢廣義》等。

醫書類：如《醫宗金鑑》、《中醫彙通五種》、《聖濟總錄》、《傷寒三字經》、《外科圖說》、《幼科指南》、《生育研究實驗優生學》、《眼科捷經》等。

善書類：如《宣講大全》、《五柳仙蹤》、《太上寶筏》、《觀音靈異記》、《純陽呂祖度寶鑑》、《太陽太陰經》等。

陰陽卜筮類：如《地理大成》、《天機會元》、《地理不求人》、《梅花易數》、《周公夢解》、《相面全書》等。

古小說類：如《石印大字三國志》、《鉛版大字三國演義》、《石印小字封神演義》、《華山劍俠》、《荒村奇俠》、《神俠桃花女》等。

新小說類： 如《繪圖火燒紅蓮寺》、《滬濱偵探錄》、《玉梨魂》、《福爾摩斯自殺案》、《品花寶鑑》、《江湖遊俠》等。

　　透過黃茂盛的圖書分類模式，我們可以看到時人看待事物的方式、吸收和儲存知識的辦法。其次，從傳統經史子集的圖書分類，到「女子」、「白話」、「常識」類別被標舉出來而單獨歸類，顯見現代型知識已滲入傳統知識的領域中。不過，值得注意的是，若干具有新學／西學意味的圖書，黃氏雖也已引進不少，但整體而言，域外或異國的知識來源尚屬有限，知識視野在空間性上仍局限於中國，可知文化或知識體系的世界化不足；且現代醫學／科學之著述，也未予以獨立看待，還是與其他傳統讀物一起置入於相同的分類系統中，現代／傳統的二元疆界尚未底定，黃氏的分類思維，尚未隨著現代讀物的量變而產生知識體系的質變。相近似的情形，可再以「白話類」書籍的存在作為一個指標，此現象雖能說明漢文讀者群在古典文字外，也嘗試親近白話文，不過相對而言數量亦少，故就蘭記的整體消費群體而言，其對應的毋寧仍屬古典文人／文字的知識群體。或者，我們還可據此進一步說明，在 1934 年左右的台灣漢文社會，知識分子或社會大眾對傳統／古典的文本的依賴性，大體而言還是呈現穩定狀態。

四

　　由於圖書分類的實踐，指涉了經過處理與系統化後的知識思考，故依循上述蘭記圖書分類的分析，可以得知 1930 年代的台灣，非白話的傳統型漢文圖書市場依然具有相當程度的消費性。如此的現象，其知識社會學意義何在？又展演出怎樣的社會知識圖像？

　　首先，「女子」類圖書的存在，令人側目，這樣的分類相較其他採用圖書性質或屬性的分類考量，顯得與眾不同；尤其《初學女子新尺牘》、《女界共和尺牘》、《女子寫信必讀》、《戀愛新尺牘》等，並未納入

「尺牘類」銷售，而特重其性別視野，顯見 1930 年代女子問題受到關切。另外，「陰陽卜筮」、「善書」、「祕本」及部分的「醫書」，因為共同指涉了一個相近的主題、領域，即台灣民間普化宗教觀的存在，同樣引起筆者極大的注意。

由於漢文化的宗教儀式與信仰擴散至台灣日常生活中，所以此類自然宇宙、生命禮俗、風水地理、養生祕術等圖書，也是蘭記販售圖書的大宗，形構出一張天、人、社會的文化認知網絡，從中可以窺見時人的生活觀、身體觀、習俗觀、宗教觀、宇宙觀等，表現了台灣社會「小傳統」／「俗文化」的知識面向。其中，「醫書」類圖書的數量相當可觀，除了一般漢醫所需外，似也透顯出台灣傳統社會民間通俗醫學的存在，如何自我教育而自保自救，家庭常備的醫學知識需求，應當也是圖書大量出售的關鍵所在。至於徘徊在「祕本」與「常識」類圖書，所形塑出的神祕／文明的現代身體，同樣令人好奇，耐人尋思。

而在「俗文化」知識系統外，最具傳統「雅文化」特徵的書籍，莫過於《經史》、《子書》類圖書與「詩文」、「詩話」類等。這類圖書是傳統文人學養根柢的孕育所在，但前曾與張純甫「興漢書局」圖書相較，蘭記《經史》、《子書》類圖書的來源與種類，在知識提供的深度與廣度上，都顯得侷促、淺近許多。其所供給者，較偏於四書五經，殆屬傳統書房型的教材。

至於，「詩文」、「詩話」類圖書，可以增益台灣文人的詩歌造詣，如《香草箋》是清代以來台人學習香奩體的典範，頗受時人喜愛；而幾位詩人如白居易、吳梅村、袁枚、林和靖、蘇東坡等，也是台灣文人師法之正宗。此處「詩文」、「詩話」類圖書的銷售，其實要與「字典」、「辭典」、「韻書」類書籍並觀，因為這些是供應傳統文人從事詩歌寫作或參與詩社活動之用。從字典、韻書到詩集、詩話，一系列為詩歌寫作準備而出售的圖書，指出了 1930 年代台灣文壇擁有一定數量的古典詩歌閱

讀與創作人口。

漢詩圖書的發達，似乎勾勒了漢文興盛的榮景，實則漢文典籍的淺化，已是危機警訊的傳達。改隸以後，漢學能維持者只有詩而已，在新式／西學／日本教育的風潮下，不管是同化的政治壓力，或現代化教育的競爭，漢文學習環境遭到壓縮與劫奪，導致漢文基礎日漸低落。

徐坤泉在 1936 年發行，普獲大眾歡迎的小說《可愛的仇人》中，言及公學校畢業生連一封漢文信都寫不來，甚至有「要念高女，不如用那些工夫去讀些有家庭實用的漢文」的對白；而從蘭記的圖書目錄也能感受同樣的社會氛圍，所以「尺牘」類圖書種類繁多可知。黃氏所售，文言與白話之講授範本皆有，其中商業尺牘最被看重，人際尺牘次之。

綜上，吾人可以發現，蘭記善於掌握時代脈動，其漢文圖書的組成結構，便涵蓋了古典性、實用性、俗化性等特質，非唯傳遞了 1930 年代「漢文」知識論的重層性面目，也呈現了多元行銷策略的成功。

五

其實，從文學角度而言，「漢文」的俗化性面貌，也表現在蘭記對通俗小說的大量引進。而黃氏目錄中的「古小說」與「新小說」，除了明清小說外，多數是時人所寫的武俠小說、言情小說、社會小說，以及翻譯而來的偵探小說，乃偏於大眾娛樂性的作品。這些主要來自中國的通俗讀物，對台灣漢文學、特別是小說，會產生何種影響？對漢文的知識論版圖有何刺激作用？前曾言及，有位讀者單憑瀏覽「蘭記圖書部」在《三六九小報》所登圖書廣告，便購買了數百部書籍，

如此情況，說明了這類依附於資本主義色彩下所生產的文學消費行為，其實不容忽視，隱含有凝聚大眾知識品味的動力。綜此看來，蘭記圖書對中國通俗小說的大量引進、販賣，以及廣告的消費誘導，其實有利於養成民眾對於「小說」的重視，有利「小說」地位的重要性被觀念

化、固著化，只是當偏向大眾娛樂、通俗化傾向的「小說」觀，一旦被形塑而具有影響力後，其必對雅文學系統的「現代小說」的創作或將形成挑戰；再者，在過去傳統文學觀念中，小說向被視為小道，1911 年的《漢文台灣日日新報》便曾刊載過如下消息：「大稻埕中街，近輪又運到詩文集、新小說等甚夥，有書癖者爭取購之。然平均以小說較多，是亦可以知漢學之退步矣！」則吾人當如何看待黃茂盛所引入的大量古小說與新小說的現象呢？

　　1930 年代的台灣社會，在多種因素作用下，促成了「漢文」知識論的重層糾葛，「古典性」、「實用性」、「俗化性」已使漢文本體內部處於緊張狀態，「漢文」本質不再純粹而單一，古典詩歌或散文的「典律性」不易維繫，然則通俗小說的引進與推廣，對於「漢文」本質的發展，是助力？亦或是戕傷？在漢文面臨危機時，漢文通俗小說的頻頻出現，原以詩文為主流的漢文系統將導致何等生態的變化？更多攸關殖民地時期漢文知識圈的問題，以及台灣人的閱讀故事，隨著進入嘉義「蘭記」書局的生命河流，流入了波光粼粼的歷史中，引人遐思，想像無限。

從蘭記廣告看書局的經營
(1922～1949)

◎蔡盛琦

國史館修纂處研究員

　　黃茂盛先生於 1922 年創立「蘭記圖書部」起，就開始經歷到不同時代的變局，先是日治時期，然後到 1945 年以後的戰後初期，再經歷到 1949 年末國府遷台以後，蘭記共屹立七十年之久，直到 1991 年才結束營業。這長達七十年中，前五十五年是由黃茂盛先生所經營，後十五年則由其妻黃吳金女士掌理，次媳黃陳瑞珠女士協助，蘭記除了經營者換手外，也因不同時代的變遷，經營的手法與內容有所不同。

　　在黃茂盛經營時期，一直以振興漢文化為宗旨，不但出版漢文書籍，也從大陸進口中文圖書來銷售，為了擴展圖書銷售的範圍與數量，不時在報刊上刊登廣告，希望透過廣告的效力，讓讀者知道書局經營的出版品與內容，這些圖書廣告的刊登，滿足了讀者對資訊的需求與閱讀的需要，同時也引導了讀者的閱讀趨勢。本文即試著透過蘭記在報刊上所刊載的幾則廣告，來看從日治時期到戰後初期，書局在時代的變動中曾經銷及出版過那些圖書？並看看當時書局的行銷方式有哪些？它呈現出何種的閱讀文化？

一、出版

　　蘭記書局最主要的經營項目是出版與經銷中文圖書。最早的出版品應是一套八冊的《漢文讀本》。黃茂盛自小受的是私塾教育，他的閱讀

取向自然以傳統漢文爲主，日治時期，由於公學校陸續的成立，傳統漢文書房被嚴重的取締，念漢文的人逐漸減少，這讓一些傳統的漢學知識分子開始憂心忡忡，[1]於是這批傳漢學知識分子爲振興漢學，有的自己開私塾、書房，教授漢文；有的編教材，希望以挽救漢文的頹勢，但是此階段讀漢文的目的，已不同於過去以科舉考試爲主，大多數的人讓弟子學點漢文，不過希望將來能寫信、記帳罷了；所以當時私塾用於授課時的讀本及初學啓蒙書，僅是一些《三字經》、《昔時賢文》等傳統的讀本。

身爲漢文提倡者的黃茂盛，在初成立蘭記圖書部後，最先想到發揚漢文的方法，就是進口漢文的讀本。經由長期陳情，終於獲准自中國大陸進口商務印書館發行的中文教科書，這是大陸在五四運動後，舊教科書逐漸廢止階段，由商務印書館以白話語體所編的新式教材《國語教科書》八冊，幾經波折進口後，卻被日本當局以「國語」應是日語而非中文，且課本內容全是介紹中國歷史、文化爲由，而遭到沒收。

在進口失敗的挫折下，黃茂盛開始針對被取締的內容，著手改編商務這套教科書，改選適合本地人的內容，並將書名改爲《初級漢文讀本》，仍是八冊，文字由淺而深，在屢經審查波折後，終於在昭和 2 年（1927）由蘭記圖書部出版問市，這批漢文讀本一刊行，即被搶購一空；受此鼓勵，昭和 5 年（1930）又再發行適用於中學的《高級漢文讀本》八冊。

《初級漢文》由嘉義的源祥印刷所印製，加上插圖後更名爲《繪圖漢文讀本》，而高級漢文讀本使用是鉛字活版刷，採用的是「上海體」印刷字體，是交由上海的中正書局印刷。

---

1. 念漢文書房的人從大正 6 年的 17,641 人，到大正 11 年的 3,670 人，漸漸減少中這讓一些傳統的漢學知識份子開始憂心忡忡，希望能在各地設簡易漢文講習所，教育子弟們學習漢文，但並沒有得到當局的認同。〈漢文書房被嚴重取締，學習漢文的學生減少〉，《臺灣民報》大正 13 年（1924）12 月 1 日。

　　在日治時期蘭記與這兩套漢文讀本幾乎齊名,到了昭和12年(1937)日本推行皇民化全面禁止漢文書房,蘭記的出版業務一度趨於停頓,到了戰後,蘭記的漢文讀本才又走進它的另一個巔峰。

　　戰後在台灣行政長官公署的「行政不中斷、工廠不停工、學校不停課」三原則下,學校仍要上課,卻又禁止使用日文教科書,[2]但中文教材嚴重缺乏是全國現象,淪陷區的上海尚未復員,待 1946 年幾家出版教科書的正中書局、商務印書館遷回上海後,印書業務才漸上軌道,但這些教科書尚無法供應內地需要,更遑論運送至臺灣,在急迫需要國語教科書情況下,台灣在 1946 年開學時,連課本都沒有,面對這種窘況,許多學校只得暫以過去蘭記出版的《高級漢文讀本》、《初級漢文讀本》權充課本。蘭記為了供應這戰後數十萬冊的課本,日夜趕工大量印刷;重要的是此時再出版的漢文讀本,書名已改為《繪圖初學國語讀本》及《高級國文讀本》。

　　等到台灣陸續開始採用正中、開明國定本教科書,是在這兩家書局來台設立分店以後,[3]但因書店重心仍不在台灣,所出版的教科書仍以大陸兒童為主,以致這批教科書,在用字上,對於原本使用日文的台灣學童來說過於艱難;在版本內容上,也無法因地制宜更改,例如對於冬日雪景的敘述,難以讓本地學童理解;而這些教科書有的自上海進口,有的雖在台灣印製,但因為紙張與印刷字模仍由上海運來,以致教科書的價格不但比大陸貴,還常缺貨,在 1947 年 6 月時教育廳還令各校收借舊科書補救書荒問題,[4]因此蘭記的《國語讀本》在戰後初期替代著不夠的「國定本教科書」使用。

---

2. 台灣接管計畫綱要,第一通則,第七條「接管後公文書、教科書,及報紙禁用日文。」
3. 正中書局臺灣分局設立時間 1946 年 4 月 18 日;開明書店臺灣分店設立時間不確定,約在 1946 年半年。
4. 「教育廳令各校收供舊教科書」,《新生報》,1947 年 6 月 12 日,版 4。

　　蘭記的除了國語讀本及字典外，善書是蘭記另一項重要出版品。在清代時，台灣民間即有善書的流傳，到了清末民初，善書更是成為非常盛行的文化，善書的內容大都是獎善懲惡，或是批評當時社會上的一些不良風氣，可謂民間流傳的俗文學作品，當時也可作為幼童啟蒙的教材，或為民眾的教化工具，印善書也被稱為「作善書」，在民間被視為是作善事。

　　由《臺灣民報》的這則廣告來看，這是以「蘭記圖書部」為主的廣告，因此廣告欄中並沒有列出各類圖書，僅是介紹書店的販售內容及服務項目，但在廣告欄左邊兩行小字「贈送善書索閱即寄」下面列出六本善書「《青年鏡》、《精神錄》、《三聖經》、《人生必讀》、《指南車》、《救濟良方》」，其中陳江山的《精神錄》是蘭記最具招牌性的善書，各地索閱頻繁，一印再印，前共計發行了六版，約四萬四千多本，贈送的範圍非常廣，還包括了大陸各省，也有人來函索。

　　蘭記除了《精神錄》外，其他的善書印製量也非常大，由昭和9年（1934）蘭記印製的「蘭記圖書部圖書目錄摘要」來看，此時善書已多達88種，這其中包括各式經書及懺書，如《地藏經》、《彌陀經》、《玉皇經》、《金剛懺》、《梁皇懺》等。這類善書除了標明一冊的售價外，並標出百冊的售價，這是為供人購買大量自行分送做善事；善書的廣為流傳，使得蘭記名聲遠布，書局的事業也隨著善書的流傳而達到顛峰。

二、經銷

　　蘭記除了有自己的出版事業，同時也進口經銷各類中文圖書，蘭記從創立開始就是以進口中文圖書為宗旨，它所經銷的種類，就如「新書摘要」廣告最後中所陳述的：

　　　　經售中華全國各大書局出版古今書籍，上自經史子集、詩文筆

> 記、字典辭源、書譜法帖、善書佛經、卜易星相、醫學用書、農
> 工商諸參考書、新書小說、莫不齊備、更有美術圖書、種類繁多、
> 特備詳細目錄贈閱、如承函索即寄。

因此舉凡傳統經史子集、詩文筆記、章回小說、連環圖畫、相術、
理財致富,甚至美術圖片等等,都是它經銷範圍。這些中文書大部分是
從上海進口,包括了上海的中西書局、大東南書局、開文書局、沈鶴記
書局等。

蘭記將所經銷的圖書依類別,長期在《三六九小報》刊載的廣告,
除介紹圖書的內容外,並將同類型的書同時列出提供讀者參考。例如在
第 103 號的《三六九小報》的廣告中列出三本武術的書,《拳乘》、《拳
經》與《少林拳術精義》,這三本書的廣告陳述充滿了對武俠小說世界
的想像,例如「殺人不眨眼之驚人絕技公開於世」、「讀拳乘者須謹守誓
約:一不准無故傷人,二不准輕易授人,三不准炫奇示人」、「用功十七
月,至少可成輕身、跳澗、點血、製藥諸技」、「練習一年,騰身可取空
中飛鳥,伸指可穿括中之腹」、「本書原版藏在嵩山少林寺,自遭回祿以
後,遂成失散,茲由本局覓得。」等等,從這些廣告詞中,我們可發現
在那個年代的人,對於武術的江湖世界仍是充滿了嚮往,過去所謂的祕
本,在新式印刷技術的興起後,是否是讓過去武林祕笈重現江湖的契
機,還是成了不學無術之士以筆耕賺錢的途徑?

除了武術書籍的流行,過去認為是秘本祕笈的書籍,可以輕易地透
過新式印刷技術開始在市面上流通,這些有關醫藥、催眠、相術、魔術
等書的廣告,也不時出現於報刊上,例如昭和 6 年 1 月第 41 號《三六
九小報》廣告的是《世界魔幻奇術全書》這本書;昭和 6 年 2 月小報廣
告的是《驚人相術奇書》與《鑑人術》,廣告詞是「相人自有秘術、奇
書不可多得」;這類圖書可以滿足讀者對神祕事務的好奇心理,但這類

圖書的流行的快，消失的也快，尤其在教育普及、資訊發達後，很快地喪失它的神祕感。

除了祕本祕笈，蘭記還經銷其他類別圖書，如實用類叢書，「無須大資本可作大富翁」的《畜養叢書》與「上海各廠著名技師合編」的《中西製造叢書》；在第 61 號小報中所廣告的是教人理財致富的圖書，如《實驗致富術》、《業外生利五種》與「赤手空拳可籌款項」的《小資本籌集法》；這些書籍提供讀者在職業及理財上的需求；在昭和 7 年小報中廣告的醫學類書籍，屬家庭藥物的《日用新本草》、自行調製方法的《丸散膏丹配製法》、另還列出《民眾醫學常識》、《萬病自療寶庫》等 10 多種的醫藥書籍，提供了讀者對醫藥問題的資訊。

關於娛樂休閒圖書，則以各類小說及連環圖畫書爲主，如在昭和 8 年第 291 號小報上廣告的是，「哀戚頑艷」的小說《淚珠緣》、「哀情小說」《沒字碑》、「偵探寫情」《孽海疑雲》、「冒險小說」《海底的秘密》、「香艷小說」《人間快活宮》等。

而連環圖畫書是流行的休閒刊物，在第 46 號小報中廣告的是蘭記所進口的連環圖畫書，有《三國誌》、《封神榜》、《西遊記》、《陽帝看瓊花》、《荒江女俠》等 20 種的連環圖畫書；這類連環圖畫書與現在市面上流行的分格漫畫不太相同，它每頁以一張圖畫爲主，圖畫占四分之三，文字內容占四分之一，因此每套故事都可多達十幾二十本；它並不講求精良的印刷與紙質，但以便宜價格吸引讀者，以每套書二十冊來看售價是六角，五十冊的售價一圓五角，與其他書相較下價格應屬便宜。

連環圖畫書自日治時期即引入台灣，但開始風行卻是從戰後開始，到 1948 年 4 月 20 日印製的「蘭記書局經售連環圖畫新書目錄」中，連環圖畫書已多達 200 種，此時不限民間戲曲、章回小說，故事內容已擴大，包括《偉大領袖》、《保衛蘆溝橋》、《保衛大上海》、《國難家仇》、《光復臺灣》、《抗戰八年》等時事類的連環圖畫書。它盛行的原因是在初學

漢字過程中，一般人對閱讀中文圖書感到較困難，但這類連環圖書書，以圖畫為主，文字淺顯，成了不分大人小孩都愛看的讀物；而它的故事內容大多是大家耳熟能詳的章回小說、與坊間流傳的戲曲，故事配上插圖，即使識字程度不高也能閱讀，成了最受歡迎的娛樂消遣刊物。

連環圖畫書的風行程度，曾發生小學生聲言要入山學道，尋訪仙師而失蹤，引發各界人士開始聲伐連環圖畫書，教育廳為此曾草擬辦法通令各縣市教育局及省社教機關注意檢查，並會同治安機關，設法取締不良版本。[5]

三、舊書買賣

最早時黃茂盛是以出售自己閱讀過的中文書開始，漸漸展開他的書局業務，沒想到戰後初期的蘭記書局又一度開始經營舊書的買賣。其實舊書買賣行業是一直存在的，不論上海的「舊書店」、或是日治時期台灣的「古本屋」，它們都是圖書流通的重要管道，但戰後這些原本不是賣舊書的書店，也開始經營舊書的買賣，那是因為戰後社會面臨嚴重紙荒的問題，與被轟炸的印刷廠一時無法恢復生產，以致圖書相當匱乏，書店可賣的書也少，而過去書店內所陳售的戰時宣傳日文書也必須銷燬，圖書成了奇貨可居的商品，而待遣返的日人急於拋售無法帶回走的圖書，一時成了舊書重要的來源，書店開始以經營舊書買賣成了普遍的現象。

當然這種情形不只是蘭記，像戰後初期日人所經營的東寧書店，也曾從事舊書的蒐購與販售，黃榮燦的新創造出版社，也是以極低價購進日僑撤離無法帶走的《世界美術全集》、《世界裸體美術全集》、《世界名作家全集》等販售，游彌堅最初成立東方出版社時，也是從鴻儒堂、大陸書店進一些是舊日文書販售開始的。

---

5. 「省參議會教育詢問案」，《公論報》1947 年 12 月 12 日，版 3。

　　蘭記在戰後初也經常在報紙刊登徵求舊籍的廣告，例《臺灣新生報》的蘭記廣告以「收買古書」為標題：「不論中文、日文、英文，不拘種類；如承割愛一律高價買受」，並列出 15 種的書名，《辭源》、《康熙字典》、《十三經註疏》等，所列出的圖書，在書名下端都有「買入價」與「賣出價」，像《辭源》三冊買入是 900 元，賣出價 1200 元；《辭海》二冊買入價 1500 元，賣出價是 2000 元，由價格來看這些明顯都是高價的套書，書局以舊書買賣賺取價差是非常普遍的現象。

　　而在蘭記「收買古書」的廣告中，最後有一行小字註明「如有藏書出讓，自當派員接洽」，可知舊書買賣的搶手，書店除了可以直接買賣外，在圖書源缺乏下有些版本的書，也可能將舊書直接翻印成新書。

　　又如在 1946 年 11 月 12 日的《新生報》廣告中，有列出書店買入價格的標準，「買入價格中文書自 20 倍到 100 倍，日文書自 5 倍到 20 倍」，買入價格為原書價 5 倍至百倍，除了原本物價飛漲外，中文書可拉抬書價從 20 到 100 倍，中文書的缺乏應也是的重要因素。

　　戰後初期的蘭記在文化衝擊與幣值波動中不斷地調整經營內容，社會上匱乏的圖書、與居高不下的書價，在在反映了知識份子鬻書度日的困窘與精神層面的匱乏。

四、行銷

　　新式印刷技術，讓傳統書業改變原有的經營模式，蘭記以報紙媒體工具，擴展了它的行銷範圍，同時也開展了它的文化版圖。

1.刊登廣告與印製圖書目錄

　　蘭記最主要的行銷方式應是刊登廣告，書籍廣告之所以盛行，應是在新的印刷技術傳入後，由於圖書的大量印刷，使得出版商與書店為了擴大了圖書銷售的範圍與數量，於是透過廣告效力讓讀者暸解出版品的種類與內容。如果就蘭記在日治時期與戰後廣告所刊載的性質來看，可

包含兩種型式，一種是宣傳蘭記書店，加強讀者對蘭記的印象，這部分廣告內容通常只有書局地址、圖書銷售類別、及書局的服務項目；另一種廣告是以簡介圖書的方式，引導讀者購買，這部分通常會考慮到閱讀對象的不同，將圖書作不同性質的分類，再將同類的圖書一起推介給讀者。

而廣告刊載的媒體也不相同，在日治時期以《臺灣民報》、《三六九小報》為主，其中蘭記在《三六九小報》的廣告是屬長期刊登；[6]到了戰後初期，蘭記廣告刊登則以《民報》、《新生報》兩大報為主；另外不論戰前、戰後，廣告也不限於報刊，在蘭記自己出版品的上，也都會刊載書局所經銷的圖書目錄，通常這類圖書目錄是放在版權頁附近，因為版權頁上都會有書籍的定價，讀者在翻閱定價時，一定會看到書局同性質的出版品還有那些。

廣告的刊登除了一般報刊外，蘭記也定期印製書籍的目錄，例如蘭記經銷多家上海書店的圖書，它即針對幾家出版社所出的圖書印成目錄，如「上海開文書局出版　臺灣蘭記書局經銷」的目錄，開文以出各種歌冊為主，「上海沈鶴記書局出版　臺灣蘭記書局經銷」的目錄，這目錄中以章回小說為主；也有依圖書類別不同，而印製的目錄如「蘭記書局經售連環圖畫新書目錄」、「蘭記書局經售上海美術畫片目錄」、「蘭記書局經售上海雜誌目錄」、「蘭記書局經售上海書帖目錄」等等，這些圖書、美術畫片及字帖等等，都是蘭記經銷項目，所印製的目錄，提供了批發商與讀者參考。

2.行銷通路的擴展

蘭記的行銷除了嘉義市書店的銷售外，為了通路的擴展，還包括了

---

6. 這是創辦人黃茂盛與小報之間有特殊淵源的關係，小報編輯群與襄贊者主要都是臺南府城的傳統文人與知識份子，其中「南社」成員是小報支撐的骨幹，身為漢文提倡者的黃茂盛，亦是重要的支持者，蘭記不但是小報的代理，亦是小報廣告的贊助者、重要的經費來源。

書局將所經銷的圖書，批發給其他書店，及一般讀者的函購郵寄。通常批發給其他書店的價格，一般是依定價的五成計算，如果超過一定數量會有更低的價格。

這些目錄除了提供書商批發圖書訊息外，也有供一般讀者參考，為方便遠距讀者購書，通常在報紙廣告中都會有一行小字「備有詳細圖書目錄贈閱函索即寄」，讀者會以信函方式索贈目錄，而從各地來函索圖書目錄的人，通常會以郵購方式買書。

郵購可以彌補書店經銷網的不發達，雖然地域阻隔，讀者無法親自翻閱圖書內容，但透過廣告中所陳述圖書的內容，可以吸引不少函購的讀者，在昭和9年4月「蘭記圖書部圖書目錄摘要」中有詳細說明關於「購書手續」的方法：

◆ 凡欲通函購書者，請開明書名部數，連同書價寄費一併交寄敝號，當即照信檢齊、妥包寄奉、寄書費不論購書多寡均由購者自理，約照書價另加一成，多即照還少即寄補。

◆ 寄出書籍不退換「但缺頁破損不在此限」。

◆ 寄來書價有餘利則購郵票寄還或留敝號候下次購書之用。

◆ 先貨後款之辦法恕不應命。

◆ 郵便代金引換、不論金額多寡每件須加書留料及代金引換料二角故購書不滿一圓者，恕不照辦，以郵票或匯振替貯金來購可也，郵匯不便處可以郵票「郵便切手」通用、印紙不收。

◆ 諸君來信購書或通問、不論初次二次均須填明住所如□□郡□□庄□□番地請詳細註明以便照復，因小號每日收發信件多，恐難追查倘或地名不清恕不答覆。

◆ 敝號書目遞期改訂、價目亦有隨時漲跌、其定價概照新出書目為準，但名目繁多不克備載，諸君欲購何書，來函知照，

並附返信料當則答覆，但禁書與淫書不售。

通常是由讀者在信上寫明所欲購買的圖書及冊數，連同書款一併寄到書局，書款可以使用郵便代金、郵票或以匯款方式，書局收到後會再以郵寄方式，將圖書寄給讀者，如果再對照前面幾則廣告來看，可發現在圖書的售價下面，一定會有「寄費」一項，郵寄費用通常是書價的一成。

3.折扣與贈送

價格通常是讀者的買書考慮要項，蘭記書局平時是依定價八折當售價，如果是特價活動時，折扣有從五折到四折，甚至三折；蘭記曾印製過「半價圖書目錄」，[7]這應該類似現在的清倉價了。

昭和9年(1934)2月10日時蘭記突遭火災而搬遷，昭和10年(1935)時以「新築落成紀念」而大特價，新店面位於「榮町大通　臺灣銀行前」，爲了慶祝新店面的落成，「新式標點書，特售三折；著名新小說，特售四折」，這次是罕有的特價。

書局除了依定價折扣外，還有贈送的方式，吸引讀者買書，如一次購買整套的，有額外贈送，這樣可以鼓勵讀者一次購買整套；又如有購滿十元者贈送羅峻明朱子格言中堂楷書一幅；[8]或購買《白光電球奇術》贈送電球一個；[9]而購買《六大辭源》（又名《交際辭源》），則多附送一本《交際禮節》。

4.預約

在戰後初蘭記所出版《中華大字典》，是蘭記的暢銷品，它當初即是以預約方式，讓人先付預約金再出版，這可先看市場反應，再決定印製的套數。蘭記出版的《中華大字典》，一共四冊，出版時間是1946年

---

7. 「特備半價圖書目錄函索即寄」《三六九小報》，第93號，昭和6年7月19日。
8. 《高級漢文讀本》第五冊封面內頁廣告。
9. 《三六九小報》，第48號，昭和6年2月19日。

7 月 10 日，該字典是由黃森峰編輯，他以《辭源》爲藍本，取其中常用的 1 萬多字編成，標榜的是國音標註，在廣告中說：「自信本字典乃省內出版字書中之最完備者，印刷明瞭售價低廉，現在存書無多欲購請速各地書店均有經售」[10]。字典銷路非常好，在 1946 年 7 月時蘭記所出版的《中華大字典》預約價是 50 元，[11]一出版即銷售一空；8 月時又再印刷了一萬部，此時售價上漲一倍，依印刷紙質不同分別爲 100 及 160 元，不到一年的時間，1947 年 5 月時該字典已漲到 250 元，[12]10 月時漲到 350 元，[13]等 1948 年 5 月時，字典價格分別是報紙本 1200 元及白紙本 2000 元，可知當時物價飛漲的嚴重，印刷用紙及印刷的價格幾乎隨時在調漲，印刷品也跟著水漲船高。

在時局變動下，印刷品的價格波動很大，所反映的不只是《中華大字典》一項，例如在 1947 年 10 月印製的「嘉義蘭記書局批發目錄」中即說「現在行情紙料印工飛漲　書價亦隨增加」；到 1948 年 4 月 24 日所印製的「上海書帖目錄」中標明「售價按月調整均照上海新價發售」，同年的「上海雜誌目錄」上也有「定價時有變均照新價發售」的字樣，此時幣值狂跌之下，民生物質的漲幅，已讓一般人的生活更爲艱難，閱讀圖書已成非必需品，到 1949 年時報紙上蘭記書店的廣告已不再出現，其他書店的廣告也已非常稀少。

結語

由報刊廣告中，我們可發現書店廣告主要都是介紹圖書的內容、標明價格，但很少會標示該書是由那出版社所出版的，可見當時對於出版者並不像現在這麼重視，這是否新式照相製技術的傳入，可以忠實呈現

---

10. 「蘭記書局啓事」，《新生報》1946 年 7 月 27 日，版 3。
11. 「蘭記書局啓事」，1946 年 7 月 27，版 3。
12. 「蘭記書局廉售十天」廣告，1947 年 5 月 30。
13. 「蘭記書局批發目錄」，1947 年 10 月 1 日。

圖書的原始風貌,打破過去製版的困難,使清代所重視的版本學瀕臨衰退,除了讀者不重視版本問題外,與當時版權觀念的薄弱也不無關係。

　　蘭記在中日文化衝擊中,調整經營內容,開拓一片文化空間,在本土書店中獨樹一幟,經營範圍遠及大陸,1949 年以後,大陸的動亂,圖書進口非常困難,淪陷後中文圖書更只能由香港進口,蘭記進口中文書益發艱難,而幾家規模大的書店如正中、商務、中華等,將重心從大陸遷移來台灣後,雖然一樣可出版的書不多,但開始大規模翻印過去自家的出版品,此時蘭記幾項重要的出版品,國語讀本與字典的市場,已被這幾家書店所取代,蘭記不再刊登全國性的廣告,書店經營方針轉為地區性的需要。1952 年黃茂盛將蘭記的經營,交棒給次子黃振文後,在次媳黃陳瑞珠女士的經營下,仍讓蘭記在嘉義獨領風光數十年,過去蘭記未售罄的圖書,此時反成為書店獨有的特藏,如風水勘輿、台語類的絕版圖書,是許多人特地跑去嘉義購買的稀有刊物;但是 1980 年代連鎖書店的駐足,開啓台灣另類書店風潮,對蘭記這類傳統書店造成很大的壓力,1991 年結束營業後,蘭記正式走入歷史,但它過去對台灣本土文化的灌漑,是不會因書局的結束而消逝的。

蘭香書氣本相融
追溯蘭記書局在台灣出版史(1915～1954)的軌跡

◎楊永智

天津大學馮驥才文學藝術研究院副教授

　　日治時期台灣重要的中文書局，包括嘉義蘭記書局、玉珍書局、捷發漢書部、高雄蘭室書局、台中瑞成書局、新竹德興書局、台北文化書局、雅堂書局等。囿於口述歷史片段零落、紙本文獻散佚難全，對於成立因緣、出版規模及歷程，鮮見學界進行專題論著，詳加交代，筆者今欲別開生面，從嘉義蘭記書局著眼，在台島城鄉進行田野訪調，勤赴各地冷攤淘書覓紙，其間承蒙藏書家李國隆、林漢章、林景淵、紀雅博、郭雙富、林文龍、陳兆南、陳光偉、黃哲永、張萬坤、陳仁郎諸前輩不吝提攜，得見吉光片羽。民國91年(2002)12月28日筆者偕柯喬文赴嘉義拜訪黃陳瑞珠女士，午後的一番晤談，十分感佩黃氏家族對於台灣出版文化的苦心孤詣，於是鎖定本題，將寓目所及有明確出處的相關出版品臚列鋪陳，區分「推廣滬版圖書流布」、「促進台版圖書自印」兩個面向觀察，期許能夠凸顯蘭記書局在日治時期台灣出版史上鮮明深刻的軌跡。

　　蘭記書局的經營者黃茂盛(1901.6.20～1978.11.3)，字松軒，台南州斗六街人。父黃衷和、母楊勤，明治42年(1906)6月遷居嘉義街北門外120番地之一，經營酒組合專託雜貨商。黃茂盛曾經讀過私塾，自嘉義公學校畢業之後，由於家境清寒，無法繼續升學，轉而進入嘉義信用組合服務。性好學，手不釋卷，讀畢書籍置於嘉義信用組合門外流通，因

其素愛蘭花，便在攤上書一橫幅「蘭記圖書部舊書廉讓」，成為日後開設「蘭記書局」的濫觴。[1]

「茲因鑑夫世風日下，道德淪亡，為挽回風化，補救人心起見。」[2]大正13年(1924)4月3日他先在嘉義市總爺街31番地開辦「漢籍流通會」，輾轉從上海各書局郵購善書千餘冊，提供加入的會友們任意取歸觀覽。翌年再自編《圖書目錄》，筆者寓目當年8月份登載的書目即有2,778種。大正15年(1926)增設「圖書販賣部」，批發圖書抵台從事經售。筆者手邊蒐藏上海「神州圖書局」印行《繡像神州光復志演義》，就在書末黏貼一張「蘭記圖書部」的廣告紙，鐫明：「敝號自辦上海各書局出版各種書籍，如經史子集、詩文筆記、論說尺牘、字典辭源、法帖畫譜、善書佛經、卜易星相、醫書小說、社會交際、工藝製造、諸參考書，無不齊備，定價從廉，批發克己，倘荷惠顧，竭誠歡迎。」[3]黃茂盛也在自行編印的《圖書目錄》，陳述代贈善書的因緣：「幸屏東郡長與庄馮先生(按：即馮安德)，熱心勸世，樂捐巨款，委囑敝會購辦前記善書各數千本，代為贈送，使一般傳誦，互相警戒，同歸正道。」[4]

昭和6年(1931)5月15日出刊的《詩報》第12號，登載一則〈編輯室〉小啟：「嘉義市蘭記圖書部最近由中華辦到新書甚豐富，且聞主人茂盛君素好善，常印益世善書贈人，即其開設圖書部，亦本鼓吹漢學之意云。」[5]昭和8年(1933)3月16日上市的《三六九小報》第272號，還披露一條難得的購書筆記，就在同年元月31日台南市的一位甲長，由小山警察署長率領，偕同各派出所管內的保甲役員赴轄區各鄉村作衛生視察，自陳就在當天：「晚餐後，隨意外出，僕等則結隊往『蘭記』

1. 賴彰能編纂，《嘉義市志卷七人物志》(嘉義：嘉義市政府，2004)，頁350-353。
2. 黃茂盛，《圖書目錄》(嘉義：漢籍流通會，1924)，扉頁。
3. 聽濤館雪庵氏編、枕漱軒逸盧氏校，《繡像神州光復志演義》(上海：神州圖書局，1912)，書末廣告紙。
4. 同註2。
5. 《詩報》第12號，昭和6年5月15日，頁28。

購書。書坊雖不甚廣，而布置整然，魚魚雅雅，左右圖書，主人黃茂盛君，亦優禮招待，乃各購所需書籍而出。」[6]

再翻看同年同月 25 日再版《(中學程度)高級漢文讀本》第 8 冊書皮，加印「蘭記種苗園」廣告，經營項目有「和洋草花、薔薇躑躅、茶花菊花、洋蘭和洋、仙人掌諸、球根花卉、高級盆栽、庭園用樹」，並區隔：「營業部：嘉義市榮町、植物場：嘉義市南門町、果樹園：嘉義市紅毛埤」。隔年 4 月 9 日《三六九小報》還刊登〈創開和、洋蘭花卉盆栽展覽會〉的啓事，場地正是「蘭記書局園藝部」。左手蒔蘭、右手賣書，將蘭香與書氣交融，成爲黃茂盛獨特的經營風格。

壹、經售「滬版」圖書

黃茂盛自辦上海圖書甚夥，筆者至少經眼約 24 家、累計 65 種出版品，不論封面、封底、內文空白處，或是版權頁上皆明確刊印「蘭記書局」字樣或廣告文字。其中當推大正 4 年(1915)由「千頃堂書局」石印《玉歷至寶鈔勸世》爲存世最早的出版品，昭和 10 年(1935)春月由「大一統書局」石印《初學指南尺牘》第九版爲最晚出。

附表 一：「蘭記書局」經售「滬版」圖書一覽表

出版單位			
書名	出版時間、版次	作者、編輯者	備註
千頃堂書局			
玉歷至寶鈔勸世	1915 年以後	淡癡尊者、勿迷道人	封面及封底加印蘭記圖書部廣告。
眼科良方	1919 年菊秋	葉天士	封面加印蘭記圖書部廣告，書末加印「諸善士印送請向嘉義蘭記接洽」。

---

6. 一甲長，〈衛生視察二日記（五）〉，《三六九小報》第 272 號，昭和 8 年 3 月 16日。

傷寒三字經	1923 年初版，1932 年三版	編撰者：石陽劉槑勳允德，校對者：松江李林馥啓賢	定價大洋 2 角，經售處：台灣蘭記圖書部。
羅狀元詞	1924 年		亦名《羅狀元修道真言》，書後加印蘭記圖書部廣告。
格言精粹	1927 年仲冬	退思社選	封面加印「善士印送只收紙料」、「嘉義西門外一五九號蘭記圖書部印送」，序文後加印蘭記圖書部廣告。
三聖訓	1929 年 12 月 20 日印刷、1930 年 2 月 25 日發行	編輯者：藝海編輯部	包括〈太上感應篇〉、〈文昌帝君陰騭文〉、〈關聖帝君覺世經〉，封面刊「印贈免錢」及蘇友讓識文，版權頁刊「非賣品」，發行人：蘇友讓，發行所：蘭記圖書部，書皮背面加印〈嘉義蘭記圖書部經售，千頃堂書局最新出版醫書〉廣告。
(詩人必讀)小學弦歌	1931 年以前		全書 4 冊，定價 6 角，台灣經售處：嘉義西門外市場前蘭記圖書部。
金剛經註講			仿傚咸豐 6 年台郡德化堂版式覆刻。封底加印〈佛經善書目錄摘要〉及蘭記圖書部廣告。
三百良方			計 9 葉，封面刊書名及「效驗如神，居家必備，上海千頃堂書局發行，台灣蘭記圖書部經售」，書末加印「文山郡新店街一四六台灣特約販賣人陳萬玉」牌記，封底加印蘭記圖書部廣告。
太陽、太陰真經			內附〈天地交泰日期〉、〈呂祖師延壽育子歌〉、〈感應靈驗〉、〈佛說眼明真經〉；封底加印蘭記圖書部廣告。

三字經、四書集字合刊			版心刊「上海千頃堂發行，台灣蘭記總經售」，書末加印蘭記圖書部廣告。
醫學書目錄			封面印書名及「蘭記圖書局，嘉義西市場前，振替台灣三二九八番，電話嘉義二二六番」，封底加印蘭記圖書部廣告。
宏大善書局			
闇室燈註解	1915 年冬月		2 卷，書後加印「嘉義市榮町蘭記書局」店章。
青年必讀	1922 年仲春	海濱散人	封面刊「務希一覽，德源贈呈」，發行所：善書流通處、漢籍流通會。
三生石	1923 年仲夏		亦名《三世因果》，封面刊「務希一覽，德源贈呈」，封底刊漢籍流通會廣告。
神州圖書局、廣益書局			
繡像神州光復志演義	1912 年	聽濤館雪庵氏編、枕漱軒逸廬氏校	亦名《大清帝國興亡錄》，書末加貼蘭記圖書部廣告一紙。
高等女子新尺牘	1923 年初版、1934 年 5 月十一版	編輯者：曲阿賀群上	全書 4 冊，定價 4 角，版權頁加印「本書嘉義蘭記書局經售，奉贈詳細書目函索即寄」。
中原書局			
千字文白話註解	1926 年秋月[7]	譯註者：古邗高馨山，校訂者：古邗劉鐵冷	全 1 冊，定價大洋 1 角，印刷者：中原印書局，經售處：台灣嘉義街蘭記書局，總發行所：上海棋盤街中原書局，台灣經售處：嘉義西門街蘭記書局。

---

7. 此版本封面刷朱色；筆者另藏 1 部，封面刷黑色，版權頁刊民國 16 年（1927）春月出版，分發行者為廣州中原書局及崇文書局，未印蘭記書局店號。

佛學書局			
壽康寶鑑	1927 年 7 月初版……1929 年 6 月五版[8]	增訂者：常慚愧僧釋印光	即《增訂不可錄》，藏版處：定海普陀山法雨寺，經售處：蘭記書局，封底加印蘭記書局書目摘要。
中西書局			
崇文社文集	1927 年 12 月 15 日印刷、1928 年 2 月 25 日發行	嘉義翰堂林維朝、虬松陳景初揀選，編輯者：黃臥松	非賣品，發行所：崇文社，印刷者：吳駿公，印刷處：中西書局，總發行所：蘭記圖書部，版心刊「台灣崇文社藏版，蘭記圖書部承印」，書末加印書目摘要，書函加貼蘭記圖書部廣告。
秋水軒尺牘	1928 年 1 月付印、1931 年 6 月六版	原著者：山陰許思湄，譯白者：常熟吳駿公	全 2 冊，中紙定價大洋 7 角，洋紙定價大洋 5 角，特約發行所：台灣嘉義蘭記書局，書末加印蘭記圖書部廣告。
人道集	1928 年 7 月 30 日印刷、12 月 1 日發行	著述發行者：江介石	分仁義智禮信 5 部，14 冊，定價金 2 圓 4 角，發行所：育英書房，印刷者：吳駿公，印刷處：中西書局石印部，代發行所：竹林軒，總代發行所：蘭記圖書部。
鳴鼓集三集	1928 年 11 月 30 日印刷、1929 年 1 月 20 日發行[9]	黃臥松	非賣品，發行所：崇文社，印刷人：吳駿公，印刷所：中西書局，封底加印蘭記圖書部廣告。
雪鴻初集	1929 年 3 月	鳳洋黃中理堂選	10 卷，書前刊陳景初序文，書末加印蘭記圖書部書目摘要。

8. 版權頁詳列：民國 16 年 7 月初版印 5,000 部，民國 16 年 9 月再版印 20,000 部，民國 16 年 10 月三版印 20,000 部，民國 17 年 8 月四版印 10,000 部，民國 18 年 6 月五版印 10,000 部。

9. 國立中央圖書館台灣分館收藏昭和 4 年 4 月 26 日由彰化崇文社寄贈本，版權頁日期刊「昭和四年一月二十日發行」並鈐入藍字章兩方，即「一」字上面加蓋「貳」，「二十」兩字上面加蓋「五」。

（家庭必備)育兒寶鑑	1930 年 7 月 20 日印刷、30 日發行	著者：臥雲林玉書	全 1 冊，定價金 50 錢，發行者：蘭記書局，目次之後加印蘭記書局書目摘要，緒言之後加印蘭記書局醫書摘要。
蓮心集	1930 年 7 月 12 日印刷、20 日發行	編輯者：綠珊盦主人	附《桂影篇》，亦名《蓮心、桂影集》，定價金 50 錢，發行者：蘭記書局。
日用百科奇書	1931 年		《世界秘密奇術》與《世界科學奇術》合輯，3 冊附錦盒，定價 3 圓，台灣總寄售處：嘉義市蘭記書局。
模範習字帖		虞山王詠莪	亦名：《楷書草訣百韻歌》。
中正書局			
（初學必需)繪圖漢文讀本[10]	1928 年 9 月 20 日印刷、30 日初版	編輯人：黃茂盛	全書 8 冊，每冊定價金 10～12 錢，發行所：蘭記圖書部，印刷人：吳雋人，印刷所：中正書局，代售處如台北雅堂書局等 48 家。
	1930 年 7 月 10 日再版，1931 年 4 月 10 日五版，1932 年 6 月 20 日七版，1933 年 3 月 15 日八版，1934 年 5 月 15 日十版	編輯人：黃茂盛，校正兼集生字：蔡哲人	全書 8 冊，每冊定價金 10～12 錢，代售處：台灣全島各書店。

---

10. 黃茂盛刊登廣告：「專供兒童初學之用，大字淺白，圖畫精美，足以啓發智識，增進讀書趣味。」《三六九小報》第 16 號，昭和 5 年 10 月 29 日。

(中學程度)高級漢文讀本[11]	1930 年 3 月 25 日印刷、4 月 25 日發行，1933 年 3 月 25 日再版	編輯人：黃松軒	全 8 冊，每冊定價金 25 錢，第 1、2、4 冊封底加印蘭記圖書部書目摘要，第 3 冊封底加印蘭記書局及中西書局出版品目錄，第 5 冊封底加印兒童用書目錄，第 8 冊書皮加印蘭記種苗園廣告。
大一統書局			
增補彙音	1928 年		亦名：《增補十五彙音》，6 卷，封底刊發行者：廈門翔文書局、台南蘭記圖書部、小呂宋博文齋書局。[12]
增註加批奇逢全集	1928 年		亦名：《繪圖奇逢集全傳》，發行者：台南蘭記圖書部。
隨園女弟子詩選	1929 年	錢塘袁子才選，古越陳德謙註	函套內黏貼蘭記圖書部廣告一紙。
繪圖大明忠義傳	1930 年 5 月再版		封面加印〈大一統書局出版書籍台灣蘭記書局經售〉書目，版權頁刊批發者：台南蘭記圖書部。
新撰仄韻聲律啓蒙	1930 年 7 月 30 日印刷、8 月 20 日發行	著作者：林珠浦	書末加印蘭記圖書部廣告、書目摘要及尺牘摘要。
初學指南尺牘	1930 年冬月付刊，1931 年春月初版	雁江丁拱辰星南纂輯，譯白者：大一統書局編輯所	全書 2 冊，定價大洋 3 角，總經售處：台灣蘭記書局，分發行所：南京南洋書局、中國圖書局，分銷處：全國各埠各大書局。[13]

[11.] 黃茂盛刊登廣告：「本書取材於中華高級國文教科書，如中外歷史地理、名人傳記及各種科學，搜羅豐富，讀之可廣見聞。」同前註。

[12.] 筆者另藏大一統書局本版書 1 部，封底不刊發行者，僅印「每部六冊定價參角」。

[13.] 筆者另藏別本，版權頁改刊「代批售處：台灣瑞成書局、苑芳商店、蘭室書局」，分銷處未印，其餘皆同。

	1935 年春月九版		全書 2 冊，定價 3 角，總經售處：台灣蘭記書局，代批售處：廈門鴻文堂書局、博文齋書局、泉州泉山書社。[14]
吉光集	1934 年 2 月 10 日印刷、30 日發售	著者：陳懷澄	係《壺天笙鶴》、《雪鴻集》、《詩畸》合選本，全 1 冊，定價洋 5 角，經售者：黃茂盛，總經售：嘉義市蘭記圖書局。
媼解集			全 1 冊，定價金 5 角，經售者：黃茂盛，總經售：嘉義市蘭記圖書局，封底加印蘭記書局廣告。
千家姓註解	1936 年 5 月	黃錫祉	
摘方備要			亦名：《摘方備要三百良方》，版心刊「上海大一統書局印行，台灣蘭記圖書部經售」，書後加印大一統書局發行書籍書目，其下刊出經售處：台灣嘉義州蘭記書局。
中醫書局			
青年鏡	1929年10月重訂初版	四明錢季寅編	封面刊「同志印送只收紙料百冊二元」、「嘉義西門外一五九蘭記圖書部印送」，書末加印蘭記圖書部廣告。
清代名醫醫話精華			特約發行所：蘭記圖書公司。
幼科易知錄			發行處：蘭記圖書公司。

[14.] 筆者另藏別本，版權頁不印蘭記書局，改刊「總經售處：台灣瑞成書局」，其餘皆同。

大中書局			
大陸遊記	1930 年 9 月 1 日	著作兼發行者：周維金	全 1 冊，定價金 2 圓 5 角，分售處：蘭記圖書部。[15]
中華石版社			
過彰化聖廟詩集	1930 年 9 月 20 日印刷、30 日發行	編輯人：黃臥松	非賣品，發行所：彰化崇文社，封底加印蘭記圖書部經售書目，凡例之後加印蘭記圖書部廣告。
惜陰書局			
飛行怪俠	1930 年 10 月 10 日出版第十集	編輯者：塵影室主，校正者：王劍迷	全書 10 集，每集 4 冊，定價洋 3 角，分售處：台灣勝華書局、蘭記書局。
真本神怪白蛇傳	1931 年 7 月	藏本者：集古主人，印訂者：惜陰印局	全集 4 冊，定價大洋 3 角正，分發行所：台灣台北市勝華書局、嘉義西市場前蘭記書局。
江湖百大俠	1930 年 11 月出版第二集，1931 年 3 月出版第五集，1931 年 10 月出版第九集	編輯者：非非室主，校正者：王劍迷	每集全 4 冊，定價大洋 5 角正，分發行所：台灣台北市勝華書局、嘉義西市場前蘭記書局。
金瓶梅	1932 年春季	編輯者：醉花樓主，校正者：頓塘穎川氏	封面彩色石印，每集 4 冊，定價大洋 5 角，全部 2 集，售國幣 1 元，分發行者：台灣台北市勝華書局及嘉義西市場前蘭記書局。
上海佛經流通處			
大藏血盆	1930 年多月		封面刊「台灣嘉義西市場前蘭記圖書

15. 民國 68 年（1979）3 月台北老古出版社再據以複印出版，更名《大陸記游》。

經			部經售」，仿傚咸豐 2 年台郡松雲軒版式覆刻。
大東南書局			
品花寶鑑	1931 年	石函氏著	全部洋裝 4 大冊，定價 4 圓，寄售處：台灣蘭記圖書局。
上海醫藥研究社			
華陀驗方圖說	1932 年春月出版、1935 年春月六版	繪圖及編輯者：送元室主人	定價大洋 5 角，總經售處：台灣嘉義市蘭記書局。
群學書社、國粹印局			
新編中華字典	1914 年 2 月初版、1932 年 11 月十七版	編輯者：杭州許伏民、沈贊元、上虞許家怡、東陽張瑞年、江寧徐宗森、童官卓	洋裝 1 冊價洋 1 元 6 角，華裝 6 冊價洋 1 元 2 角，代售處：台灣嘉義西門外蘭記圖書部。
萃英書局			
三百良方			計 7 葉，封面刊書名及「居家必備，上海萃英書局總發行，台灣蘭記圖書部經售」，書後加印蘭記圖書部廣告。
增廣寫信必讀		唐芸洲	附《簡明算法》、《中華字典》，計 10 卷，封面刊「分銷處：台灣蘭記書局」。
初學指南尺牘		註釋者：雲陽任毓芝	亦作《初學尺牘指南》，全 2 冊，定價大洋 3 角，各埠代銷處包括台灣蘭記圖書部，並刊登蘭記圖書部廣告。16

---

16. 筆者另藏別本，版權頁改刊「註釋者：曲阿任毓芝，印行者：上海天成書局，發

上海書局			
華佗神醫秘傳	1929 年 6 月六版	漢譙縣華佗元化撰、唐華原孫思邈綿集	精裝實價大洋 1 元 6 角,平裝實價大洋 1 元,藏版者:古書保存會,台灣總發行所:佳義街西市前蘭記圖書部。
初學指南尺牘			亦作《初學尺牘指南》,全 2 冊,定價大洋 4 角,封面刊獨家經理:許捷發漢書部,版權頁刊總經售:嘉義捷發漢書部、蘭記圖書局、台北玉芳書局、高雄蘭室書局。
上海善書流通處、文瑞樓書局			
三聖帝君真經			經售處:台灣嘉義蘭記圖書局,書末加印蘭記圖書部廣告。
同善社意誠堂			
齊家準繩	1931 年 5 月間[17]		版心刊「同善社意誠堂」,第 6 卷封底加印書目摘要、贈送善書目錄,第 7 卷封底加印佛經善書目錄摘要。
海左書局			
四書讀本			封面書簽刊「台灣蘭記圖書部發行」,版心刊「海左書局發行」。
出版單位不詳			
模範習字帖		羅峻明	亦名《羅峻明先生楷帖》,封面刊:「台島羅鄰園先生楷書,嘉義蘭記圖書部藏版」。

行者:上海萃英書局,代發行:廈門會文堂書局、新民書局、泉州大華書局、漳州素位堂書局、台北苑芳商店、汕頭文明商務書局、南方書局」,其餘皆同。

17. 昭和 6 年(1931)5 月 11 日《漢文台灣日日新報》刊登:「高雄陳啓清氏,今回託嘉義市西門外蘭記圖書部,向上海印刷《齊家準繩》一千部,欲贈送各界。」

商業新尺牘			計4卷，分訂4冊，封底刊台灣全島經售處56家，包括蘭記圖書局。
繪圖千字文			計21葉，封面書簽刊「台灣蘭記圖書部發行」，採上圖下文形式，石版印刷。
繪圖幼學雜字			計9葉，首葉首行刊「嘉義西門街一五九番地，蘭記圖書部經售，印有詳細目錄索閱即寄」，第9葉天頭加印〈台灣嘉義西市場前蘭記圖書部廣告〉。

一、宏揚台人著述

上海「中西書局」曾經爲虞山王詠荄石版印刷《草訣百韻歌》，黃茂盛進口台島經售之外，也爲嘉義山仔頂書法家羅峻明發行楷書字帖。[18]更透過暢銷的書房教材附帶宣揚，促銷羅峻明、蘇孝德、[19]吳廷芳、林玉山，[20]以及姨丈林臥雲[21]等人的字畫，譬如昭和5年(1930)初版《高級

[18.] 羅峻明（1872.12.24～1938.5.3），字鄰友，號潤堂，嘉義廳西堡山仔頂庄人。爲人溫厚，爲日據中本縣極負盛名之書家，善楷、隸、篆，楷書效黃自元體，一點一劃，無稍苟且，恰肖其爲人。張李德和、賴子清編纂，《嘉義縣志卷六學藝志》（嘉義：嘉義縣文獻委員會，1975），頁86。同註1，頁63-65。

[19.] 蘇孝德（1879.11.8～1941.6.21），字朗晨，號櫻村，嘉義市人。嘉義國語傳習所甲科畢業後補用嘉義廳通譯，歷任嘉義區長兼山仔頂、山斗坑兩區長。爲人誠悃篤實，處事明敏，嘉績可見者不鮮。大正2年（1913）10月解職隱居後，被推爲嘉社負責人，擊鉢吟唱，提攜後進，詩風大盛。嫻習王羲之書體，善行草，詩文燦誄俱工；閒則以蘭藝、圍棋自遣。同註1，頁65-66。

[20.] 林玉山（1907.4.1～2004.8.20），乳名金水，本名英貴，字立軒，後更玉山，以字行，嘉義廳美街人。嘉義第一公學校畢業後，積極學詩習畫，先後參加「嘉社」、「小題吟會」、「鷗社」，主導「春萌畫會」、「鴉社書畫會」、「嘉義書畫自勵會」、「墨洋社習畫會」。王耀亭，〈林玉山的生平與藝事〉，載於《台灣美術全集 3 林玉山》（台北：藝術家出版社，1992），頁17-47。

[21.] 林臥雲（1882～1965），名玉書，號六一山人，嘉義市人。台灣總督府醫學校畢業後，返鄉任職嘉義病院，再自設「慎德醫院」懸壺濟世。詩書畫俱佳，曾爲羅山吟社、麗澤吟社、嘉社之顧問或主持。好蘭藝、圍棋，晚年遷居高雄市。著有《臥雲吟草初集》、《臥雲吟草續集》、《醉霞亭集》等。同註1，頁149-150。江寶

漢文讀本》第 5 冊封底注文：「嘉義羅峻明先生楷書〈朱子格言〉中堂一幅，定價一圓，凡向蘭記圖書部購書滿十元者贈送一幅，不取分文。」在第 6 冊封底，由上海「中正書局」運用珂羅版精印照片 3 幀，並附記：「嘉義羅峻明先生楷書〈陶朱公理財十二則〉，每幅定價五角，嘉義蘭記圖書部購書滿五元者奉贈一幅。」「嘉義蘇孝德先生書如意，[22]每幅定價五角，如向嘉義蘭記圖書部購書滿五元者奉贈一幅。」「嘉義青年畫家林玉山氏作品，另定潤例，函索即寄。」第 7 冊封底印刷圖版 1 幅，仍題署：「嘉義蘇孝德先生墨蹟。」[23]第 8 冊封底仍添製圖片 1 張，包含 4 幅作品，其上註明：「嘉義林臥雲先生墨蹟、士林吳廷芳先生墨蹟。」促銷之際，向讀者引薦書本以外的附加價值，也反映當時島內文人的書畫水平。

同時，也在嘉義郵便局任職通信事務員的羅峻明，利用公餘閒暇栽花種竹；儒醫林臥雲亦雅好蒔藝。與黃茂盛因蘭締緣的例子尚見：(1)「藝菊培蘭，雅慕陶潛之三徑，其品之高，可想見矣。」[24]頗受王則修推崇的新港宿儒林維朝，與陳景初合作《崇文社文集》，由黃茂盛委託「中西書局」刊印。(2)「搜尋每向谷中親，藝植關心費苦辛。也似栽培佳子弟，好同玉樹作芳鄰。」這是嘉義市北門外「德豐材木商行」店長蘇友讓的〈種蘭〉詩，[25]黃茂盛也將這位芳鄰手編的《三聖訓》，請「千

釞編纂，《嘉義市志卷八語言文學志》（嘉義：嘉義市政府，2005），頁 266-267。

22. 原文誤作「蘇孝復」，今改。

23. 昭和 5 年初版誤作「嘉義蘇孝復」，昭和 8 年再版誤作「高義蘇孝復」，今改。

24. 王則修，〈林維朝先生傳〉，載於黃臥松編，《彰化崇文社貳拾週年紀念詩文續集》（彰化：彰化崇文社，1937），葉 152。賴子清則著錄：「林維朝，字德卿，嘉義縣新港鄉人。光緒十三年進縣學，歷任團練分局長。滄桑後選任新港、月眉潭區庄長、嘉義廳參事、嘉義銀行董事長。經營糖廍，開墾土地數十甲。」同註 18。

25. 蘇友讓（1879.9.21～1943.9.28），號少泉、恐鬼居士。祖籍福建永春，大正 8 年（1919）移居嘉義廳嘉義西堡嘉義街，創立「德豐材木商行」。昭和 5 年（1930）偕林玉書等人倡設「連玉詩鐘社」，後又於商行內自設「南管社」。為人勤學，多

頃堂書局」付梓，蘇友讓還在封面上題識：「是編佐以書法，宜於臨摹，
俾讀書習字之暇，得處世修身之功。」

自署「閩永江古愚」、「海東逸叟」的台中市人江介石，宅號「育英
書房」，他透過「蘭記書局」的幫忙，昭和3年(1928)7月間著述《人道
集》，由上海「中西書局」石印；另外，他還編寫《趣味集奇譚》及《趣
味集詩話》兩書，交予上海「千頃堂書局」上版，託黃茂盛經售。

昭和5年(1930)7月林玉書《育兒寶鑑》問世，身為外甥的黃茂盛
當然不吝宣傳，就在同年10月29日《三六九小報》刊登摘要：「詳述
保護嬰兒方法，凡看護治病，以及起居飲食，莫不詳備，為人父母者不
可不備也。」[26]

鹿港街長陳懷澄也授權給黃茂盛，委請上海「大一統書局」出版手
編《吉光集》，昭和10年(1935)元旦出刊的《詩報》第96號廣告如此鼓
吹：「書中所集係前清林幼泉氏之《壺天笙鶴》、黃理堂氏之《雪鴻集》、
唐薇卿氏之《詩畸》，三集合選而成之詩鐘，佳作如林，各體具備，確
是研究詩鐘之指南針。」當時每部定價洋5角，還附送《媚解集》一冊，
此書小為陳氏心血，報載書評：「廣集歷代詩人所作，淺顯易知，七言
絕句不取典故，極重寫實，所謂白香山之詩，老媚能解者也，選材豐富，
最適於詩學。」[27]

世居台南市大宮町的前清秀才林珠浦，學養深湛，為台南「南社」
「西山詩社」「留青吟社」中堅。他認為歷來襲用的車萬育《聲律啟蒙》
缺乏仄聲之憾，於是仿傚體例增補擴充，成六千餘言，昭和10年(1935)7
月交予上海「大一統書局」刊印《新撰仄韻聲律啟蒙》。盧嘉興曾經戰

才多藝，喜結交文士如蘇孝德之流，慷慨提攜後進如林玉川之輩。同註1，頁81-83。
[26.] 同註10。
[27.] 《詩報》第96號，昭和10年1月1日，頁1。

後致函黃茂盛，獲得回應云該書在初版之後未再重刷，所以珍藏者甚少。新竹文士黃錫祉也曾手編《廿四孝新歌》，由新竹「竹林書局」問世，他也對於蒙書《百家姓》不甚滿意，自行增纂《千家姓註解》，翌年5月寄給上海「大一統書局」石印，透過黃茂盛經售。

二、引領同業跟進

昭和2年(1927)黃茂盛委請上海「中原印書局」代印《千字文白話註解》，不久，新竹市西門城隍廟前「德興書局」店長洪仁和也踵事增華，他在昭和8年(1933)3月1日發行的《詩報》第54號上刊登《閩省七絕擊鉢吟詩集》廣告：「敝局……遍處搜尋，覓得家藏舊本，即日編輯，託上海中原印刷廠，用連史紙石版精印，全部告竣，今經發行。」[28]

上海「大中書局」亦早於昭和5年(1930)亦為新竹市西門外「省園」主人周維金的《大陸遊記》以活字排印問世，經由新竹市西門105番地「德興書店」負責總發售，「蘭記圖書部」與新竹東門177番地「泉馨書店」、台北市永樂町「屈臣氏大藥房」一起擔任分售處。[29]

昭和3年(1928)由「蘭記書局」發行、上海「中正書局」印行《(初學必需)繪圖漢文讀本》，當時全台代售處已經囊括台北雅堂書局、台中中央書局、彰化成源書局、台南興文齋、澎湖鼎長美等32家。昭和6年(1931)上海「大一統書局」初版《初學指南尺牘》就有兩種版本，一是總經售處「蘭記書局」，一是代批售處在台灣瑞成書局、台北苑芳商店、高雄蘭室書局。昭和10年(1935)發行第九版時，也有兩個本子，內容相同，可是版權頁起了變化：其一台灣總經售處依舊是「蘭記書局」，代批售處更改為泉州「泉山書社」、廈門「鴻文堂書局」及「博文齋書

---

28. 《詩報》第54號，昭和8年3月1日，頁2。
29. 版權頁並加刊外埠名單：台北苑芳書店、文化書局；宜蘭林皮書店、台中中央書局、築林軒書店；彰化成源書局、北港謙源書店、成泰書局；台南崇文堂書局、新樓書局；高雄印刷會社、屏東書局、台東增益書局、澎湖鼎長美書店。

局」；其二則是總經售處替換成「瑞成書局」。此外，上海「萃英書局」
也印行《初學指南尺牘》，版權頁刊登的各埠代銷處，曾經出現兩種不
同排比的本子，其一僅印「台灣蘭記圖書部」，其二則以「台北苑芳商
店」替換。

貳、自印「台版」圖書

大正 14 年(1925)8 月，「蘭記圖書部」發行《圖書目錄》，臚列「經
史」、「子書」、「詩文集」、「字類韻書」、「讀本」、「尺牘」、「法帖」、「印
譜參考書」、「書譜」、「楹聯」、「堪輿星卜」、「雜書」、「雜類」、「衛生」、
「醫書」、「道書善書」、「雜誌」、「說部叢書」、「新小說」、「偵探小說」、
「筆記」、「雜著」、「歷史演義」、「東方文庫」、《太平廣記》、「少年叢書」、
「模範軍人」、「兒童讀物」、「世界童話」、「中華童話」，累計 30 類 2,778
種。滿目琳瑯之餘，可惜的是由於僅只單純呈現書名、卷帙及售價而已，
無法確切判斷各書是否為上海印刷？抑或台灣島內自行鐫刊？所以筆
者嘗試就知見所得「台版」圖書中與「蘭記書局」有直接關係者 35 種，
依照出版年次第排列製表。

附表 二：「蘭記書局」自印「台版」圖書一覽表

書名	出版時間、版次	作者、編輯者	發行人、發行所 印刷者、印刷所	備註
圖書目錄	1925 年 4 月	黃茂盛	發行所：蘭記圖書 部漢籍流通會	
	1925 年 8 月			
台灣革命史	1925 年	南京漢人	發行所：新民書 局，印刷所：鴻文 印刷廠	定價 5 元，總經 售：蘭記書局， 分售處：崇文書 局。
				定價 5 元，批發 處：蘭記書局、

				中國書局，經售處：省內各地書局。
（註音字母）國語讀本	1928 年 7 月 10 日發行、1945 年 11 月 30 日再版、1946 年 1 月 20 日三版	邱景樹	發行人：黃茂盛，發行所：蘭記書局，印刷者：黃振耀，印刷所：鴻文印刷廠	定價金 8 元，送料 50 錢，書前刊作者自序及謄寫版圖表 1 張。
（中學程度）高級國文讀本	1931 年 4 月 25 日初版、1945 年 12 月 1 日十版	編輯人：黃松軒	發行所：蘭記書局，印刷人：黃振耀，印刷所：鴻文印刷廠	全 8 冊，第 1 冊定價 2 元。
	1931 年 4 月 25 日初版、1946 年 1 月 20 日十版			第 2～4 冊定價 2 元 5 角。
勸世吳鳳傳	1931 年 11 月 25 日印刷、12 月 1 日發行	林雲	發行所：蘭記圖書部，印刷人：莊天福，印刷所：光明社活版部	封面刊「吳公尊像」，定價 2 角。
初級國文讀本	1932 年 6 月 10 日發行、1945 年 10 月 10 日再版	編輯人：蔡哲人	發行人：黃茂盛，發行所：蘭記書局，印刷人：葉燈，印刷所：平和印務局	全書 8 冊。
明心寶鑑	1934 年 9 月 11 日印刷、17 日發行		發行人：黃茂盛，印刷人：黃振耀，印刷者：鴻文活版舍	每百部金 4 圓 50 錢，內容分上卷〈為善篇〉，下卷〈孝行篇〉、〈齊家篇〉、〈交友篇〉、〈正治篇〉，並附《三聖經》，封底加印〈蘭記

				書局廣告〉。
初學指南尺牘	1935 年 5 月 16 日印刷、23 日發行	雁江丁拱辰星南纂輯	發行人：許應元，印刷人：葉燈，印刷所：平和活版印刷所	亦名：《初學尺牘指南》，計 4 卷，全 2 冊，定價金 60 錢。封底刊總經售：嘉義捷發漢書部、台北苑芳商店、嘉義蘭記圖書部。第 1 卷書末刊登「許捷發茶莊」及「平和活版印刷所」廣告。第 2、4 卷書末刊登「台灣全島經售處」56 家。[30]
台灣詩醇	1935 年 6 月 5 日印刷、9 日發行	編輯兼發行人：賴子清	印刷所：青木印刷所	定價金 4 圓，代售處：蘭記書局。
（台灣）三字經	1935 年 10 月 20 日印刷、31 日發行[31]	張淑子	發行人：黃茂盛，發行所：蘭記圖書局，印刷人：黃振耀，印刷者：鴻文活版舍	定價 5 分，鉛活字版，計 16 頁，最末行刊「昭和四年四月中鈔錄《台灣新聞》」1 行。
東寧忠憤錄	1935 年[32]	泣血生	嘉義蘭記圖書部	
前明志士鄧	1936 年 1 月 25	編輯兼發行	發行所：崇文社，	附《一夢緣》，代

---

30. 筆者另藏 2 種版本，其一版權頁改刊「定價金 40 錢。封底刊總經售：嘉義捷發漢書部、台北玉芳書局、嘉義玉珍漢書部」，其餘皆同；其二版權頁改刊「印刷人：吳源祥，印刷所：源祥活版印刷所，定價金 40 錢。封底刊總經售：嘉義捷發漢書部、台北玉芳商店、高雄蘭室書局。」第 1 卷書末改刊「源祥活版印刷所」廣告，其餘皆同。

31. 蔡宗勳著錄作 1929 年出版，不知所據為何？《嘉義市志卷九藝術文化志》（嘉義：嘉義市政府，2002），頁 219。

32. 據蔡宗勳著錄，同前註。

顯祖蔣毅庵十八義民陸孝女詩文集	日印刷、29 日發行	人：黃臥松	印刷所：士培印刷所	發行所：嘉義市榮町蘭記書局，第 18 葉浮貼蘭記圖書部廣告。[33]
彰化崇文社貳拾週年紀念詩文集	1936 年 7 月 10 日印刷、15 日發行	編輯兼發行人：黃臥松	發行所：崇文社，印刷所：鴻文活版舍	封面彩色石印，代發行所：嘉義市榮町蘭記書局，書末加刊〈最實用的書籍〉書目。
熊崎式姓名學之神祕	1936 年 9 月 11 日印刷、18 日發行	譯者兼發行者：白惠文	發行所：興運閣、蘭記書局，印刷者：高田平次，印刷所：五端第三支店	定價金 80 錢，書前有黃欣序文，附彩色石印〈先天運與後天運之關係圖解〉，封底加印〈蘭記書局經售最新出版益智書籍一覽表〉。
初級漢文讀本[34]	1937 年 4 月 10 日印刷、20 日發行、1941 年 1 月 10 日再版	編輯兼發行人：黃茂盛，修正者：蔡哲人	發行所：蘭記圖書部，印刷人：吳源祥，印刷所：源祥活版印刷所	全書 8 冊，每冊定價金 15 錢，代售處：台灣全島各書店。
四十二品因果經	1937 年 4 月 30 日印刷、5 月 6 日發行		發行人：吳源祥，發行所：蘭記書局，印刷所：源祥活版印刷所	版心刊「嘉義蘭記書局源祥印刷部印行」，書末加印蘭記書局經售善書摘要、〈和文

---

[33] 書前刊羅訪樵序，版心刊「陸孝女詩文集」，內容收錄彰化崇文社第五、七、四期詩題，第 10 葉刊〈前明志士鄭顯祖蔣毅庵遷葬獻納者諸芳名及用途〉，合計獻納金 214 圓，開本司包辦遷葬築墳費用 132 圓 60 錢、刻石碑工 37 圓，殘金 44 圓 40 錢，加貼「獻納《彰化崇文社貳拾週年紀念詩文集》」鉛印字條 1 行。

[34] 昭和 11 年（1936）6 月 25 日《漢文台灣日日新報》刊登〈告訴侵冒版權〉：「嘉義市榮町蘭記圖書部黃茂盛，所著有之《初等實用漢文讀本》，今回發覺被台中市曙町六丁目四番地瑞成商店，以其店員許深溪之名義，作為自己之版權，複印成數千部。」

				之部〉、〈佛經善書〉、〈蘭記書局經售最新出版益智書籍一覽表〉。
彰化崇文社貳拾週年紀念詩文集續集	1937 年 7 月 27 日印刷、31 日發行	編輯兼發行人：黃臥松	發行所：彰化崇文社，印刷所：鴻文活版舍	非賣品，代發行所：嘉義市榮町蘭記書局。
大乘金剛經石註	1940 年 5 月 16 日印刷、5 月 26 日發行		發行人：黃茂盛，發行所：蘭記書局，印刷人：吳源祥，印刷所：源祥活版印刷所	嘉義崎下養真山普安佛教修養所重刊，非賣品。
祝皇紀貳千六百年彰化崇文社紀念詩集	1940 年 12 月 17 日印刷、21 日發行	編輯兼發行人：黃臥松	發行所：彰化崇文社，印刷所：朝陽興業株式會社印刷部	非賣品，代發行所：嘉義市榮町蘭記書局。
改姓名參考書	1941 年 5 月 3 日印刷、9 日發行	著者：永村文助（陳啓明）	發行人：黃茂盛，發行所：蘭記書局、神測一字館，印刷人：吳源祥，印刷所：源祥活版印刷所	定價金 30 錢，送料 3 錢，書末加印蘭記書局新書出版廣告。
實話探偵秘帖	1944 年 3 月	本山泰若（許丙丁）	蘭記書局印行	日文小說化之辦案實錄，有湯德章律師序文[35]
新版監本千金譜	1945 年 10 月 20 日發行		發行所：蘭記書局，印刷人：黃振耀，印刷所：鴻文	計 21 頁，鉛字排印本，一般常見的內容不盡相

---

[35] 呂興昌，〈許丙丁先生生平著作年表初稿〉，載於許丙丁原著、呂興昌編校，《許丙丁作品集》（台南：台南市立文化中心，1996），頁 668。

			印刷合資會社	同,文末增加「百般器難盡記,要發財,先戒嫖、賭二字,不用機關私智,一心總是循天理」。
建國大綱與三民主義淺說	1945 年 10 月 25 日付印、30 日發行	編者:許丙丁	發行者:黃茂盛,發行所:蘭記書局,印刷者:黃振耀,印刷所:鴻文印刷合資會社	定價 2 圓。
中國之命運	1945 年 11 月 28 日翻印	著作者:蔣中正		發售處:中國書局,分售處:蘭記書局。
千字文	1945 年			封面及首頁首行皆刊「蘭記書局發行」,計 12 頁,鉛字排印本。
精選實用國語會話	1946 年 1 月發行、1947 年 6 月 6 版	北平何崔淑芬女士校訂、南友國語研究會編	發行印刷:鴻文印刷廠	定價 50 元,外埠酌加寄費參先,批發:蘭記書局,經售:台北東方出版社、中國書局,台中中央書局、大同書局,高雄新民蘭室、中央書局,版權頁加印〈介紹實用字典辭書〉廣告。
			印刷:鴻文印刷	

			廠，發行：台南書局[36]	
中華大字典	1946 年 2 月 10 日初版、6 月 10 日再版、8 月 30 日三版、12 月 20 日四版、1947 年 3 月 20 日六版	編纂者：黃森峰	發行者：黃茂盛，發行所：蘭記書局，印刷者：黃振耀，印刷所：鴻文印刷廠	全書 4 冊[37]，再版第 1、2 冊經售處：「台北中國書局、台中中央書局、台南三益商事社」，再版第 3、4 冊經售處：「羅東學府書局、苗栗學友社、彰化新進書社、彰化三民公司、嘉義誠文堂、台南興文齋、屏東嘉文堂、屏東新民書局」；第三、四、六版經售處僅刊「省內外各大書局」。
民刑訴訟、公文程式寫作法大全	1946 年 2 月 20 日發行		發行所：蘭記書局，印刷所：鴻文印刷廠	定價 7 元，批發處：中國書局、新民書局，代售

---

36. 筆者收藏本書第 6 版的兩個本子，一為蘭記書局本，一為台南書局本。前者封面書名旁注：「注音·四聲及日語註解」，何崔淑芬序文之後刊〈編輯大意〉3 則，第 1 則云：「台灣光復後，我省內同胞之國語學習熱盛極一時，此殊為一大可喜現象。本會有鑒及此，爰特選今日通行之標準國語，以應實際活用，彙編此書。」，落款「南友國語研究會」，內文計 134 頁。後者封面書名旁注：「附注音符號及四聲」，序後未刊〈編輯大意〉，內文計 130 頁，應是省略日語註解所致。
37. 筆者收藏第 3 版版權頁刊：平裝四冊，實售台幣八十元；精裝一冊，實售台幣一百元；雪白洋紙精印者加價六十元。又藏第 4 版版權頁刊：精裝本調漲，將一百元金額以鋼筆劃去，改寫為一百三十元。再藏第 6 版版權頁刊：精裝本再調漲，實售台幣一百五十元，白洋紙精印本加價五十元。

				處：全省各書局。
國台音萬字典	1946 年 12 月 5 日發行、1947年 1 月 20 日再版、2 月 10 日三版[38]	二樹庵、詹鎮卿合編	發行所：蘭記書局，印刷所：鴻文印刷廠	實售台幣 45 元，送費另加一成。經售處：三益商事社，推銷員：郭成就。[39]
國台音小辭源		編者：詹鎮卿	發行所：蘭記書局	
英漢學生辭典		編者：詹鎮卿	發行所：蘭記書局	袖本全冊約六百頁，定價台幣 150 元，經售處：省內各大書局。[40]
大笑話	1947 年 9 月 10 日初版	編輯者：黃松軒	發行所：蘭記書局，印刷所：鴻文印刷廠	售價台幣 60 元、國幣 4 千元，版權頁加刊〈實用字典辭書〉書目。
小封神	1951 年 10 月初版	著作者：許丙丁	發行人：許丙丁，印刷所：大明印刷局	1 冊，定價 6 元，代批處：台北東方出版社、豐原范陽堂書局、嘉義蘭記書局、台南台南書局、屏東新民書局。
台灣詩海	1954 年 3 月 12 日印刷	編輯兼發行人：賴子清	印刷所：台灣印刷股份有限公司	分前、後編，共兌新台幣 40 元，

38. 民國 84 年 5 月 29 日由黃陳瑞珠增訂注音、另以「蘭記出版社」名義初版發行，更名《蘭記台語字典》。
39. 筆者收藏第 2、3 版各 1 部；高雄市立歷史博物館典藏第 3 版，書影刊登於《高雄市立歷史博物館典藏專輯・文獻篇 1》（高雄：高雄市立歷史博物館，2001），頁 178-179。
40. 黃森峰，《中華大字典》（嘉義：蘭記書局，1947），頁 415 廣告。

	1956 年 12 月 5 日再版		印刷所：大華印刷廠	分銷處：雞聯號、蘭記書局。
平民國語千字課		編注兼發行者：興文齋編輯部	發行所：興文齋書局印刷者：開陽堂印刷廠	全 4 冊，分售處：台北興文齋、嘉義蘭記書局、高雄蘭室書局、其他各地書局。

一、組織協力團隊

　　檢視各書版權頁上刊登「蘭記書局」的所在，從嘉義市榮町 1 丁目 41 番地（《明心寶鑑》，1934）→榮町 2 丁目 70 番地（《三字經》，1935）→中山路 213 號（《國台音萬字典》，1946）縱然在這其間，黃茂盛的店面遭受過祝融洗禮，幸賴配合的印刷廠商相挺牽成，如期上市，始終屹立不搖，筆者整理歷年合作的 11 家團隊如下：

（1）黃振耀的「鴻文活版舍」（台南市末廣町 2 丁目 154 番地，今永福路 54 巷內）：這是與黃茂盛配合出版最多的印刷廠。黃振耀，字德揮。父黃得宜，么叔黃得眾（即黃拱五）；大正 11 年（1922）創辦「鴻文活版舍」，承印《三六九小報》，聞名於士人之間，業績頗佳。昭和 9 年（1934）刊印《明心寶鑑》。隔年 8 月 3 日《三六九小報》上發布：在港町 1 丁目 102 番地新設「石版印刷部」的廣告，也在同年 10 月刊印鉛活字版《三字經》。昭和 11 年（1936）刊印《彰化崇文社貳拾週年紀念詩文集》，次年刊印續集。[41]昭和 13 年（1938）中日戰爭爆發後，更名「鴻文印刷合資會社」；戰爭末期暫時遷址台南縣大內鄉。民國 34 年（1945）返回港町 2 丁目 120 番地（安平路 44 號），刊印《新版監本千金譜》、《建國大綱與三民主義淺說》，然後改稱「鴻文印刷廠」，陸續刊印《國語讀本》、

[41.]據昭和 11 年 2 月東京交通社印刷所發行〈大日本職業別明細圖・台南市〉：「鴻文活版社：大宮町四丁目。」載於《海洋台灣—人民與島嶼的對話》（台北；國立歷史博物館，2005），頁 72。

《高級國文讀本》、《台灣革命史》，次年刊印《精選實用國語會話》、《中華大字典》、《民刑訴訟、公文程式寫作法大全》。民國 36 年（1947）2 月刊印《國台音萬字典》、9 月刊印《大笑話》，此時廠址則是在安平路 103 號。[42]

（2）吳源祥的「源祥活版印刷所」（台南州嘉義市西門町 1 丁目 109 番地）：昭和 10 年（1935）刊印《初學尺牘指南》，昭和 12 年（1937）刊印《初級漢文讀本》、《四十二品因果經》，昭和 15 年（1940）刊印《大乘金剛經石註》，隔年刊印《改姓名參考書》。吳氏也替嘉義西市場內陳玉珍的「玉珍漢書部（亦名：玉珍書店）」刊印《初學國語練習書》、《初學指南尺牘》、《國語三字經》；許嘉樂的「捷發漢書部」刊印《增補十五音》、《四書讀本》、《書翰初步》。

（3）葉燈的「平和活版印刷所」（台南市大正町 2 丁目 86 番地）：昭和 10 年（1935）刊印《初學尺牘指南》，戰後改稱「平和印務局」，遷到本町 1 丁目 97 番地，民國 34 年（1945）再版《國文讀本》。葉氏也替嘉義市西門町許嘉樂的「捷發漢書部」印製《增補十五音》、《四書讀本》、《東亞新三字經》。

（4）莊添福的「光明社活版部」（台北市新富町 1 丁目 194 番地）：昭和 6 年（1931）年刊印《勸世吳鳳傳》。

（5）「青木印刷所」（台北市新富町 1 丁目 69 番地）：昭和 10 年（1935）年刊印《台灣詩醇》。

（6）「士培印刷所」（台南市台町 1 丁目 107 番地）：昭和 11 年（1936）刊印《前明志士鄧顯祖蔣毅庵十八義民陸孝女詩文集》。

（7）高田平次的「五端第三支店」（台南市港町 1 丁目 175 番地）：昭

---

42. 葉英、賴建銘纂修，《台南市志卷七人物志》（台南：台南市政府，1979），頁 377-380。〈鴻辰印刷公司〉，《台南市印刷公會 50 週年專輯特刊》，1998，頁 80。柯喬文，〈鴻文（鴻辰）訪問稿〉，2003 年 1 月 19 日上午 10～11 時，受訪者：黃作榮。

和 11 年（1936）刊印《熊崎式姓名學之神祕》。

（8）「朝陽興業株式會社印刷部」（台南州新化郡新化街新化字觀音廟 22 番地）：昭和 15 年（1940）刊印《祝皇紀貳千六百年彰化崇文社紀念詩集》。

（9）「開陽堂印刷廠」（台南市白金町 3 丁目 30 番地）：戰後初期刊印《平民國語千字課》。

（10）「大明印刷局」（台南市安平路 93 號）：民國 40 年（1951）刊印《小封神》。

（11）「台灣印刷股份有限公司」（台北市開封街 1 段 110 號）：民國 43 年（1954）刊印《台灣詩海》，編者賴子清特別利用書前〈墨餘〉致歉：「昨年九月初脫稿後，即與台灣印刷公司訂印，惟該廠當時才從南京西路『東方印刷公司』脫離而獨立經營，欲期印刷鮮明，懇其重新鑄造四號活字，而深僻之字，又須木刻或剪裁湊合，煞費時間，排印後又經多次周密校對，以致印刷遷延半年。」意外留存該公司轉型時的一筆史徵。

二、提攜鄉賢出書

彰化塾師黃臥松早在大正 6 年（1917）偕文友們創設「崇文社」，首開日治時期台灣文社的濫觴，翌年因應賴和、吳貫世等人倡議，發起徵文活動，藉以針砭時事，至昭和 16 年（1941）停止，25 年之間陸續編成《崇文社文集》、《鳴鼓集》諸書給「蘭記書局」發行。昭和 8 年（1933）6 月 15 日出刊的《詩報》第 61 號刊登一則〈啓事〉：「二十年來所有文社詩壇，刊行月報雜誌者（除「崇文社」）外皆有始無終，董其事者，雖苦心孤詣，欲圖持續，奈因經費不足，維持乏力，不得已中途而廢，此既往之事實，昭然吾人耳目間，而共諒之也。」[43]

由於「崇文社」一切社務的開銷必須仰賴社會各界的樂捐奧援，黃茂盛並非社員，卻是當仁不讓，屢次寄附鉅資，同時鼓動親朋投入支持，

---

43. 《詩報》第 61 號，昭和 8 年 6 月 15 日，頁 27。

該社因此特別致贈黃氏一方「見義勇為」匾，以誌事功。

　　昭和 3 年（1928）黃茂盛協助嘉義市元町人邱景樹出版《國語讀本》，邱氏在前一年 5 月 28 日撰序，[44]詳陳著書的因緣：「這本書，是鄙人自從中國回來以後，每年都在自己家裏，開設了國語研究會，而每回的研究會，都把這本書當為課本研究講讀的。並且數年來在賴雨若先生的花果園修養會擔任國[45]語學科，也把這本書當為課本研究的。這本書的內容，是按著中國和台灣方面的一般交際上，所時常應用的語句，編成了這麼九十一課的一本讀本，裏面分做『日常語類』『常言講習』『助字講習』『動字講習』和『會話講習』的五大部份。像從前許多台灣同胞跑到中國去遊歷的，都因為語言不通的緣故，感覺著很多不便的，所以這本書的『會話講習』一部份，就專門注意在這一點上的。而且這本書的語句又簡單，讀者最容易明白的，注音又完全參照國音字母的，對於讀者在自修上即可學得現代最流行的標準國語。」[46]

　　民國 35 年（1946）元月黃茂盛又協助「南友國語究會」編印《精選實用國語會話》，北平人何崔淑芬利用校訂之餘撰序言志：「過去在台灣曾經用強迫把『國語』二字解釋成『日本語』，這一種歪曲，這一段悲痛，我親身經歷了十幾年，而且在台灣歸宗祖國後，萬眾歡騰的今天，依然是餘痛在心。不過也同時有莫大鼓舞，使我深受感動。像南友國語研究會的友人們，抱著無限的愛國熱情，雖然在日本軍閥侵據台灣的黑暗環境中，他們卻始終和我研習國語歷數年之久，這就是一種非常勇氣的表現，他們悵望著祖國畢竟盼來了光明。」[47]廿年間「蘭記書局」為祖國母語的薪傳教化，藉由兩部著作的交遞流行，不啻間接體現延續漢

---

[44]. 原文誤作「一九三七年」，實為「一九二七年」。

[45]. 原文脫一「國」字。

[46]. 邱景樹，《（註音字母）國語讀本》（嘉義：蘭記書局，1928），自序。

[47]. 何崔淑芬校訂、南友國語研究會編，《精選實用國語會話》（嘉義：蘭記書局，1946），六版序。

語文化的孤詣苦心。

另一個鮮明的例子則是在《台灣日日新報》擔任記者的賴子清，[48]善用公餘閒暇獨力纂成《台灣詩醇》，《詩報》第 97 號報導他：「以《台日》報務餘閒，從台北帝國大學及總督府圖書館四十五萬卷藏書中蒐集有關台灣之名人漢詩數千首，就中檢得坊間已絕版之罕見佳作或手抄傑作，……學詩學文，皆資參考。現島內外預約購讀者已達四百部，再增百部，便欲出版。」[49]《詩報》第 101 號再刊載：「原訂春初出版，因近日中由台北帝國大學及總督府圖書館、及原總督府史料編纂尾崎先生蒐集有關台灣之大詩人傑作甚多，且註明其略歷，以供人物考究，致原稿之整理稍緩，然得此內容覺大豐富，茲已決定本月中旬付梓，夏季定可出版。」[50]

不久，《詩報》第 108 號即宣告：「唐裝上、下兩卷，擊鉢時攜帶便利，殘部無多，希望者可向台北市下奎府町賴子清氏，或嘉義蘭記書局接洽云。」[51]民國 43 年（1954）台北市「台灣印刷股份有限公司」初版《台灣詩海》，賴子清自序：「余於十九年前既編《詩醇》，惜名實未稱，茲又不揣固陋，弄斧班門，選編是書，略加注釋，意在保持文獻，以俟後人采風，拋磚引玉，冀高明匡所不逮。」[52]黃茂盛恰巧躬逢其盛，獲得這兩部重要漢詩總集的經銷權。

至於啟蒙教材的重編與新纂，黃茂盛也邀約台籍菁英相繼投入，例

[48.] 賴子清（1894～1988），字鶴洲，號探玄，嘉義市人。自幼博學強記，八歲修習詩文，深植國學基礎。日治時期通過文官考試及格，出任《台灣日日新報》記者及編輯。戰後歷任台北市老松國民學校及開南商工教師、台灣省編譯館幹事、台灣醫學會編輯主任、台灣省文獻委員會協纂、嘉義縣文獻委員會顧問等職，編有《台灣詩醇》、《台灣詩海》、《中華詩典》、《台海詩珠》、《古今詩粹》等書，著有《鶴洲詩話》。同註 2，頁 260-261。
[49.] 《詩報》第 97 號，昭和 10 年 1 月 15 日，頁 1〈騷壇消息〉。
[50.] 《詩報》第 101 號，昭和 10 年 3 月 15 日，頁 1。
[51.] 《詩報》第 108 號，昭和 10 年 7 月 1 日，頁 1〈騷壇消息〉。
[52.] 賴子清，《台灣詩海》（台北：台灣印刷股份有限公司，1954），自序。

如住在台中市錦町的張淑子，自台北國語學校畢業後，擔任公學校訓導、任職《台灣日日新報》，1935 年由台南市「鴻文活版舍」用鉛活字排版《三字經》，在最末行註明「昭和四年四月中鈔錄《台灣新聞》」的出處。

也是同年元旦，《詩報》第 96 號爲《（初學必需）繪圖漢文讀本》宣揚：「本書取材於中華國文教科書，由淺入深，詳加編輯，文字圖畫均足啓發兒童智識，增進讀書趣味，實誠初學必需的良本。既經當局許可發行，復蒙全島書房採爲課本，一年之間，再版三次，計銷數萬部，是書之價值已可概見矣。」同時也替《（中學程度）高級漢文讀本》宣告：「《初學漢文讀本》行世，一年之間，再版三次，足見合用，亦緣論孟深文奧義，殊非初學者所能了解者，本書出版繼《初級漢本》之後，搜羅中外古今故事地理、名人傳記、科學化學，罔不備載，讀此一書可明世界物能，增無限智識，非徒識字，中年學子固勿論，凡欲頭腦明晰者，不拘男婦老少，均宜一讀也。」[53]雖然《初級漢文讀本》、《國文讀本》都是黃茂盛掛名發行，可是實際上的「修正者」「編輯人」正是台南州新營郡鹽水街宿儒蔡哲人，他在鄉自設私塾，傳授國學，先參加「玉峰吟社」，其後籌組「月津吟社」並擔任社長，邱水謨、黃金川皆爲其高弟。

民國 35 年（1946）住在屏東市黑金町的著名書法家黃森峰，自編《中華大字典》，筆者收藏第二、三、四、六版，其中第三及四版的版權頁皆加鈐座落在台南市開山町 2 丁目 80 號、標榜「書籍批發」專業的「三益商事社」發兌章，它與「蘭記書局」的合作關係實應追究。此外，值得注意的是黃森峰在第三版言及：「本書翻印於勝利後光復之台灣，草率疏忽，在所難免，不周之處，得蒙　大方賜教，以匡不逮，無

53.同註 27。

任歡迎。」[54]第四版再增列：「初版及二版，皆以十二地支區分各集，此點本省青年多未熟練，故翻查時，甚有費至半小時尚不得其著落者，茲已全部刪去，只用頁數順序以便尋覓。」[55]能夠忖度讀者立場，透顯黃茂盛與編者對於千秋事業所秉持的嚴謹態度。

關於日語漢譯的出版品，「蘭記書局」也有兩種。中國傳統姓名學的演進，歷史悠久，日人熊崎健翁深感未成體系，於是用科學化歸納，著書立說。台南市白金町「克昌商行」的店長白惠文，為日本東京五聖閣聖門下士，乃以「興運閣」之名，在昭和 11 年（1936）翻譯《熊崎式姓名學之神祕》，託付「蘭記書局」發兌，散播島內，首開風氣之先。還有本名陳啓明的台灣人永村文助，得到日本東京悠久書閣講學部的測字專任講師，在嘉義自設「神測一字館」，著有《改姓名參考書》，同樣轉交給黃茂盛代理行銷。

「說部」也曾經是「蘭記書局」經售的大宗，例如昭和 10 年（1935）10 月 10 日當局在島內舉辦「始政四十週年紀念博覽會」之際，黃茂盛與台南市本町 4 丁目興文齋書局一同攜手，在 10 月 12 日到 11 月 30 日期間，「為圖擴張業務，振興文學計，不惜耗費，特備實用書籍及新刊說部千餘種，配北發售，以應各位需求」，乃在台北市太平町 3 丁目（大世界對面，大同講座鄰）的出張賣店隆重廉售。[56]至於上海的方面的採購，筆者也寓目隔年 10 月 7 日上海「鴻文新記書局」的發貨單，上面用蠅頭小楷書寫：「《台灣外誌》上：廿；《台灣外誌》下：卅；《鬧南京》上、下：廿。」[57]

另外，黃茂盛不僅單方面進口非非室主的《江湖百大俠》、醉花樓

---

[54] 同註 40，三版編輯大意。

[55] 同註 40，四版編輯大意。

[56] 據筆者收藏昭和 10 年（1935）10 月 10 日「台南興文齋書局暨嘉義蘭記書局聯合大廉賣」廣告紙。

[57] 黃茂盛等，〈黃茂盛書信手札〉，台北市文訊雜誌社典藏。

主的《真本金瓶梅》（皆由上海「惜陰書局」石印）、石函氏的《品花寶
鑑》（上海「大東南書局」承印），同時亦不忘支持本土優秀作家，個中
翹楚如台南市人許丙丁，自號綠珊盦主人，早在昭和 5 年（1930）就替
稻江林瑤仙、竹塹周素秋兩位詩妓的作品集結《蓮心、桂影集》，上海
「中西書局」將書前 4 幀肖像及題詩用五彩刷出，別開生面；民國 34
年（1945）再編《建國大綱與三民主義淺說》，民國 40 年（1951）年隆
重推出代表作《小封神》，他與「蘭記書局」的關係實在匪淺。民國 43
年（1954）6 月 9 日「瑞成書局」的許鑽源還寫信向黃茂盛訂購《小封
神》200 部到台中批售。

　　台南市入船町人陳江山，篤信善道，慷慨好施，有傳云：「常慨世
風日下，道德淪喪，曾印善書贈送，以冀挽回人心，手著一書，名曰：
《精神錄》，自己先後印送八千二百部風行海內外，致書稱贊者三千餘
通，聲明提出印刷費者其部數一萬八千八百部，合計二萬七千部，足見
其感人之深，立言之功甚偉。」[58]筆者掌握《精神錄》的前五個版本，
實際上刊印的數量當然不僅如此，甚至在民國 88 年（1999）第九版發
行 5,000 部時，連同先前估算高達 62,600 本，若說是「蘭記書局」銷售
量的榜首，當之無愧。

附表 三：《精神錄》（初版至五版）一覽表

出版時間、版次	發行、印刷單位	備註
1928 年 12 月 20 日印刷、1929 年 1 月 15 日發行初版	發行所：蘭記圖書部，印刷人：吳駿公，印刷所：中西書局	初版印刷 5,000 部，封面刊「索閱即贈，不取分文，盍觀乎來」，封底加印蘭記圖書部廣告。
1930 年 6 月 15 日印刷、25 日發行再版	發行者：蘭記黃茂盛，印刷者：千頃堂書局	再版印刷 8,000 部，封底加印蘭記圖書部廣告。
1934 年 4 月初 4 日三版		第三版印刷 1,500 部。

[58.] 黃臥松，〈陳江山先生傳〉，載於《祝皇紀貳千六百年彰化崇文社紀念詩集》（彰化：彰化崇文社，1940），葉 2。

1934 年 11 月 10 日印刷、12 月 10 日發行四版		第四版印刷 5,800 部,封底加印蘭記圖書部廣告、書目摘要。
1937 年 2 月 20 日印刷、28 日發行五版	發行人:黃茂盛,發行所:蘭記圖書部,印刷所:千頃堂書局	第五版印刷 6,700 部,封底加印蘭記圖書部廣告、書目摘要。

參、小結

除開經售上海、台島圖書,日治時期「蘭記書局」也代銷《三六九小報》、《詩報》、《南音》、《台灣文藝》、《先發部隊》、《台灣民報》等台版刊物,偶爾也刊登廣告。亦偕同全島基隆書店、台北新高堂、新竹徐泉馨書店、台中中央書局、台南興文齋、屏東書局、鳳山街松井書店、花蓮港廳鳳林福連商店等 23 家書店成為台北市御成町「南風出版社」的經銷門市。

民國 39 年（1950）基隆市安樂國民學校的李寶福曾經致函稱許黃茂盛:「文書正確,紙張精白,價錢便宜,而替台灣青年獻身努力。」[59] 寥寥數語,鏗鏘有力,筆者心有戚戚焉!簡言之,本文鎖定時程未達 40 年,言及書目不過 101 種,捫心自問,實在無法廓清「蘭記書局」在台灣出版史的地位,自忖拋磚當可引玉,殷切翹首今後更多的研究者加入、史料浮現出土,佐以其他同時期台灣中、日文書局歷史的建構,方能全面驗證她在這段時空下的豐碩成績。

---

[59] 同註 57。

文化傳播的舵手
由蘭記圖書部「圖書目錄」略論戰前和戰後初期出版風貌

◎林以衡

佛光大學中國文學與應用學系助理教授

一、 圖書目錄的重要性

　　法國學者埃斯卡皮（Robert Escarpit）在論述文學和社會不可分的觀點，談到書店經營的手法時表示：

　　書店始終是一種經營艱難的行業，負擔沉重，進貨政策稍有閃失，往往在幾個月之間便貶值蝕本。因而，不論規模如何，一般大型書店都堅持定期發寄目錄給已有購買紀錄的顧客，特別還設置專櫃或分銷點，又容許可能購書的顧客當場閱讀挑選，以便拉攏客戶而保有個人化的主顧交情。[1]

　　埃氏之文指出，所有書店為了要生存下去所行的必然手法即為發行、寄送「圖書目錄」，由嘉義人黃茂盛所創立的「蘭記圖書部」，在以代銷圖書為主要的經營策略下，圖書的宣傳和推銷無疑是書局的重要業務，蘭記除了和 30 年代台灣的漢文通俗報刊《三六九小報》合作，在《小報》上刊登書籍廣告外，另外求得書局能夠順利經營下去的基本方式，即是發行介紹書局圖書的「圖書目錄」，讓各類型的讀者了解書局現在到底有什麼書可以買，以及各類書籍目前的售價大概是多少、優惠

---

1. 埃斯卡皮（Robert Escarpit）著、葉淑燕譯：《文學社會學》，（台北：遠流，2004
  年 10 月 16 日初版），頁 89。

措施為何？「圖書目錄」對於肩負著文化知識傳播外，還要顧及書局的營利目的，是在刊登廣告外的另一行銷策略，對於讀者而言，可以透過「圖書目錄」選擇和開發他們購書動機的主要參考資料，此外，對於後世的研究價值而言，更可以藉由「圖書目錄」上的文獻資料，來了解、認識當時的讀者閱讀偏好為何，甚至是當時的文化形態，呈現著何種狀況。

由於蘭記圖書部經營時間橫跨戰前和戰後不同時代，所以「圖書目錄」亦隨著時代不同而有所變化，筆者曾在國家圖書館發現同為蘭記創辦人黃茂盛所辦的「漢籍流通會」在大正十四年時所出的《圖書目錄》一份，又蒙《文訊》、楊永智先生、中正大學柯喬文學長提供不少關於蘭記圖書部「圖書目錄」的相關史料，例如戰前日治下的昭和九年「圖書目錄」、戰後 1946 年、1948 年的「圖書目錄」，和其他較零散的目錄資料；故本文嘗試著利用不同年代的「圖書目錄」做一番初步整理，以了解戰前、戰後不同政治、時代下，蘭記「圖書目錄」上圖書所表達出來的異同處，以作為文化傳播、變遷的例證。

從代銷的來源觀察，蘭記圖書部從中國大陸代銷至台灣的書籍，和上海地區的書店有密切關聯，從現存部分史料中發現，位於上海的例如千頃堂書局、廣益書局、開文書局、神州圖書局、萃英書局、大一統書局、中西書局、醫藥研究社、文瑞樓書局、同善社、意誠堂、大東南書局、沈鶴記書局等書店，皆和蘭記圖書部有圖書流通，由於現存〈圖書目錄〉的史料中並沒有詳細列出每本書的來源地，所以除了「醫藥研究社」明顯以醫藥類書籍為主外，其餘各類圖書來源頗為複雜，難以定論，本文限於篇幅及個人能力，無法查明每本書的確實來源，僅就戰前、戰後的時間分類之，但不可否認的是，有關於中國大陸和台灣兩地書籍的流通狀況值得進一步討論。

二、戰前蘭記圖書部的圖書概況

以戰前日治時期所發行〈圖書目錄〉上的書籍為例，綜合大正十四年和昭和九年不同年代的書目，大致上可依內容和性質分為宗教、中國詩文、教科書、藝術、生活實用、雜誌、西方通俗小說和漢文通俗小說九大類，每一大類下又可細分為數項；除了雜誌類數量較少外，其餘各類書籍數量皆多，內容亦是包羅萬象，可見蘭記在日治時期的書籍銷售頗能滿足不同類型的讀者需求，例如：

1.**宗教、命理方面的書籍：**約有 255 種，內容頗為繁複，例如《大乘金剛經》、《六壬學講義》、《道書十七種》、《生天地母救却經》等佛道教書籍，此類數量在各類中僅次於通俗小說，乃是因為宗教信仰、卜筮命理對於民間大眾而言為最普遍的需求，如果能找到原本，對於日治時期的民俗研究極有幫助。

2.**中國詩文集類、藝術類：**此類約有 108 種，例如《詩經精華》、《史記精華》、《蘇東坡詩集箋註》、《鄭板橋四子書墨跡》等書籍法帖，詩文藝術類頗能符合蘭記的前身漢籍流通會，希望藉由漢籍達到「挽既倒之狂瀾，維持世道」[2] 的需求，為日治時期的傳統文人群或有志於漢學者保留與中國文化相通的途徑。

3.**教科書類：**約有 136 種，包含中國蒙書如《列女傳》、《百孝圖全傳》等，或是實用教材如《言文對照白話文法百篇》、《言文對照初等學生文範》等書籍，顯示日治時期漢文雖處於弱勢，漢文學習卻一直沒有中斷，並經由書籍行銷保有生機。

4.**生活實用類：**常識工具、家用占卜和家庭衛生共約 78 種，此類符合一般民眾日常生活的需求，如同今日市面上所售日常生活的常識書籍，適

2.　參考來源：〈漢籍流通會會章〉，蘭記圖書部（漢籍流通會）：《圖書目錄》，（嘉義：蘭記，大正十四年 8 月）。

合普遍家庭購買,方便生活上的使用。

5.雜誌類:約 40 種,其中《中國留美學生季報》、《中國留日學生季報》替台灣引進中國留學思潮,提供日治時期台灣知識分子有意海外留學者參考用,增廣台灣知識分子的視野。

6.醫藥用書:約有 164 種,中、西醫書皆有販售,以中醫藥用書爲大宗,其中包括中國的醫書古籍如《張仲景全書》、《黃帝內經》等等,日治時期台灣由於日本統治,引進西方醫術和衛生觀,傳統漢醫在政策下漸趨式微,但在中醫書籍居多的情況下,可以看出民眾醫學觀念仍居傳統;整體而言,醫藥書目的價值在於,可看出此時期台灣民眾最擔心何種病況,有醫學史研究上的參考功用。

7.小說類別:無論是西方小說或是漢文小說,總共約有 487 類,性質皆偏重於通俗文學性質,西方小說引入偵探、科幻、歷史、冒險、鬼怪、綺情和知識類,頗能增進讀者的國際視野和想像,漢文通俗小說中歷史演義、人物傳記、武俠小說等仍然是讀者所喜好的類別,歷史演義如《繪圖薛反唐》、《繪圖說唐征東》、《繪圖五虎平西南》、《繪圖楊家將》等皆是家喻戶曉的傳統章回小說,而武俠小說如《奇俠精忠傳》、《乾隆劍俠奇觀》、《關東女馬賊》、《繪圖火燒紅蓮寺》等滿足了台灣讀者的「英雄夢」,這些通俗小說也顯示此時期台灣通俗文學市場的成熟。

從約略的數量統計可以看出,通俗小說最多,然後依序爲宗教命理類、醫藥用書類、教科書類、中國詩文藝術類、生活實用類,最少則爲雜誌類,但無論數量如何,各種不同性質的書籍皆構成蘭記圖書部在日治時期的圖書事業。

三、戰後蘭記圖書部的圖書概況

進入到戰後初期的台灣,由於面臨學習北京話的熱潮,蘭記圖書部看準各行業、學校急需漢文、華語教本的市場需求,此時教科書、工具

書約有 272 種，從各類型的工具書、教科書中都可以看到大量日華字典如《最近漢和大辭典》、《完成漢和大辭典》、《王雲五小辭典》等，漢文讀本由於教學取向的原因也多有出售；以今視之，此一類型的書籍特色頗能符合戰後文化潮流。

另外如各國研究、連環圖畫、畫片和中國文化思想類，分別約有122、248、149 和 101 種，除了本身屬於該類別的書籍外，還可見到為符合戰後政治環境的相關書籍如革命思想的《孫逸仙倫敦蒙難記》、《孫中山先生演義》等，抗日思想如《抗日戰爭最後勝利》、《中國為什麼要抗戰》和一些中國地理圖片、元首照片、格言等，對於受到日本統治近半世紀的台灣來說，書局出售此類型書籍、圖片正好和國民政府的統治政策相符合，也滿足戰後初期民眾對於中國的憧憬；而大約有 142 種的科學理工類書籍，由於中國或台灣發展尚未成熟，所以這一類的書籍在從日本譯介中佔了大多數；民間俚俗娛樂用書歌仔冊、歌譜中，像是《十七字詩》、《十八摸》等約占了 52 種；藥學類約有 103 種書籍，但大致上跟戰前中西醫包容的情況相近。最後，在大約有 159 種的漢文外版圖書中，命理醫學仍是符合民眾實用類的書籍，通俗小說和戰前的發展相去不遠，在細項中占多數，其中以武俠小說的數量約有 61 種，如《奇俠雌雄劍》、《大俠霍元甲》等，仍占通俗類的多數；整體而言，戰後初期蘭記圖書部的經銷、代售情況若不將圖畫、畫片等非書項目算在內，就純粹的書籍而言，漢文外版圖書最多，其次是科學理工類書籍，最後是各國研究的書籍。

蘭記做為以代銷為主要經營策略的一間書局，時間橫跨戰前和戰後兩個時代，從書目上概括其圖書類別，可以見到相同的部份，例如無論是戰前或戰後，通俗小說的數量皆多，其中武俠小說明顯為通俗市場具指標性的一個文學類別，此外，對於和民生密切相關的醫學用書數量皆多。但差異性方面，以筆者目前參考的資料觀察，戰前沒有像戰後大量

的連環圖畫、畫片，科學理工類在戰前也少見，戰後可能因爲建設、教材上有需求而出現，最後，戰後有關於華語學習、中國政治思想介紹方面的書籍也因時代因素而爲戰前所無。

以這幾份「圖書目錄」爲例，我們可以初步發現：隨著時間不停變化的台灣社會，其圖書文化也隨之改變，由於有蘭記圖書部的存在，才能使台灣的知識、文化傳播更加豐富，因此蘭記圖書部在台灣文學史或是圖書出版史上的地位，值得我們重視。

淺談嘉義老書局
蘭記與玉珍書局之創辦過程

◎黃文車

屏東大學中語系副教授

　　一提到嘉義，我們自然會聯想到阿里山，以及山上的日出、雲海和神木；或是載有盛名的方塊酥及火雞肉飯；不然就是中山路與文化路交會的中央噴水池圓環。聽說，這裡是選舉前夕各家候選人必須朝聖之地……；但您是否聽說：過去頂港有名聲，下港會出名的蘭記書局曾在這附近營業？

　　日治以來，漢文教育逐漸萎靡，各地知識分了與文化人士爲賡續漢文，總是積極奮鬥以救亡圖存。當是之際，書局及其創辦人或也能肩負起這樣的時代責任，位於嘉義的蘭記書局和玉珍書局便是在如是理念下創辦的。

推廣文化事業為志的蘭記書局

　　蘭記書局第一代的經營者黃茂盛先生出生於雲林斗六，年幼時於私塾學習漢文，勤奮好學；間又受其書法家姨丈林玉書先生影響，雅愛文化，熱中閱讀。早年任職嘉義信用組合（嘉義二信）時候，讀書欲望驅使著他從微薄薪水中挪出些許金額添購圖書。這些書籍遠從上海轉寄來台，黃氏閱讀過後又轉借友人，輾轉幾手書多因此亡失。心疼之餘，黃茂盛先生聽從友朋建議；廉價割讓舊書。如此一來非但可將書籍互通有無，二來又可獲得添購新書之資。於是黃氏便在徵得上司同意後，於合

作社正門門柱旁置一扇舊門板，將舊書擺設其上。因其素喜蘭花，故又在門板上方貼上「蘭記圖書部舊書廉讓」字樣。此扇舊門板，實是蘭記書局最初之經營模式。

　　蘭記圖書部舊書經營開張後，愛書者趨之若鶩，黃茂盛先生與同好商議後決定創立「漢籍流通會」，用以「網羅古今有益稗史及諸善書，聊以警世，怡養精神，竟蒙島內諸公極力聲援，大博各界歡迎。」至於創辦旨趣乃在「普及文化、推廣道德爲重，……新學雖可興，舊學未可廢。苟思挽既倒之狂瀾，維持世道，非多讀漢籍不可。」（〈漢籍流通會會章〉）遂將原本的門板舊書生意擴充，採會員制並酌收會費，一時之間好書之人紛沓而來，會員遍布全台各地。

　　蘭記舊書生意打出名號後，黃茂盛及其夫人吳氏金女士在今嘉義西市場附近租一店舖，掛名爲「蘭記圖書部」，正式開始圖書經營之事業。往後的歲月中，黃茂盛先生始終以「推廣文化事業」爲終生目標，其著手計畫自中國大陸引進漢文書籍，除士農工商生活用書以及醫藥學界參考圖書外，黃氏更努力引介初級漢學讀本教材，藉以提供幼童學習漢文之用。然此舉與日殖民者「皇民政策」相互違背，其提出之漢文書籍進口申請悉遭駁回。多次交涉保證後，日人終於允許蘭記書局進口圖書，但不得涉及：（1）有關政治者；（2）妖言惑眾、符咒卜卦、巫醫幻術者；（3）違反國策及其他政令者等三部分內容。於是，日本治台三十年首批中國漢文書籍遂從彼岸浩浩蕩蕩地自嘉義東石、布袋等港口上岸。可惜的是首批圖書中的「最新國文讀本」一至八冊各二百本才一進口便被日本當局沒收，其理由是這些讀本非使用日本國語文卻稱爲「國文」；此外，內容全是中國之歷史文化、教育思想等，顯然有違日本政策。

　　這樣的打擊並未讓黃茂盛先生失意退縮，相反的，其開始著手編纂《初等實用漢文讀本》一至八冊，表面上與日局規定「妥協」（例如加入「天長節」一課），實則爲此書出版謀求生機。昭和二年（1927年）

此讀本由嘉義源祥印書館印刷成書後，馬上被搶購一空。隔年黃氏再將此讀本託由上海中西書局及源祥印書館合作大量印刷，由蘭記圖書部發行，仍然造成轟動，大受歡迎。

自此之後，蘭記圖書部及其圖書經營名聞遐邇，資金需求亦逐日增高。此時幸有台南善士陳江山與屏東馮安德各資助一千圓與五百圓捐印善書，書局業務始得繼續推展與擴充。這期間蘭記圖書部除繼續進口販售漢文圖書外，也接受善書託印及贈送工作，如台南陳江山、高雄陳啓清等均向蘭記託印善書。其中陳江山所著的善書《精神錄》由蘭記代印出版後廣受好評，一時間各界爭相索書並捐款印贈，除台灣本島之嘉義黃茂盛、蘇仁杰，台南馬朝和、陳灶，屏東葉瑞雲、陳棟，鳳山華源，桃園呂娘任，員林劉乾，中港方祥等人士捐印外，更有遠從南洋爪哇、暹羅，香港，中國之四川、浙江、湖南、福建等人士索函與要求印贈。當此之際，蘭記圖書部業務達到巔峰。

不過，當時的黃茂盛並未計畫購買店鋪，因此每三五年租約一到便須遷徙更換店址，營業甚受影響。昭和九年（1934 年）二月左右蘭記圖書部發生火災，不得已遷出西市場。之後在黃茂盛妻子努力規畫下才購置榮町二丁目 70 號（今嘉義市中山路 367 號，台灣銀行斜對面）作為蘭記書局自用店址。然而 1945 年 4 月 3 日盟機轟炸，該處全部燒夷，至戰後才又搶修成二層樓店面繼續營業。

戰後，中文教材極度缺乏，黃茂盛所編撰印行的《初級漢文讀本》被國民政府用來權充國小國文課本，《高級漢文讀本》則作為中學國文課本。一時間全台需求量龐大，各地貿易商便開始盜印。為了方便民眾閱讀與字詞檢查，民國 35 年（1946 年）後蘭記出版漢字母拼音的《中華大字典》以及羅馬字拼音的《國台音萬字典》，於當時教育文化貢獻甚大。

直至民國 41 年（1952 年），黃茂盛先生決定退出蘭記經營為止，其

一生幾乎都在蘭記書局度過。他曾希望將過去經售及出版的圖書收藏，留建圖書館以傳後世，然遭三次祝融之後，書籍資金損失不少，最後理想遂無法實現。不過，蘭記圖書今能重見天日，黃茂盛先生之遺志，算來亦是完成了。

以「歌仔冊」起家的「玉珍書局」

嘉義蘭記書局名聞遐邇，通人知悉；然而要論嘉義老書局經營時間或盛名遠播情形，我們更不能不知道目前仍在經營的百年書店——玉珍書局。

玉珍書局的第一代經營者陳玉珍先生（1897～1970 年）為嘉義聞人，祖籍福建漳州府平和縣。陳氏生父本為程朝和，原是西螺埔心程家莊人，後到嘉義桃仔尾西門口賣米糕維生，然生活依舊艱苦，遂將玉珍先生過繼與當時在西門街開農具店的陳藝為嗣。陳玉珍先生自幼修習漢文，嘉義公學校畢業後更潛心涵泳漢學。年輕時即在私塾教授漢文，其善書法、曆書、修身、命學；喜古典詩文，能做漢詩；好交遊，甚具文人風範。民國 42 年（1953 年）誕生於嘉義的《文藝列車》也是因為陳玉珍先生的幫助始得刊行。據《文藝列車》創辦人陳柏卿先生敘述：由於「認識了陳其茂、古之紅、郭良蕙、黃仲琮、鄭錦先諸位作家及地方人士陳玉珍等諸位先生」後，《文藝列車》這份刊物終於得以刊行。[1]據玉珍書局第二代經營者陳金海先生回憶：當時陳伯卿總在夜晚借玉珍書局店內整理大量信件與文稿，《文藝列車》出版時也借玉珍書局店址掛名。因為同是文人，彼此相知相惜！[2]

基於教學工作需要漢文讀本，和陳玉珍先生本身熱愛漢學漢文化，

---

[1]. 參考拙文：〈發掘新作家，創造新藝術——《文藝列車》中的文學與社會觀察〉，嘉義中正大學「《文藝列車》學術研討座談會」論文，2002 年 12 月。

[2]. 資料來源：筆者第一次訪問玉珍書局訪問稿，受訪者為陳金海先生，訪談時間為2002 年 10 月。

加上其對日人強力推行同化政策，意圖抹煞台灣人漢文記憶之做法相當不能認同等因素，昭和三年（1928 年）陳氏創設「玉珍漢文部」，用以出版並販售漢文圖書。

據陳金海先生回憶：其父親自大正十四年（1925 年）開始即在嘉義西市場路口擺攤賣歌仔冊，開設玉珍漢文部後，乃從中國上海等地選購大量漢文書籍回台刊印並販賣。期間老闆兼傭人，自力奮鬥，書局營運遂日日漸上。和蘭記書局最大不同處，乃是陳玉珍先生親自編寫許多的「歌仔冊」如《勸世歌》等歌本並大量刊印，當時一本一仙，仍然供不應求。每天清晨店門一開，總是門庭若市，書商在外等著批貨，連新竹的「竹林書屋」也是跟玉珍書局「切」歌仔冊去販賣。由此來看，玉珍書局的歌仔冊印行銷售成績斐然，這些漢文通俗文本與訊息想必更能深入台灣庶民大眾。

除了自中國上海等地購入的漢文圖書、歌仔冊，以及陳玉珍先生自行編寫之歌仔冊外，玉珍書局也自行印製出版本土的漢文小說，如徐坤泉的《暗礁》、《靈肉之道》、《可愛的仇人》，以及林萬生的《一場春夢》、《運命》、《萍水之愛》、《純愛姻緣》等作品，都是由玉珍書局印行經銷，發達時期更能銷至中國廈門、上海等地。

陳玉珍先生這樣的理念及堅持常讓日本當局不自在，據陳金海先生回憶：當時他父親因印售漢文書籍，曾被抓到台南拘留一星期。不過其非蓄意與日人為敵，而是因為不滿日本殖民者意圖根除台灣的漢文文化傳統，不得不努力印製漢文書籍以便維持並推廣漢文文化。

民國 36 年（1947 年），陳玉珍先生經嘉義源祥印刷行吳源祥引進，與一貫道何宗浩前人認識，有此因緣之際，加上大戰時期美國 B29 轟炸嘉義，書局庫存的紙張及住家全夷為無，以及二二八事件「三八大屠殺」，和一日三市，四萬換一塊錢的戰後民生大變化等緣故，陳氏於書局經營轉為消極。民國 38 年（1949 年），陳玉珍先生被國民政府嚴密監

視一年，爾後乃看破紅塵，茹素修行，遂將所有的歌仔冊歌本送給新竹竹林書屋，讓他們去經營販售，玉珍書局不再販賣歌仔冊，今日新竹竹林書屋的歌仔冊歌本源頭當有許多是源自嘉義玉珍書局者。不再創作與販售歌仔冊後的陳玉珍先生將經營重心放在一貫道及經典類用書的印行與販售，並親赴大陸帶回上海崇華堂等地諸多道書回台翻印流傳。截至今日為止，嘉義林森東路上的玉珍書局所經售的書籍仍以佛經善書為大宗。

堅持理念，傳承文化

日治時期嘉義幾間有名的書局，如玉珍、蘭記、捷發等，其中玉珍和蘭記的經營時間較久，但兩家書局的經營模式與圖書銷售種類未盡相同，因此書局各有發展。如陳金海先生回憶：當時蘭記書局的圖書多購自中國上海，本身印行者很少，然而其經營的漢文圖書種類繁多，是其一大特色；至於玉珍書局雖亦經銷漢文書籍，然重點放在歌仔冊與本土漢文小說的印行與販售。至於善書的刊印二家書局皆有，但蘭記自日治時期即開始代印善書，而玉珍的善書佛典經營則始於其父親陳玉珍先生用心於此道開始。因緣不同，經營模式自然有異。比較可惜的是蘭記書局於民國 70 年代即逐漸結束營業，嘉義目前可見的百年書局應該只剩下玉珍書局而已，從陳先生言談中隱約聞見時空變異後嘉義老書局及其經營者的凋零與冷清。

橫跨日治時期與戰後的蘭記和玉珍書局見證了台灣漢文書籍與歌仔冊印行的空前盛況，他們延續並支撐日治時期台灣漢文教育與漢文讀本的生命，補救且拓展戰後國文教育建設與庶民通俗文化的傳遞；其奉獻自我生命於嘉義地區賡續民族文化與漢文傳統，如今歲月不再光輝，然而風華依舊動人。

今日，蘭記書局已結束營業許久，但此次由黃茂盛後人捐贈的圖書

收藏卻意外喚起台灣文學文化界對日治時期台灣圖書出版的記憶與興趣，想必也能補強台灣文學出版史的些許空白。而更令人慶幸的是：嘉義的百年老書店玉珍書局依然健在，從日治時期堅持印製漢文與本土小說開始至光復後的善書經典出版，堅持民族理念為文化道德傳承直至今日，雖然書局經營模式改變了，但仍會吸引喜愛善書佛典的善眾前往閱讀與結緣，想必玉珍書局還會繼續堅持走到下一個世紀。

輯三◎
書的故事

蘭記編印之漢文讀本的出版與流通

◎蘇全正

中興大學歷史系兼任助理教授

一、前言

　　1895 年割臺後，日本開始殖民統治臺灣，在有關出版事業方面，先是於日明治 32 年（1899）6 月 22 日頒布「著作權法」，繼之，明治 33 年（1900）則先後發布「臺灣新聞紙條例」及「臺灣出版規則」，作為島內新聞、圖書發行出版之管制。[1] 對於書籍之出版採行許可制和繳交保證金方式，及檢查制度，凡書報、刊物、雜誌正式發行前需繳交樣本予臺灣總督府、所屬州廳及地方法院審查，對於被認為違反出版規則或有問題之處，則加以禁止、取締、沒收或「開天窗」處理。[2]

　　日治時期臺灣出版事業發展以 1937 年中日戰爭爆發後為分界線，前期殖民官方尚允許漢文書籍、報刊雜誌出版流通及漢文教學等活動進行；後期臺灣進入戰時體制，為加強殖民統治，推行皇民化運動。[3] 先

---

1. 「臺灣新聞紙條例」於 1900 年 1 月 24 日發布，而「臺灣出版規則」則於同年 2 月 21 日發布。參見原房助編輯，《臺灣大年表》（臺北市：臺灣經世新報社，1932.3），頁 38。

2. 辛廣偉，《臺灣出版史》（河北省：河北教育出版社，2001.5），頁 3～4。

3. 皇民化運動（1937-1945）包括推廣日語、改姓名、寺廟整理、強制神社參拜、正廳改善、奉祀日本神道的「神宮大麻」、成立皇民奉公會及志願兵制度、禁止使用方言等，目的在將臺灣人民改造為真正的日本天皇子民，融入殖民帝國等措

是於 1937 年 4 月 1 日，下令取消報刊漢文欄，繼之全面禁止漢文書房與公學校的漢文教學。[4] 因此，在皇民化時期漢文書籍出版受到極嚴厲的管制和禁制，除官方或其附屬機關外，僅少數配合皇民化政策宣傳，如皇民奉公、皇民文學、大東亞共榮圈之類經允許者方得以零星出版。[5]

　　根據統計，出版品除了官方出版的教科書、調查報告、統計書之外，民間各類出版品送審，從 1925 年的總數 1,741 本，至 1934 年達 4,385 本，而正式發行的單行本刊物，1921 年約 710 種，1929 年增至 808 種，1933 年達 1,347 種；定期刊物，1929 年 1,800 種；1933 年增至 3,042 種。而進口刊物方面，包括：

1.日本進口：重要新聞約 10 種，1923 年為 13,000 餘份；至 1933 年增至 29,000 餘份，配送份數達 1,500 萬份。圖書部分由 1931-32 年 710,000 餘冊；至 1933 年增加為 740,000 餘冊。

2.外國進口：以中國大陸為主，新聞雜誌部分，1931 年為 295,000 餘份；1932 年上海事變減至 79,000 餘份，至 1933 年減至 56,000 餘份，1934 年續減至 52,000 餘份。圖書部分因受時局影響逐年遞減，從 1930 年 2,092,000 冊；1931 年 1,923,000 冊；1932 年 769,000 冊；至 1934 年則減為 589,000 冊。[6]圖書（含書籍、雜誌、教科書、日記等）銷售總額方面，以 1941 至 1942 年為例，一年間即達 273 萬 7 千餘日圓，佔當年度

施。周婉窈，〈從比較的觀點看臺灣與韓國的皇民化運動(1937 至 1945)〉，《新史學》5：2（臺北市：新史學雜誌社，1994.6），頁 117～158。

4. 吳文星，〈日據時期臺灣書房教育之再檢討〉，收錄於《思與言》，26：1，臺北市：思與言雜誌社，1988.5，頁 101-108。及黃秀政、張勝彥、吳文星，《臺灣史》（臺北市：五南圖書公司，2002.2），頁 214～222。

5. 如宣導有關皇民鍊成、大政翼贊、皇民奉公、臣道實踐、生產擴充等。參見莊萬生編輯，《皇民奉公經‧附孝經》（臺中市：瑞成書局，1943.2）。

6. 井出季和太著，郭輝編譯，《日據下之臺政》（臺中市：臺灣省文獻委員會，1977.4），頁 81～82。

日本全國總銷售額 1 億 4 千 2 百 34 萬日圓的 1.6%。[7]

　　至於報紙大都由日人創辦，版面以日文爲主，1937 年以前漢文欄所佔版面不大，如臺灣總督府的機關報《臺灣日日新報》（由《臺灣新報》和《臺灣日報》於 1897 年合併而成）、《臺南新報》、《臺灣新聞報》、《臺灣民報》、《臺灣時事新報》等，其中《臺灣民報》由臺灣留日知識菁英黃呈聰、林呈祿、蔡培火等人努力下，於 1927 年 7 月獲准在臺發行，成爲當時「臺灣人唯一的言論機關報」及成爲臺灣新文學的搖籃[8]，初期刊物大致採行漢文欄與日文欄並存方式發行。另一份漢文文藝類報紙型雜誌《三六九小報》，章回體的小說連載爲其特色。[9] 惟 1937 年以後，均取消報紙漢文版。雜誌方面，1937 年 4 月禁止漢文出版以後，只剩《風月報》、《詩報》兩種漢文雜誌及日文版的《臺灣文學》持續發行至 1940 年代。此外，1928 年全臺有書店 66 家，1933 年則有 89 家，1938 年更增至 106 家；至 1945 年 4 月止的日文書籍發行所可查考者計有 76 家，大多爲日人於臺北地區所開設，而臺灣各地尙有一些日人開設的地方性書局，或由臺人開設的書店，如蔣渭水的文化書局、連橫的雅堂書局、臺中莊垂勝的中央書局等及專售漢文線裝書、章回小說的書局等。[10]

---

7. 參見吳瀛濤，〈日據時期出版界概觀〉，《臺北文物》8：4，頁 47。

8. 《臺灣民報》前身是留日學生在東京創辦的《臺灣青年》（1921 年 4 月～1922 年 4 月），和《台灣》（1922 年 4 月～1924 年 5 月）。參見臺灣雜誌社發行，《臺灣民報・發刊辭》1：1，日大正 12 年 4 月 15 日，臺北市：東方文化書局復刊本，1973，頁 1。

9. 《三六九小報》於 1930 年 9 月由臺南南社文友所創辦，至 1935 年 9 月停刊，計發行 479 期。參見辛廣偉，前揭《臺灣出版史》，頁 5～7。及吳瀛濤，前揭〈日據時期出版界概觀〉，《臺北文物》8：4，頁 43-45。

10. 參見河原功著，黃英哲譯，〈戰前臺灣的日本書籍流通─以三省堂爲中心（上）、（中）、（下）〉，收錄於《文學臺灣》27～29（高雄市：文學臺灣雜誌社，1998.7～1999.1），頁 253～264；頁 285～302；頁 206～225。及吳瀛濤，〈日據時期出版界概觀〉，《臺北文物》8：4，頁 45-48。蔡盛琦，〈新高堂書店：日治時期臺灣最大的書店〉，《國立中央圖書館臺灣分館館刊》9：4（臺北市：國立中央圖書館臺灣分館，2003.12），頁 36-42。及拙著，〈日治時代臺灣漢文讀本的出版與流通──以嘉義蘭記圖書部爲例〉，宣讀發表於嘉義縣政府委託、國立中正大學歷

　　鑑於日治時期臺灣漢文讀本的出版流通，對當時傳統漢文教育和學習的影響極大。因此，透過日治時代嘉義市蘭記圖書部（以下簡稱為蘭記）的創立和發展，並藉由其初、高級漢文讀本等圖書出版、經銷、經營策略及漢學復興參與等探討，以茲對日治時期臺灣民間漢文書籍出版及流通有進一步之瞭解。

二、蘭記之初、高級漢文讀本的編印

（一）蘭記圖書部的創立

　　蘭記圖書部創立於 1924 年[11]，同時間還成立「漢籍流通會」。其創辦人黃茂盛（1901.6.20～1978.11.3），字松軒，雲林斗六人，1906 年遷居嘉義北門，公學校畢業後進入嘉義信用組合（戰後嘉義市第二信用合作社前身）服務。因其對漢學極具興趣，且常購書而累聚不少書籍，以後有意將所閱舊書讓售，遂於組合辦公室旁擺置舊書流通，而漸結識許多愛書同好，其後因其舊書流通甚快，乃於日大正 13 年（1924）與同好組成「漢籍流通會」，採會員制，購置漢文書籍數千冊，供會員借覽或購買，以書會友，因喜種蘭花遂以「蘭記圖書部」為店名。其後因會

史系主辦之「嘉義研究－王得祿時代的嘉義學術研討會」（出版中），2005.10.21-22。

[11.] 蘭記圖書部的創業時間有幾種不同說法，如林景淵、辛廣偉主張 1917 年創辦，而蔡說麗指出當在 1924 年以後成立，李世偉認為是 1926 年正式開設，另簡瑞榮則主張 1923 年創立。本文採納蘭記圖書部和漢籍流通會於日大正 14 年（1925）8 月出版的圖書目錄中通啓告示內容，說明漢籍流通會創於「大正甲子梅月」，即 1924 年 3 月，會址設於嘉義街字西門外一九五番地蘭記號內。參見林景淵，〈嘉義蘭記書局創業者黃茂盛〉，收錄於《印刷人》121，頁 110；辛廣偉，前揭《臺灣出版史》，頁 17；蔡說麗，〈黃茂盛〉，收錄於許雪姬總策劃，《臺灣歷史辭典》（臺北市：遠流出版社，2004.5），頁 929。李世偉，〈日治時代文社的研究──以「崇文社」為例〉，收錄於《臺灣風物》，47：3 （臺北市：臺灣風物雜誌社，1997.9），頁 27-28。顏尚文總編纂、簡瑞榮編纂，《嘉義市志・卷九藝術文化志》（嘉義市：嘉義市政府，2002），頁 225。及《蘭記圖書部和漢籍流通會圖書目錄》（嘉義：蘭記圖書部、漢籍流通會，1925.8）。

員幾遍及全臺各地，遂於 1926 年辭去信用組合工作，專注於圖書經營，並經售漢文書籍，同時代辦上海所出版的各類經史子集、章回小說、佛經、善書、古典文學、山醫命卜、筆記、畫譜書帖、農工商業等漢文書籍之進口。[12]

　　書店初開設於嘉義西門外 195 番地，因業績增加致使空間不敷使用，1934 年 9 月後乃搬到榮町（今嘉義市中山路）繼續營業，並增設函購部便利偏遠地區或大陸讀者的購書服務。創立之初即獲得日本殖民當局准許在不涉及政治、違反國策、妖言惑眾的原則下[13]，自中國大陸進口各類漢文書籍。當時首度進口商務印書館發行的《最新國文讀本》，卻因「國文」兩字並非日本國語文，內容全為中國歷史、文化介紹而遭沒收。經此事件後，黃茂盛開始著手選編適合本地人閱讀的《初學必需漢文讀本》全八冊，內容由淺而深，雖屢經審查波折，終在日昭和 3 年（1928）年發行[14]，刊行後廣獲迴響和多次再版。至日昭和 5 年（1930）以其別名黃松軒發行《中學程度高級漢文讀本》全八冊。[15] 蘭記在黃茂盛夫婦努力經營下，因經售漢文書籍而獲得臺南陳江山、屏東馮安德等人資助，各地求購圖書者逐日漸增多，甚至在上海中西書局印刷，

[12.] 李世偉，前揭〈日治時代文社的研究──以「崇文社」為例〉，收錄於《臺灣風物》，47：3，頁 28。及「嘉義蘭記圖書部廣告」，收錄於陳岷源，《精神錄》（嘉義：蘭記圖書部，1929.1），封面內頁。

[13.] 黃陳瑞珠口述，陳崑堂整理，〈蘭記書局創辦人黃茂盛的故事〉（未刊稿），2000.6.15。

[14.] 有關黃茂盛編輯的《初學必需漢文讀本》初版年代，蔡說麗認為是昭和 2 年（1927）由嘉義源祥印務局印刷、蘭記圖書部發行，而黃陳瑞珠則指出 1927 年先由嘉義源祥印刷一批《初學必需漢文讀本》，因搶購一空，遂於翌年同時在上海中西書局和嘉義源祥印書館兩地印製。惟作者所蒐集的資料顯示是 1928 年初版，且由上海中正書局承印。參見蔡說麗，前揭〈黃茂盛〉，收錄於許雪姬總策劃，《臺灣歷史辭典》，頁 929。黃陳瑞珠口述，陳崑堂整理，前揭〈蘭記書局創辦人黃茂盛的故事〉（未刊稿），2000.6.15。

[15.] 《中學程度高級漢文讀本》一般都誤為六冊，如辛廣偉，《臺灣出版史》，頁 18、顏尚文總編纂、簡瑞榮編纂，《嘉義市志‧卷九藝術文化志》，頁 225，實則全八冊。

免費贈送的陳江山所著《精神錄》乙書，連大陸人士亦競相來函索閱
或訂購。[16]

此外，黃茂盛還開設「蘭記種苗園」，營業部就設於圖書部所在的
嘉義市榮町，其植物場設於嘉義市南門町，而果樹園則設於嘉義市紅毛
埤，主要販售和洋草花、洋蘭、球根花卉、高級盆栽及庭園果樹等[17]，
此處反映出黃茂盛結合對園藝的興趣，採多角化經營模式，頗有現代複
合式書店經營的先驅模式。

（二）蘭記圖書部的圖書經銷和發展

日治時期臺灣所進口經銷的漢文書籍主要由上海千頃堂、掃葉山
房、商務印書館、中西書局、中華書局、北新書局等處訂購，而文具則
從上海胡開文或杭州舒蓮記等店購入。[18] 蘭記圖書部因而成為臺灣中
南部地區最重要的漢文書籍出版、流通的重鎮之一，與同樣自上海進口
漢文書籍的臺中瑞成書局扮演著傳習漢學語文的重要角色，並與連橫創
辦的雅堂書局、蔣渭水的文化書局及臺中中央書局等書局相媲美。尤其
當蔣渭水的文化書局和連橫的雅堂書局遭遇日警不斷的監視、檢束及搜
查、沒收等干擾之下，終於在 1929 年前相繼結束營業的情況相比[19]，突
顯出蘭記從事大陸、日本的圖書進口處境之艱難與堅韌性，其在 1930
年代推動皇民化運動時期，初期仍堅持在上海印刷所發行的圖書，直至
兩岸因戰局日熾交流阻隔為止，且未屈從殖民當局配合出版皇民化政策

---

16. 陳岷源（江山），《精神錄》（嘉義：蘭記圖書部，1929.1）及蔡說麗，前揭〈黃茂
盛〉，收錄於許雪姬總策劃，《臺灣歷史辭典》，頁 929。
17. 黃松軒編輯，《中學程度高級漢文讀本》（嘉義市：蘭記圖書部，1933 再版），封
底。
18. 辛廣偉，前揭《臺灣出版史》，頁 20～21。
19. 中央書局創立於 1925 年由中部文化協會會員共同發起，專以介紹中文和日文之
新文化書刊。蔣渭水的文化書局成立於 1926 年，專賣日文和關於中國孫中山革
命、社會主義、政治社會經濟、中國學者論著等白話文的中文書籍。雅堂書局則
由連橫於 1928 年創辦，標榜不賣日文書籍文具，1929 年結束營業。林柏維，《臺
灣文化協會滄桑》（臺北市：臺原出版社，1993.6），頁 164～167。

的書籍，甚至冒險總經售未經殖民官方審查許可，內容強調臺人抗日、革命精神及民族自覺意識的《臺灣革命史》[20]乙書，最爲難能可貴。

　　黃茂盛因對漢學極具興趣，且熱心的從事漢學推廣，因此對於鼓吹復興儒教，提倡漢學，創立於日大正 6 年（1917）10 月 6 日的彰化「崇文社」極爲認同，故不時寄附資金贊助，甚至鼓舞親朋好友加入贊助之列和轉介其資助者之一的馮安德贊助崇文社《百期文集》的出版經費[21]，故與實際負責崇文社社務的黃臥松熟識且往來密切。根據 1927 年蘭記出版由黃臥松編輯的《崇文社文集》，可以推斷至遲在 1927 年左右，黃茂盛即已和崇文社有所接觸及與黃臥松認識，甚至陳江山亦因黃茂盛的關係而認識黃臥松，從日昭和 4 年（1929）出版的陳江山《精神錄》乙書，即有黃臥松和黃茂盛等人爲該書所寫的序，其中黃臥松在〈精神錄序〉中提到陳江山「手著精神修養錄，請序於余」[22]，可以證之。因此，日後崇文社所出版的刊物，如《崇文社百期文集》、《鳴鼓集初續集合刊》、《崇文社鳴鼓集》、《祝皇紀貳千六百年彰化崇文社紀念詩集》、《崇文社十五週年紀念圖》、《彰化崇文社二十週年紀念詩文集》、《彰化崇文社二十週年紀念詩文續集》、《鳴鼓集第三集》、《鳴鼓集第四、五集合刊》等，大多由蘭記圖書部發行或代爲印刷。故崇文社對於黃茂盛、陳江山、馮安德長期的贊助爲表答謝和推崇之意，特於 1934 年贈「明志致遠」匾予陳江山，1940 年則分別致贈黃茂盛、馮安德二人「見義勇爲」、「急公好義」匾額。[23]

　　此外，日昭和 2 年（1927）發生在由林德林住持的臺中佛教會館疑似桃色糾紛事件（簡稱爲「中教事件」），主角之一的臺灣日日新報記者

[20]漢人（黃玉齋）編著，《臺灣革命史》（屏東市：新民書局，1925）。
[21]李世偉，前揭〈日治時代文社的研究——以「崇文社」爲例〉，收錄於《臺灣風物》，47：3，頁 28～29。
[22]黃臥松，〈精神錄序〉，收錄於陳江山，前揭《精神錄》，頁 2～3。
[23]黃臥松，《祝皇紀貳千六百年彰化崇文社紀念詩集》（嘉義：蘭記圖書部，1940），頁 2。

張淑子即與崇文社的黃臥松及蘭記的黃茂盛熟識，例如蘭記曾於 1929
年出版張淑子編輯的《精神教育三字經》[24]乙書，而黃臥松與林德林原
爲舊識，但黃臥松卻以崇文社爲儒生代表的立場，對日治之後臺灣佛教
發展的觀察，幾乎都是負面，並有嚴厲的責難。[25] 黃茂盛雖未直接參
與中教事件所引發的儒佛知識社群雙方陣營的論戰，但針對中教事件所
批判佛教的資料，由黃臥松編輯成總共五集的《鳴鼓集》，卻是由蘭記
發行或代爲印刷出版，似乎說明了黃茂盛支持崇文社所代表的儒教批判
立場和扮演幕後支助的角色。其次蘭記和崇文社的往來及合作關係，則
持續維繫至 1941 年，同時也反映出代表傳統儒教立場的崇文社黃臥松、
蘭記黃茂盛等人對復興漢學，維繫漢文書籍於戰時體制和皇民化運動雷
厲風行下能夠持續出版，並保持與日本殖民官方的良好關係，降低受衝
擊和禁制的可能性所做的努力。[26]

三、因應時局的漢文讀本編輯策略與發展

（一）皇民化運動和漢文禁制政策下的因應

因應時局和殖民政策對漢文教學、出版的限制，蘭記亦不得不針
對漢文讀本內容的編輯與出版，加以調整，故於 1936 年後，蘭記即進
行漢文讀本編輯內容的部分修訂，目前所知爲《初學必需漢文讀本》於
1937.4.20 重訂初版，至 1941.10.10 重訂再版，印刷地則改由嘉義市西門

[24.] 張淑子編輯，《精神教育三字經》（嘉義：嘉義蘭記圖書部，1929）。

[25.] 江燦騰，〈日據時期臺灣新佛教運動的開展與儒釋知識社群的衝突──以「臺灣
馬丁路德」林德林的新佛教事業爲中心〉，收錄於氏著《日據時期臺灣佛教文化
發展史》（臺北市：南天書局，2001.1），頁 367～488。

[26.] 例如蘭記圖書部在 1930 年代亦開始出版《獨習自在國語會話》、《和漢對譯國語
自習讀本》、《無師自通日文自修讀本》、《音訓新語詳解漢和辭典》、《ペン字入實
用書翰辭典》、《式辭挨拶十分間演說集》等，以降低殖民官方的取締。參見拙著，
前揭〈日治時代臺灣漢文讀本的出版與流通──以嘉義蘭記圖書部爲例〉，收錄
於《嘉義研究－王得祿時代的嘉義學術研討會》（出版中），附錄嘉義蘭記圖書部
出版品目錄。

町的源祥印刷所承印，至於 1930 年發行之《中學程度高級漢文讀本》是否也有修訂則尚缺資料可以証明。

因應中日之間一觸即發的緊張局勢，蘭記卻能早先一步於 1936 年 8 月即委由臺南鹽水的蔡哲人[27] 進行修訂，蔡氏並針對修正原由加以說明如下：

> 本書自昭和三年秋付梓以來，轉瞬發行十版，銷售之廣毋庸贅述；惟是蘭記主人猶以取材中華國文教科書而乏帝國及本島文獻引為憾事！是以者番囑余為之增訂，謹自第壹冊迄第八冊採入帝國及本島地理、歷史、實業、修身各科而刪去無關輕重課文，庶幾初學兒童飲水知源，各識鄉土文物風景，引起無窮興趣也。[28]

另於重訂本第一冊的第 2 頁增刊〈明治 23 年 10 月 30 日御名御璽—「教育敕語」〉以為因應。茲將《初學必需漢文讀本》原讀本與修訂版編輯內容之差異比較如下：

書名版次 冊・ 頁數 ／課文	《初學必需漢文讀本》 1930.7.10 三版	《初學必需漢文讀本》 1941.10.10 重訂再版
第一冊：5	同去。同行。（附插圖）	小學生。唱國歌。（附插圖）
14	棉衣、夾衣、單衣。昨日、今日。明日。	祝日。祭日。紀念日。門前國旗，齊揭出。

[27.] 蔡哲人，一名蔡知，曾任 1922 年創立的月津詩社社長，社員有 15 人，如黃朝碧、李朝龍、黃金川等。參見林明堃口述，郭嬌玲紀錄，〈鹽水鎮分組座談紀錄〉，收錄於《耆老口述歷史（廿四）──臺南縣鄉土史料》（南投縣：臺灣省文獻委員會，2000.7），頁 72。

[28.] 黃茂盛編輯，蔡哲人修正：《初學必需漢文讀本》第一冊（嘉義市：蘭記圖書部，1941.10.10），再版序。

17	月季花開。妹妹。姊姊。同來看花。（附插圖）	菊爲御紋章。櫻是我國花。（附插圖）
32	天晚。取火。點燈。室中明。（附插圖）	天晚。電燈明。室中如晝。（附插圖）
36	大風起。樹枝動。樹葉飛。（附插圖）	大地如陀螺。旋轉無停刻。（附插圖）
41	你七歲。我八歲。他九歲。誰大。誰小。	我臺灣。近熱帶。物產豐。民安泰。
43	客來。小狗吠。我呼小狗。小狗搖尾。（附插圖）	軍用犬。探敵人。傳書鴿。通音信。（附插圖）
47	月東上。明如鏡。大如盤。快來看。快來看。	我國旗。日之丸。如旭日。耀東天。
第二冊：1	新書一冊。先生授我。我愛新書。如得好友。	紀元節，是我神武天皇。御即位紀念日。又曰建國祭。
2	好學生。能讀書。能寫字。上課。又不遲到。	好學生。能讀書。能運動。身體健。每學期。好成績。
5	羊毛、貂毛。皆可製筆。寫大字用大筆。寫小字用小筆。（附插圖）	筆有多種。毛筆、石筆、鉛筆、鋼筆。各有所長。（附插圖）
8	我家院中，有梅一株。花開滿樹，時聞香氣。（附插圖）	我家庭中，榕樹一株。濃陰四蓋，青蒼宜人。（附插圖）
13	昨夜有風雨。今晨日出，風停雨止。我喚妹妹，快來遊戲。	空有飛艇。陸有汽車。海有汽船。交通稱便。（附插圖）
15	妹妹將睡，對不倒翁說：我要去睡，不能陪你，請你坐好。（附插圖）	在家庭、孝父母。入學校、敬先生。出社會、敬長上。
17	牆上挂鏡，我立鏡前。見我面。見我身。見我手足。（附插圖）	樂耳王。置案上。萬里事。憑送放。能發言。能唱歌。和漢曲。隨志向。（附插圖）
39	（附插圖，士兵所持隊旗空白無圖案）	（附插圖，士兵所持隊旗改爲日本國旗）

43	學校園內，草長花開。草色青。花色不一。有紅。有白。有紫。有黃。	黃牛、水牛，皆能耕田輓車。山羊、綿羊，其毛可織呢氈及製裘（附插圖）

冊・課數／課名 ＼ 書名版次	《初學必需漢文讀本》1929.9 三版	《初學必需漢文讀本》1941.10.10 重訂再版
第三冊：1	**讀書**	天長節
3	**禽獸**	動物園
8	茶	守時間
10	**騎驢乎坐轎乎**	元旦
17	一兒失道	敬老
28	櫻桃	度量衡
35	問疾	警鐘臺
40	借傘	迷信
44	蚊	良友
第四冊：1	**書語（一）**	臺灣總督府
2	**書語（二）**	臺北市（一）
3	**書語（三）**	臺北市（二）
6	桂	臺灣產果
7	竹	臺中市
18	**醃菜**	多言何益
32	**種粟鋤禾**	種粟與鋤禾
37	**親思**	親恩
39	**作作索索**	圖書館
40	**瓶中鼠**	酒
43	撈月	水族館
第五冊：2	**模範學生**	能久親王
6	分梨	勸學文（宋真宗）
15	秤	鴛鴦鼻燈臺
22	**蜜蜂**	林投
25	旅行（附便條式）	茶

	28	現有何書	博物館
	34	鶯與燕	毒蛇
	42	跳繩	下淡水溪鐵橋
	45	牡丹芍藥	臺南市
	47	收條	紅毛城
第六冊：3		沐浴	基隆
	15	甘蔗	十齡進學
	19	爭雞案	吳鳳
	20	長江	臺灣名產
	21	黃河	塩
	24	雞雀	檳榔樹
	30	春水與方塘	追悼東鄉元帥（蔡哲人）
	34	觀海	糖
	37	四時之花	高雄
	38	種花種樹	貝原益軒
	48	捉迷藏	毛利元就
	50	朋友	臺灣地勢
第七冊：8		鄉村天趣	臺灣交通
	19	小傘	臺灣氣候
	20	空中半圓形	鄭成功
	23	四時之風	澎湖雜詠（周凱）
	33	西湖	日月潭
	40	某商	曹謹
	46	泰山	新高山
	49	珂羅版	生番
	50	畫理	樟腦
第八冊：7		儲蓄	測候所
	8	舟車（一）	西門豹
	9	舟車（二）	產業組合
	20	歌善兩智者（一）	乃木大將
	21	歌善兩智者（二）	貞孝
	22	三問題	阿里山

25	韋勃斯托幼年事	劉銘傳
35	勸募水災捐啓	保甲
36	失而復得（一）	朱山（一）
37	失而復得（二）	朱山（二）
38	洞庭湖	神童續
46	契約（附約）	契字二則

由以上比較可看出其修訂係採入日本及臺灣本島的地理、歷史、實業、修身、人物、法制等，而酌刪無關輕重課文，目的在使初學兒童飲水知源，認識鄉土文物及地理風景，並於第一冊增印明治天皇的〈「教育敕語」〉，以符合殖民教育政策的規定，減少被禁制的可能。

（二）戰後初期中國語文使用與官編教科書政策的衝擊

戰後，中華民國政府派員接收臺灣後，因恢復中文使用，使得學習中國語文成為社會趨勢及具迫切性，惟受限於教材短缺，初期接收當局遂以蘭記或瑞成書局原出版之《初學必需漢文讀本》及《中學程度高級漢文讀本》權充中小學課本。而民間亦有以蘭記所出版之《初學必需漢文讀本》為藍本，自行出資和編輯出版流通，目前已知有臺南新盛文書局及屏東尤鏡明編輯印行之《初學必由國文讀本》；而蘭記圖書部在戰後則改稱為蘭記書局，並將《初學必需漢文讀本》再版，由蔡哲人編輯，書名則改稱《繪圖初級國文讀本》（全八冊）。[29] 戰後語文環境的改變對社會和日常生活所造成的急迫性，以民國 34 年 10 月尤鏡明編輯的《初學必由國文讀本》為例，除了在第一頁附有：總理遺囑（孫文）、中國國民黨歌（譜／曲）外，其自序將當時社會學習中文的情境具體呈現：

謹告　初學漢文者暨諸父兄：(註：標點符號為筆者所加)

---

[29]. 編者不詳，《初學必由國文讀本》（卷一～四）（臺南市：新盛文書局，1945）；尤鏡明編輯，《初學必由國文讀本》（第三～六冊）（屏東市：源勝製材所，1945）。及蔡哲人編輯，《繪圖初級國文讀本》（第一～八冊）（嘉義市：蘭記書局，1945）。

顧我臺灣自隸屬日本版圖於茲閱有五十多年，此間島民男女大都
學習日文，操用日語，甚至有倡癈漢文者，而官廳則強制講習日
語，不能操用日語者，殆不予其辨事，遂使島民將祖國文字之漢
文置諸腦後而不問矣。然大東亞戰爭一告終焉，我臺灣意返還祖
國，而五十年來不曾問及漢文之青年男女，如聞青天霹靂，無不
痛感不識漢字之非，頓生速加研究之熱。於是乎，四處搜求良書
而不獲見之其形影，咸正渴望良書及早出現，以為初學者指南針
也。僕有鑑及此，爰不殫煩，由劫餘鄰架中搜出「初學必需漢文
讀本」一部，乃為檢點，是書內容係為網羅日常通用文字由淺入
深，且構成文法皆適於實用，雖初學漢文者亦得容易咀嚼，俾早
臻「看得寫得去」之程度。故敢疾聲斷曰「是書為初學漢文者必
由門徑」。僕不敏，以為有此良書不可自私，且思為我民族、民
生計，爰撥冗代為謄寫付梓，使於漢文普及上，民族教化上有稍
貢獻則幸甚矣！至若代價一事，則因紙價及印刷工資高昂，乃極
力交涉，託其從廉製本，所望勉學者幸賜原諒云爾。[30]

又鑑於戰後臺灣社會面臨語文使用環境的大轉變，蘭記特意出版以
漢字拼音的《國音標註中華大字典》及羅馬字拼音的《國臺音萬字典》，
提供當時有心學習中文（北京話）之士的參考工具書。此外，其他尚出
版現代醫學書籍，如《眼科學》等[31]；同時，因書局所在的中山路是嘉

[30.] 尤鏡明編輯，前揭《初學必由國文讀本》第三冊，封面內第一頁。

[31.] 黃森峰編纂，《國音標註中華大字典》（嘉義市：蘭記書局，1946）。二樹庵、詹
鎮卿合編，《國臺音萬字典》（嘉義市：蘭記書局，1946）；及陳聯滄，《眼科學》
（嘉義市：蘭記書局，1949）。其中二樹庵即前述「中教事件」主角之一的林德
林（1890.1.9～1951.10.22）之別號，同樣的署名亦見於臺中市龍華齋教保安佛堂
保存一方日昭和10年（1935）林德欽敬立的「慈雲法雨」匾額。參見釋慧嚴，〈林
德林〉，收錄於許雪姬總策劃，《臺灣歷史辭典》，頁496～497。及筆者於臺中市
龍華齋教保安佛堂之田野調查紀錄（未刊稿），2006.06.09。

義市最繁榮的商業地段，遂擴大營業項目，不僅經銷各出版社的書籍並增設文具部。惟 1947 年以後臺灣政治上的戒嚴體制，及 1946 年省編、部訂教科書政策限制下，促使蘭記的國文讀本出版趨於停頓。

　　此外，為提供民眾、學子自習和促進閱讀風氣及慶祝臺灣光復週年紀念，於民國 35 年（1946）10 月進一步籌設「私立蘭記圖書館」並接受各界寄贈圖書。（如附圖）而私立蘭記圖書館的設置自戰前至戰後初期，前後遭遇三次火災，書籍燒失不少，損失不貲，致使蘭記圖書館未能進一步發展，遂無法實現其設館之目標。而蘭記書局在 1978 年黃茂盛過世後，交由媳婦黃陳瑞珠全權掌理，並持續經營至民國 80 年（1991）才結束營業[32]，惟此後仍有少量出版活動，如民國 84 年黃陳瑞珠將二樹庵，詹德卿合編的《國臺音萬字典》加以增訂校注，並改名為《蘭記臺語字典》出版，以及自行編著印行《蘭記臺語手冊》，甚至還於民國 80 年代影印發售《初學必需漢文讀本》。

四、結論

　　日治時期臺灣漢文書籍的出版和流通，及中文書店的經營與殖民統治政策、社會發展及時代潮流、學術風氣、消費習慣、經濟活動等有著密切關係。尤其自 1930 年代起日語普及率的提升，藉由日語的學習和公學校教育，臺人得以吸收現代西方文化、基礎科技、衛生保健、法律、世界思想等新觀念和新思潮，從而衝擊傳統漢文教育的存續，卻也促使臺人產生民族自覺及文化覺醒的萌生。

　　若以 1937 年為分界線，之後實施皇民化運動，全面禁止書房的漢文教學活動及取消漢文報紙，為傳統漢文教育衰頹與現代新式教育邁向國際化，亦為建立政治及文化認同主體性的必然措施及結果。因此，也

[32.] 顏尚文總編纂，簡瑞榮編纂，前揭《嘉義市志・卷九藝術文化志》，頁 226。及徐開塵報導，〈蘭記書局珍貴史籍曝光〉，刊載於《民生報》，2005.07.23，http://udn.com。

看出主張保存傳統漢文教育者在面臨現代化和國際潮流的趨勢下，其文化的保守性與政治的現實主義及器識不足的性格和偏狹的社群意識。[33] 惟從蘭記圖書部的漢文書籍經銷和出版，積極參與漢學復興運動及支持彰化崇文社的立場，正顯示出其維繫漢學絕對性的努力和堅持，同時也流露出其藉由漢文讀本的發行，堅毅不移的反抗精神及民族自覺意識，使得漢文化與漢文真正成為反抗殖民統治及提升臺灣文化的基礎。

此外，以捍衛儒學為己任的崇文社，其社務運作實際上繫於黃臥松個人，當其於 1940 年委託蘭記出版《祝皇紀貳千六百年彰化崇文社紀念詩集》後，翌年，黃臥松即刊登因病身體調養，暫停社務，俟日後恢復活動後另行知會的通告，象徵日治時期臺灣文社和漢學復興活動的正式告終和式微。[34] 爾後截至 1945 年日本戰敗止，崇文社並未恢復活動，而蘭記圖書部的出版活動也於 1941 年後趨於停頓，直至戰後初期為因應臺灣「光復」和恢復中文使用及學習之需，始再版《初學必需漢文讀本》並改稱書名為《繪圖初級國文讀本》。

然而，隨著 1947 年「228」事件的爆發，及其後政治的戒嚴體制、部訂、省編教科書政策限制下，促使蘭記經營趨於轉型，改經售其他出版社的書籍和文具、中小學參考書等，迥異於戰前汲汲營營出版漢文書籍的理念和堅持，除前述其在文化上的保守性和褊狹，不足以改革和開創新局外，究其原因，抑或是一種對同文同種的漢人政權—國民黨政權的消極抵抗、失望及自保之道，而黃茂盛在戰後 1952 年將經營權交卸予次子後，寄情於郵票、日文書籍、雜誌，或日本集郵通訊銷售服務上，蘭記的出版和活動遂更趨於沉寂，而慘澹經營。惟直至 1990 年代蘭記

33. 施懿琳，《從沈光文到賴和—臺灣古典文學的發展與特色》（高雄市：春暉出版社，2000.6），頁 271～312。另黃松軒編輯，前揭《中學程度高級漢文讀本》第八冊，頁 33～35。
34. 日治時期臺灣兩大文社，除最早成立的彰化崇文社（1918-1941）外，另一為櫟社成員蔡惠如、林幼春等發起創設的臺灣文社（1918-1926）。施懿琳，〈臺灣文社〉，收錄於許雪姬總策劃，《臺灣歷史辭典》，頁 1078。

結束營業後仍持續出版臺語詞典的情形來看，似乎突顯出其將對時局的
無奈感和轉而維繫臺灣鄉土文化的苦心，惟其對兩個時期的政權、社會
風氣、文化層面之反抗精神則是一致的。

蘭記版漢文讀本與漢文化傳承

◎許旭輝

台北教育大學社會科教育學系碩士

日治時期漢文教育之濫觴

　　1895 年，日本因爲中日甲午戰爭而領有台灣，在殖民統治體制之下，近代學校教育制度的引進，對於台灣社會有很大的影響。第一任學務部官僚伊澤修二首先設立國語傳習所，隨後在兒玉後藤體制下，進一步被改制爲公學校，積極推動以普及日語爲中心的初等教育。日治初期，官方亟欲推廣學校教育制度，但當時台灣社會仍以書房教育爲主，漢文化在社會中仍是主流。[1]若要廢棄漢文改用日文，並非短期可爲，所以在當時的教育體制中仍保有漢文教育，其每週的教學時數爲五小時（日後逐漸調降），由此可見當時官方是以漢文教育來吸引台灣人就讀，目的還是以日文教育爲最終目標。到了大正時期，公學校就讀率增加，漢文時數減少。

　　然而，一次大戰後民族主義的盛行，漢文成爲凝聚台灣人意識之要素，當時台灣的知識分子在《臺灣民報》上呼籲重視漢文教育，他們認爲漢文是台灣文化中不可或缺的一部分。[2]1937 年（昭和 12 年）中日戰

---

[1]. 關於書房教育可參見：吳文星，〈日據時期臺灣書房之研究〉，《思與言》16：3（1978年 9 月），頁 2-89。

[2]. 王順隆，〈日治時期臺灣人「漢文教育」的時代意義〉，《臺灣風物》49：4（1999），

爭爆發後，在總督府的皇民化政策之下，開始推廣國語家庭制度，要求台灣人在家庭生活中要使用日語。同年，公學校的漢文課程也正式被廢止，因此這段時期受殖民教育的台灣知識分子，皆以日文作爲其閱讀與創作之語言，完全喪失使用漢文能力，這是戰後台灣人面臨語言轉換問題的根源。

日治時期的「漢文」一詞包含傳統文言文與白話文，其讀音包含泉州音、廈門音、廣東音等，並非以北京話爲主。當時學習漢文教育，是以閩南話或是廈門話來讀漢文，在總督府的教育體制中，則是用日語來對課文內容進行解釋，附帶有日語之推廣與教育性質。[3]目前可以得知漢文讀本最早由總督府於明治38～39年（1905～6年）編纂《臺灣總督府漢文讀本》，大正八年（1919年）發行《公學校用漢文讀本》、《高等科公學校漢文讀本》，並於昭和六年（1931年）改版發行。[4]這套教材雖然其編纂的前後架構與《公學校國語讀本》不同，但是課文內容實則與《公學校國語讀本》相去不遠。

蘭記《初學必需漢文讀本》的發行與改變

除了總督府所發行的教材外，當時經銷和出版漢文書籍的嘉義蘭記圖書部也於1928年（昭和三年）出版《初學必需漢文讀本》（全八冊）。[5]蘭記圖書部由黃茂盛於1922年創立，以販賣自大陸引進的漢文書籍爲主要經營事項。日治時期對於書籍的流通有著嚴格的檢閱制

頁120-124。
3. 同註2，頁110-115。
4. 台灣教育會編，《臺灣教育沿革誌》（台北：南天，1939年初版，1995年二版），頁382-408。
5. 根據黃陳瑞珠的說法《初學必需漢文讀本》最早是1927年由台南的源祥印刷廠印製，隔年才由大陸中正書局印製，並在台發行，目前筆者所掌握的版本最早爲昭和三年九月初版、昭和四年再版、昭和九至十年10版、昭和12年重訂版、昭和15年重訂版，各版本冊數皆不齊全。

度，禁止有關政治、符咒卜卦、巫術幻術、違反國策與政令的漢文書籍輸入，蘭記書局所進口的漢文書若觸犯禁令，也會遭到當局沒收。例如：總督府曾經以蘭記進口的《最新國文讀本》（商務印書館出版）其書名爲「國文」但是內容卻是漢文，以及內容以中國歷史文化的知識爲由，將其全數沒收。雖然遭到沒收書籍之挫敗，但是其創辦人黃茂盛仍堅持社會上應該要有一套教導初級漢文的書籍，於是參考許多書籍自行編輯一套可以發行的漢文讀本，1927 年通過總督府審核發行。[6]

目前關於這套教材的研究，只有蘇全正的〈日治時期臺灣漢文讀本的出版與流通──以嘉義蘭記圖書部爲例〉一文針對讀本的出版與印製情形作初步的探討。[7]但是這套教材的內容是如何？有怎樣的特色？與總督府的漢文讀本有何不同？這些問題至今仍尚未有研究觸及。本文擬初步介紹蘭記書局所發行的《初學必需漢文讀本》，希望能透過其內容之探討，追溯其在日本殖民統治下所代表之意義，進而關照蘭記書局在當時社會文化中所扮演之角色。

內容特色

蘭記圖書部出版的《初學必需漢文讀本》一共有八冊，除了第一、二冊不分課之外，其餘皆分成 50 課，其各冊課名與出版過程可參見先前相關研究，不再贅述，以下僅就其內容特殊之處介紹之。

（一）實學與近代知識的傳播

日治時期的國語讀本內容以實學知識占的比率最高，這樣強調以「普通日用」知識來將生活與學問結合的取向，就是福澤諭吉的實學

---

6. 黃陳瑞珠著，陳崑堂整理，〈蘭記書局創辦人黃茂盛的故事〉。
7. 蘇全正，〈日治時期臺灣漢文讀本的出版與流通──以嘉義蘭記圖書部爲例〉，宣讀於第一屆嘉義研究學術研討會，嘉義縣政府主辦（2005 年 10 月）。

教育主張。[8]蘭記出版的漢文讀本也是如此，在課文當中幾乎爲實學知識居多。這些實學知識中又可簡單分爲生活與科學知識。在生活知識方面，包含的面向相當廣泛，像是衛生觀念的強調，因爲在日治時期發生過鼠疫與瘧疾等傳染病，所以在當時課本中相當注意疾病相關知識的教育，例如〈傳染病〉（7：16）、〈蒼蠅〉（3：21）、〈蚊之自述〉（7：26）、〈蚊〉（3：44）、〈鼠疫〉（8：43）、〈鼠疫預防法〉（8：44）等課皆有介紹這些傳染源與傳染病的恐怖之處與預防方法。其次就是一些近代生活常規的建立，像是介紹時間制度、方位觀念、尺規單位等概念。由於清代台灣人沒有時間觀念，所以日治時期將西方時間制度引進後，相當強調時間觀念的傳播，像〈時辰鐘〉（7：37）、〈守時間〉（3：8）就是利用圖示與故事來介紹時鐘是怎麼計算時間，提醒學生要遵守時間。此外，還有一些是介紹〈帽〉（3：24）、〈衣〉（3：25）、〈車〉（4：35-36）、〈圖書館〉（4：39）、〈電報〉（8：11）、〈電話〉（8：12）等日常生活中比較常見的事物功用。最後較特別的就是書信文書的介紹，課文內容有將許多契約、日記（7：34）、書信、畢業演講詞（8：50）的撰寫方式呈現出來，讓學生可以直接瞭解這些書信文書的形式、適用場合及撰寫方式，以應付在日常生活中所需要的文書處理工作。

在科學知識方面，也是占了相當大的比率。像是介紹物理知識：地球（〈地球〉，5：14、〈地球大勢〉，7：6）、星球（〈星〉，7：30）、〈空氣〉（7：15）、〈水〉（3：32）、〈火〉（3：33）、溫度計（〈寒暑表〉，8：47）、〈水汽循環之理〉（8：15）等，或是有關動植物的常識：〈燕子〉（3：4）、〈松〉（3：7）、〈蝴蝶〉（3：39）、〈象〉（4：41）、〈魚〉（7：27）、〈鯨魚〉（7：28）、〈牛馬〉（8：42）等，透過這些課文，讓學生不但可以學

---

8. 周婉窈，〈《公學校用國語讀本》的內容分類介紹〉，收於臺灣教育史研究會編《日治時期臺灣公學校與國民學校國語讀本題解、總目錄、索引》，頁 60-66。

習漢文，也可以吸收近代西方科學知識，頗有潛移默化之功效。同時，課文中也常以圖片的方式來輔助學習，課文〈星〉就畫製天體圖來解說行星的運轉，讓學生可以更容易理解課文內容。

在課文的編排上，將相關課文前後連續編排，讓學生可以藉由一連串相關知識的學習，建立完整的知識體系。例如：〈火〉（3：33）、〈勿戲火〉（3：34）、〈警鐘臺〉（3：35）三課，就是先介紹火的特性，再告誡火的危險性，警告學生切勿玩火，最後告訴學生若是聽到警鐘台響叫時，就是有火災發生，並提醒學生看到消防車應該要閃避讓路；〈星〉（7：30）和〈曆法〉（7：31）二課編排在前後，先教導學生星球的運轉特性後，進而解釋一般曆法就是因為地球的自轉與公轉來計算與產生的，這樣將科學知識與生活常識結合為一的編排方式很常出現在課本中。總體而言，將近代西方知識與實學知識編排入至課文內容的方式，不但有助於學生漢文的學習，同時也可以加強台灣人吸收近代西方知識，加速台灣社會的近代化。

（二）重視道德教育

不論是在日本或是中國社會文化中，都相當注意道德的教化，所以道德教育的教材就成為僅次於實學知識的次要內容。在蘭記所出版的《初學必需漢文讀本》中有關道德教育的內容範圍很廣，從孝道（如：〈孝親〉，3：48、〈事親〉，7：1等課）到為人處世的道理，都是課文要談論的部分。較特別的是強調破除迷信的課文，如：〈干支〉8：10 、〈十二屬〉（7：41）、〈西門豹〉（8：8）等，其中〈迷信〉（3：40）就是講述婦人相信乩童的話延誤就醫，導致眼睛失明的故事。這類的課文先是講述故事，或是介紹傳統漢人社會的信仰，然後點出其缺失，企圖將以往台灣社會中重視乩童及重視宿命的觀念去除，強調應該要事在人為，不可迷信。此外，很多課文中都提及到學校讀書的重要性，告訴學生應該要好好上學去，認真學習。這可能與當時社會就學率不高有關，由此

可知當時漢文讀本內容重視教育,同時也企圖藉由教育改善台灣社會陋習。

　　有關為人處世的道理,大多是利用生活中的故事或是傳統中國的寓言故事來傳達。例如:〈梁兒〉(3:47)就是講述一個叫做梁兒的小孩,平常愛說謊,後來有一天落水後,他呼救卻沒有人理會,直到他大哭,大家才發現他是真的落水了,以此教育學生平常莫說謊言;〈一兒失道〉(3:17)、〈問疾〉(3:35)、〈借傘〉(3:40)則是透過生活中的故事,教導學生遇到別人有困難時要幫助與關心他人。這些課文都是利用相當生活化的故事,來講解道理,讓學生可以簡單瞭解課文含意。在寓言故事方面,一些我們至今習以為常的中國寓言故事,也出現在當時的課文中,如:井底之蛙(〈井蛙〉,3:14)、鐵杵磨成繡花針(〈磨杵〉,7:42)、〈揠苗助長〉(7:10)、〈田興打虎〉(8:18)、管寧〈割席分坐〉(8:19)、〈朱山〉(8:36-37)、〈神童續封〉(8:38)、〈周處除三害〉(8:27)、〈紀昌學射〉(8:26)等,透過講述這些有趣的傳統中國寓言故事,不但可以引起學習興趣,更有助於漢文化之傳佈。有人認為治安良好、路不拾遺、夜不閉戶是日治時期台灣社會的寫照,如此情況需要有教育的配合,這樣的道德教育不但在國語讀本中出現,漢文讀本的課文內容也可以看到,兩者對形成這樣社會風氣應該都有一定的功效。

(三)漢文化的維繫

　　上述有關道德教育的課文內容中,可以明顯發現《初學必需漢文讀本》大量使用中國傳統人物的寓言故事,這與總督府所編纂的課文中,多以日本人物與故事為主的呈現方式相當不同,可見蘭記圖書部黃茂盛對於漢文化傳承有相當的堅持。在總督府所發行的國語讀本或是漢文讀本中,約略會出現一些傳統的中國人物,例如:孔子、孟子、鄭成功、諸葛亮、藺相如與廉頗、司馬光等,但其所占的比例很低。這些人物中,

鄭成功是因為其母親為日本人，再加上其對於台灣開發有所幫助，才成為課文內容，其他大多是因為道德教化的相關故事而被選入。在蘭記的課本中也有〈鄭成功〉（7：20）與〈司馬光〉（3：16）兩課，〈司馬光〉（3：16）的內容在《公學校用漢文讀本》與《初學必需漢文讀本》中大同小異，但是兩者對於鄭成功卻有不太一樣的陳述方式（黑體字與底線為筆者所加）：

《公學校用漢文讀本》第 6 卷第 18 課〈鄭成功〉

鄭成功，初名森，字大木，小字福松，父曰鄭芝龍，芝龍明季人，籍隸支那泉州，**久住我國**，娶平戶人田川氏為妻，生成功，成功七歲歸**支那**，年二十謁隆武帝，帝奇其才，賜姓朱，改名成功，後人稱曰國姓爺，因戰清兵不勝，東渡臺灣，開墾田園，建設學校，撫恤老幼，厥功奇偉，島民思慕恩德，立祠祭祀，即今開山神社也。[9]

《初學必需漢文讀本》第 7 冊第 20 課〈鄭成功〉

鄭成功，初名森，字大木，父鄭芝龍，明季泉州人，久住**東瀛**，娶平戶人田川氏為妻，生成功，七歲**歸中華**，入南京太學，聞錢謙益名，執贄為弟子，年二十，謁隆武帝，帝奇之，賜姓朱，改名成功，初封忠孝伯，嗣晉封延平郡王，**成功矢志光復**，屢與清師戰不克，遂東渡臺灣，逐和蘭人，開墾田園，振興教育，**納明臣，奉正朔**，島民感其盛德，建祠祀之，即臺南開山神社也。[10]

9. 台灣總督府，《公學校用漢文讀本》第 6 卷（台北：台灣總督府，大正八年（1919年）），頁 19-20。
10. 黃茂盛編、蔡哲人修正，《初學必需漢文讀本》第 7 冊（嘉義：蘭記圖書部，昭和 15 年（1940 年），頁 24-25。

　　從這兩段的比較來看，可以發現兩者內容有些許相同，但是蘭記的漢文讀本中，稱日本為「東瀛」，中國為「中華」，並且認為鄭成功反清復明的行為是「光復」，強調其帶有明朝「漢人」正朔的身分，這些字句顯現出蘭記版漢文讀本試圖教化學生漢人意識之企圖。

　　中國的君主皇帝與英雄人物的出現也是蘭記漢文讀本的特色之一，像是〈黃帝〉（5：5）、〈禹〉（5：23）、〈湯武〉（5：24），〈明太祖〉（7：13）、〈岳飛〉（7：14）等，這些傳統漢人耳熟能詳的人物出現在教材內，都含有特殊的意義。在課文中提及明太祖朱元璋驅除蒙古人建立明朝，以及岳飛擊退金兵維護中原政權之內容，表現出漢人抵禦外族侵略，保衛漢人正統政權與文化的作為。黃帝、禹、湯武則是代表中國朝代與漢文化的開始，其中黃帝更是漢民族共同的祖先，是凝聚漢民族意識的要素，禹、湯武所建的夏、商則是中國朝代的開始。值得注意的是在課文中並未提及清代皇帝，反而出現明太祖與鄭成功的敘述，強調其擊退元人與反清復明的作為，這是因為清代為滿人統治並非漢人政權，而明太祖與鄭成功二者的行為都是代表漢人抵抗外族的典範，所以在課文中將這兩位人物編排進去，頗有凝聚台灣人的漢民族意識，來抵抗日人之殖民統治之企圖。此外，還有一些有關中國大陸的地理知識也有出現在課文中，如：〈長江〉（6：20）、〈黃河〉（6：21）、〈西湖〉（7：33）、〈洞庭湖〉（8：38）等，課文皆有搭配圖示加以說明，讓學生更清楚可以瞭解傳統中國漢族生存之地理環境。蘭記圖書部所發行的《初學必需漢文讀本》，大量使用漢人的故事與人物，表現出與以日本文化為主的總督府漢文讀本迥異之風格，其所代表的意義就是對漢文化傳承的堅持與維護。

（四）台灣與日本相關知識的加入

　　在目前筆者所蒐集到的《初學必需漢文讀本》中，可以發現昭和12年（1937年）與昭和15年（1940年）重訂的版本中，加入不少台灣本

土事物，以及日本人物故事。從時間上來推測，讀本的大幅度改寫應該是因為進入到戰爭時期，在官方的關注下進行改版的，目的就是展現日本建設台灣近代化的政績，讓台灣人認同日本統治下的台灣社會，切斷與漢族文化連帶之關係。在新加入的課程中，有關台灣事物占了許多比例，像是介紹台灣的地理環境、水果產物、社會建設、風土民情等，或是採用台人撰寫的文學如：周凱所寫的〈澎湖雜詠〉一文，這些都使得蘭記的漢文讀本增添不少鄉土味。在日本文化方面，雖然有加入天長節、台灣總督府、乃木大將等課，但是數量若與總督府編纂的國語讀本或是漢文讀本相較之下，仍是相當少。由此不難看出，編輯人黃茂盛在總督府的壓力下，雖然必須進行改版的工作，但是仍將日本文化相關課文之比例降到最低。修訂後的《初學必需漢文讀本》雖然加入日本文化與台灣本土知識，帶有宣傳殖民統治者政績之意味，但是在黃茂盛的編纂之下，巧妙的以台灣事物為改寫重點，減少日本人物的加入，同時維持原有漢文化的課文內容。這樣的作法，讓台灣文化與漢文化並存於讀本內，加強台灣人對於本土認同與肯定，同時也可繼續維持漢民族文化與意識。

時間 冊別	昭和 12 年（1937 年）以前原有課名	昭和 12 年或 15 年（1940 年）版本中新加入的課名
第 3 冊	1.讀書、3.禽獸、8.茶、10.騎驢乎坐輦乎、17.一而失道、35.問疾、40.借傘、44.蚊（昭和 10 年（1935 年）10 版）	1.天長節、3.動物園、8.守時間、10.元旦、17.敬老、35.衣、40.勿戲火、44.良友（昭和 12 年（1937 年）重訂版）

第 4 冊	1.書語（一）、2.書語（二）、3.書語（三）、6.桂、7.竹、18.醃菜、39.作作索索、40.瓶中鼠、43.撈月（昭和 10 年（1935 年）10 版）	1.臺灣總督府、2.臺北市（一）、3.臺北市（二）、6.臺灣產果、7.臺中市、18.多言何益、39.圖書館、40.酒、43.水族館（昭和 12 年（1937 年）重訂版）
第 7 冊	8.鄉村天趣、19.小傘、20.空中半圓形、23.四時之風、33.西湖、40.某商、49.珂羅版、50.畫理（昭和 9 年（1934 年）10 版）	8.臺灣交通、19.臺灣氣候、20.鄭成功、23.澎湖雜詠、33.日月潭、40.曹謹、49.生番、50.樟腦（昭和 15 年（1940 年）重訂版）
第 8 冊	7.儲蓄、8.舟車（一）、9.舟車（二）、20.哥善兩智者（一）、21.哥善兩智者（二）、22.三問題、25.韋勃斯脫幼年事、35.勸募水災捐啓、36.失兒復得（一）、37.失兒復得（二）、38.洞庭湖（昭和 4 年（1929 年）再版）	7.測候所、8.西門豹、9.產業組合、20.乃木大將、21.貞孝、22.阿里山、25.劉銘傳、35.保甲、36.朱山（一）、37. 朱山（二）、38.神童續封（昭和 15 年（1940 年）重訂版）

本表由筆者自行整理，僅以現今可以掌握到的版本作比較，其中第 5 冊與第 6 冊因缺少昭和 12 年之後的版本，無法比較之。

殖民體制下《初學必需漢文讀本》的意義

　　透過上文對於《初學必需漢文讀本》內容的分析，使我們對於這套教材的內容結構與特殊意義有了初步的瞭解。發行者的蘭記圖書部，身爲漢文化傳播者的角色，在殖民統治下不僅堅持漢文教育與漢文化傳播的理想，同時也致力於傳播近代知識。換言之，這套讀本不但帶有漢文教學之功效，同時也包含實學、科學、道德教化的知識，有助於近代知識在台灣社會的傳播，促使臺灣社會走上近代化之路。

　　這套漢文教材在日本異民族的統治下發行多年，實屬不易，由此可見蘭記堅持維護漢文化之決心與毅力。其最可貴之處，在於大量使用漢

人相關事物與故事作爲教學內容，使得漢文化在日治時代日本文化的壓迫下終能傳承下去。此外，蘭記漢文讀本也具有新生的意涵，因爲其內容也同時傳遞與時俱進的近代文明。若要重新評估審視日治時期漢文教育的革新與其實質內涵，蘭記漢文讀本應該是最好的考察對象。關於這套讀本，尚有許多值得研究的課題。例如：編纂的過程、每個版本的差異、版面編排之特色，以及使用情況與其影響層面等。

從蘭記的語文圖書看光復初期雙語並存的榮景

◎姚榮松

台灣師範大學台灣語文學系退休教授

一、蘭記出版品以語文類庫存較多

　　蘭記長達七十年的經營史上，前五十五年由黃茂盛先生所經營，後十五年則由其妻黃吳金女士掌理，次媳黃陳瑞珠女士協助。讀蔡盛琦〈從蘭記廣告看書局的經營〉一文，欣見她指出「蘭記除了經營者換手外，也因不同時代的變遷，經營手法與內容有所不同。」（《文訊》255 期 75 頁）

　　蔡文並指出蘭記最早的出版品應是一套八冊的《漢文讀本》，這與黃茂盛的私塾教育背景有關。並指出這是黃茂盛在進口商務印書館《國語科教科書》獲准後又被禁的挫折下，才走上自力更生之路，針對被取締內容，著手改編適合本地人的內容，終於先後完成兩套（包含初級與高級）漢文讀本各八冊，成為日治時期蘭記的代表出版品。

　　更有趣的事實是戰後國府百廢待舉，民國 35 年台灣的許多學校開學，在沒有教科書之情形下，暫以蘭記出版的《高級漢文讀本》、《初級漢文讀本》權充課本，還有其他種種因素，到民國 36 年，蘭記的《國文讀本》仍替代著不夠的「國定本教科書」使用[1]。

---

[1] 以上並見蔡盛琦《從蘭記廣告看書局的經營》，《文訊》255 期，頁 75、76。

　　《文訊》總編輯封德屏女士當初約我看的資料以蘭記出版的《初級台語讀本》(一)(二)冊,《蘭記臺語手冊》、《國臺音萬字典》、《閩南語發音手冊》、《蘭記臺語字典》為主,顯然希望我從台灣語言教育的觀點,檢視蘭記在本土語言運動這個潮流下,也沒有缺席的事實。

　　我卻也同時被黃茂盛(或黃松軒)編的一大串《中學程度高級國文讀本》(八冊)、《初級必需漢文讀本》(八冊)、《初學適用國文讀本》(四冊)及黃森峰編《國音標註中華大字典》及另外一類《國語會話》(黃茂盛編)、《注音字母北京語讀本》(邱景樹編)所吸引,我認為蘭記書局的定位可以從日治與國府兩時期來觀察。

　　戰前蘭記圖書目錄及廣告可以作為台灣知識啟蒙及漢文閱讀史的一個縮影,其中牽涉到的漢文教育的轉折,從黃茂盛至黃陳瑞珠兩代人的教育背景、知識取向、語言認知等的對照,可以發現漢文讀本是黃茂盛的學養所寄,而台語字典、台語手冊則是黃陳瑞珠的才華之發揮,由姨表姪女吳明淳女士的談話印證了這一點。以下我先把脈絡整理出來:

(一)從《文訊》提供的蘭記書局遺留的圖書目錄(當指庫存的最後清冊)中,其第十二類是「蘭記出版品」凡 1042 本。編號共有 62 種,除有四個編號不算童蒙教材外,其他都是童蒙讀物或語文教材、工具書之屬。這四種書是:

1.黃松軒編《大笑話》(民 36 年 9 月 10 日出版)

2.陳江山著《精神錄》(民 18 年 1 月 25 日初版,50 年 12 月 30 日 6 版)

3.吳鳳康樂區建設委員會編《臺灣偉人吳鳳傳》(民 36 年 11 月 15 日出版)

4.綠珊盦主編《蓮心集》(昭和五年,民 19 年 7 月 20 日初版)

　　其餘存書可分兩類:

1.**蒙學類:**含《三字經》、《三字經注解》、《千字文》、《千家姓註解》、《四書讀本——上論》、《朱子治家格言》、《居家必備千金譜》、《最新弟子

規》、《新撰仄韻聲律啓蒙》、《歷史三字經》（未著撰人，民 34 年 10 月 10 日出版）。

2.語文讀本及字、辭典類（含台語）：書目已見前。台語類圖書中，除了《國臺音萬字典》爲二樹庵、詹鎮卿合編之外，《初級台語讀本》、《蘭記臺語手冊》、《閩南語發音手冊》、《蘭記臺語字典》皆成於黃陳瑞珠之手。

這些庫存的最後存書，本版多屬語文類的原因，大概因當年曾一再出版，供應量大，才有庫存，其他戰前出版的文集如《崇文社文集》、《祝皇紀貳仟六百年彰化崇文社紀念詩集》或《無師自通日文自修讀本》、《パソ字入實用書翰辭典》等，戰後已無再版之需求。

（二）黃陳瑞珠女士畢業於靜宜女子英專，所以英文程度還不錯，漢文在長期耳濡目染下，想必也具一定修養，而她的英文根柢使她更容易掌握台語的音標，在蘭記結束營業的民國 80 年，正是本土意識高漲，台語研究蔚爲風氣的年代 。

蘭記原來出過的《國臺音萬字典》及《台語讀本》都曾暢銷過，黃陳女士對台語情有獨鍾，心心念念的是要編訂台語字典。並在蘭記結束營業後，還有每週固定去嘉義華南商職教授台語課，並且在民國 84 年才又重新出版《蘭記臺語字典》、《蘭記臺語手冊》，並獲得其弟陳崑堂的協助，我們彷彿看到兩代人由公公黃茂盛將漢語文化的薪火，遞交媳婦陳瑞珠接手跑到終點的美麗傳奇。

《蘭記臺語手冊》扉頁上，陳女士烙下美麗的印記；第二頁則登出蘭記台語叢書 5 種，以大字書寫。

黃陳女士克紹箕裘的心路歷程，在這最後一版書的告白上，宣露無遺，令人感佩。我們也可以想像，黃陳瑞珠女士在晚年整理蘭記史料，並面對自己一心想修訂的《國臺音萬字典》，是何等文化人的使命感，她的傳奇一生應該更值得立傳。

二、蘭記臺語叢書五種簡介

1.台語三字經

這是最通俗的台語入門，每字按讀書音標注ㄅㄆㄇ。列為臺語叢書第一本，理所當然。

2.初級台語讀本

存目中有兩種名稱，一為《初級台語讀本》，僅見第 1 冊及第 2 冊，民國 17 年 9 月 30 日初版，民 83 年 4 月 10 日改訂台語注音初版。第二種為《初學台語讀本》（一）（二），庫存各有 55、57 本。看起來初級、初學並非兩種版本，只是不同時期印書的差異，或出於無心或變換花樣，以吸引讀書，尚不知真相。個人看到的這兩冊《初級台語讀本》是民國 83 年 4 月 10 日改訂台語注音初版，發行人黃振文，台語注音：黃陳瑞珠，出版發行改為「蘭記出版社」（原名蘭記圖書局），封面上有「ㄅㄆㄇ台語注音，大字版插圖」字樣。書前有「初級台語讀本原名初學必需漢文讀本」；「初版於民國十七年嘉義蘭記圖書局發行（取材自大陸教本）」，並說明「初學適用台語讀本分為 1 至 8 冊，每頁插圖，由淺而深，詳加編輯，適合初學者及兒童學習台語之用，日據時期，被當時之私塾、漢學堂採用為台語漢文教學之課本，使不少失學民眾，得免成文盲。」

這段說明耐人尋味的地方，即所謂「初版於民國 17 年嘉義蘭記圖書局發行（取材自大陸教本）」指的是最早發行的《初學必需漢文讀本》，這套署名黃茂盛編著存目第一冊記發行日期確為昭和三年（即民國 17 年，1928）9 月 30 日，其內容與民國 34 年重刊的《初學適用國文讀本》（手中僅有 1、2、4 冊影本）內容完全一致。即所謂初級台語讀本，版權頁上注明「民國八三年四月十四日改訂台語注音初版」，足見由原名《初學必需漢文讀本》到《初學適用台語讀本》，只是書名的改易，內容完全一致，理由是日治時期，私塾、漢學堂所學的漢文本來即以台語發音。其後日人亦編輯不少口語台語教材，採用假名注音，適合日本警

察、教師及行政人員使用，如存目 6-21 有台灣總督府編的《臺灣語教科書（全）》，出版日期為大正十一年 12 月 15 日，厚達 397 頁。與傳統只教漢文音讀的漢文讀本大異其趣。

另外以教會羅馬字為主體的白話字，也出現了四書五經及應用文書的標音本，如大正十三年（即民國 13 年）劉青雲已出版了《羅華改造統一書翰文》，內容為尺牘，共分 34 大類，應有盡有。加上戰爭末期，日人一度禁止漢文學習，因此將原有漢文讀本易名《台語讀本》，其實有一定的必要性，或者是藉以遮掩私塾教育漢文的苦心。

而傳統漢文的音讀是用十五音的「八音呼法」，不假音標或其他注音符號，正是因為這套完全沒有標音符號的「漢文讀本」，才能在民國 34 年重刊，改名為「初級國文讀本」，以應光復初期，國語文課本青黃不接時中小學之用。

存目記載《初學必需漢文讀本》版次繁多，例如全套有昭和九年十版，第三冊有昭和十五年重印，第四冊又有昭和十二年重訂諸版，可見該母本是一印再印，所以黃陳瑞珠在民 83 年改訂台語注音初版的版權頁，才又註明「民國卅四年十月廿日廿版」，所指的是未加注音的台語原本（或者即指漢文讀本的版次）。

因為「漢文讀本」何時改名「台語讀本」，從存目的有限資料，已無從查考。但是可以確定的是不論叫「漢文讀本」或叫「台語讀本」，在戰前使用者都是用台語漢音誦讀，學到仍是民初的淺近文言文，並不代表「台語」的口語，因為教材中的日用詞語都是以北京話為主，若直接念字音，就不像「台語」，而只是北京話對應的台語文讀。

例如：人有二手，一手五指，兩手十指，指有節，能屈伸。（第一冊第 2-3 頁）

讀音：人ㄖㄣ 有ㄧㄡ 二ㄦ 手ㄒㄧㄨ 一ㄧㄛ 五ㄥ 指ㄐㄧ 十ㄒㄧㄣ 節ㄐㄧㄝ

語音：人 有 二 手 一 五 指 十 節

讀音：伸 我 你 門 草 牛 羊 吃 大

語音：伸 我 你 門 草 牛 羊 吃 大

　　課文內採用漳州讀音，然後把個別字語音列在每頁課文欄頂上，個別字的泉州音讀則列在欄框下方，作天地對照。

　　教材以圖取勝，相連兩頁敘一主題，沒有課次及標題，呈現自由想像空間。如第一冊第 4 頁爲「我來、你來，來來」，第 5 頁爲「去去，同去，同行」，排列成回文式，頗具巧思。第 20-21 頁課文：右頁（P20）河上架橋，橋下行船。左頁（P21）竹簾外，兩燕子，忽飛來，忽飛去。

3.閩南語發音手冊

　　本書爲黃陳瑞珠編於 1994 年（民 83），較《蘭記臺語手冊》早一年出版，書前有三頁序（又見於《蘭記臺語手冊》），詳敘台語的源流，同時也聯繫了南洋華僑的閩南子弟，認爲台灣母語的教育，同時也爲海外台僑之需要，他們要的是簡易的學習手冊而非字典，因此她著手編著《閩南語發音手冊》及《蘭記臺語手冊》是有針對性的，例如這兩本手冊完成後，親友、教師輩都希望有大家熟悉的ㄅㄆㄇ注音符號，因此加以增訂後，成爲注音符號與台語羅馬字並行的工具書，這無異擴大了服務的對象。

　　本手冊分爲二章，首章爲台語ㄅㄆㄇ注音法，包括符號說明及範例，另有台語八聲之記號及發聲法。第二章台語羅馬字發音爲拼音法，另有三個對照，即ㄅㄆㄇ拼音與羅馬拼音對照；讀音與語音對照；潮州音與泉州音對照。最後還附了常見同音字表，稱爲「引音查字」。

　　台語注音符號包括符號三十一個，記號三種。三個記號分別爲「△」促音記號，「。」半鼻腔記號及「‧」不發音記號。這三個符號的「‧」是黃陳女士的發明，她認爲韻尾的 p.t.k 並不一定發音，即只有作勢，或

即語音學上的唯閉音,如 ap 作「ㄚㄅ・」這樣的標示對初學者正音有一定的幫助。

本書扉頁上題詞以此書獻給「敬愛的先母劉順女士」等感念字句;並由兄妹三人瑞堂、崑堂、瑞珠署名敬上。日期「1994.7.27」,這是對陳家的感懷,與《蘭記臺語手冊》扉頁之獻給先翁黃茂盛先生相映,表現出黃陳瑞珠女士的慎終追遠,把自己成就歸諸上一代的教化。

4.蘭記臺語字典

本書的前身是《國臺音萬字典》,由二樹庵、詹鎮卿合編,民國 35 年 12 月 5 日初版發行,36 年 1 月 20 日再版,36 年 2 月 10 日三版,發行所蘭記書局(嘉義市中山路 213 號)。從三版的版權頁上找到另一廣告:詹鎮卿編英漢學生辭典。至於二樹庵為何許人,未見諸記載。此書按部首橫排,版面為袖珍型,左右兩欄,字首後用注音符號注國音(沿用老式四角標調法),後用教會羅馬字標台音,每字僅取一個釋義,均在一行以內,故版面很清爽,一字兩音則立兩條,以存兩義,精簡扼要,方便初學檢音。如:

三・ㄙㄢ　sam　二加一為三(此為陰平一讀)
三・ㄙㄢ・sam　屢也,如三思。(此為去聲一讀)
又如捻・ㄋㄧㄝ Liap 指執著也。
　　捻・ㄋㄧㄢ Niam 以兩指相搓也。

由於收字多,簡單的文白兩讀或異音別義,均在其中(如哩訓語餘聲,ㄌㄧ;又訓英里也ㄌㄧˇ),雙語對照字音,確稱簡易。

民國 84 年 5 月 29 日增訂初版發行,則改為《蘭記臺語字典》標明「原國臺音萬字典,重新修訂增台語ㄅㄆㄇ注音」,其實,本書並非僅將原本字頭下的國音注音改為台語注音符號,由雙語的國、台音變成兩

種台語注音的單語字典，即告完工，偶有增加音讀，如合字原有 Hap, Kap 二音，量名一條原作 Kap，今增列 Hap，使成二讀，另外也逐條增列書面詞語，如吁下增「吁嗟」，吶下增「吶喊」。

5.蘭記臺語手冊

除序文外，總目錄共十項，即（一）台語發音（二）台語發音字典（三）常用國台音對照（四）以音查字——同音字（五）讀音與語音對照（六）漳音與泉音對照（七）台語常用語（八）台語常用成語（九）新聞社會用語集（十）相對字、相反詞。本書實際已綜合了她自己的「台語發音手冊」，《台語發音字典》即是按部首排列的閩語字音檢索表。國台音對照下列有同音字，無異是一個同音字表，其他文、白異讀、漳泉對照，擴大台語常用詞的注音及部首排列，大有擴充為「臺語萬用手冊」之趨勢，這些都反映黃陳瑞珠女士對台語的實用功能及語言體用之掌握。

作為一本服務一般讀者的台語手冊，本書可以滿足部分讀者的檢索需求，在上個世紀的 80 年以來，台灣閩南語字辭典蜂出並作，已經到琳瑯滿目，加上網路詞典，語料庫之方便，黃陳女士這本 Lan's 5 也達到她個人學術的頂峰，有點像「萬用手冊」之類，雖然不能保證此書能喚起後人對她的記憶，但作為蘭記 70 幾年風雲圖書榜的美麗句點，這本紅皮精裝的工具書，確實有一點重量。

三、從上海重出之老教科書比較幾經變化的蘭記漢文讀本

最近（2005 年 1 月）上海科學技術文獻出版社出版了三套 20、30 年代的老課本：《商務國語教科書》（1917 年初版）、《開明國語課本》（1932 年初版）、《世界書局國語讀本》（1930 年代），這三套上海圖書館館藏，在塵封將近七、八十年後重新出土，每套有上下冊，皆圖文並茂，是受五四新文化影響下，用白話文編寫的最早教科書之一。《商務國語教科

書》出版較早（1917 年），其他兩套假若都在 1930 年以後，則黃茂盛的
《初學必需漢文讀本》第一冊初版於昭和三年（民 17 年，1928 年），應
該取材自商務本，其第八冊發行日期作「昭和四年 5 月 10 日再版」，可
見 1928 年已出了全套八冊，第二年才有再版之說。《初級必需漢文讀本》
表現得圖文並茂的也是頭兩冊，仔細與「商務國語教科書」對照，卻有
幾分神似，尤其課文的精簡對仗的格式。例如：商務版第 49 課「合群」
（P66），課文如下：

　　群鳥築巢
　　或銜樹枝
　　或銜泥草
　　一日而巢成
　　（共四行，原為直行，右至左）
和上舉《台語讀本》第一冊（P21）左頁：
　　竹廉外
　　兩燕子
　　忽飛來
　　忽飛去（共四行，配圖對稱）
商務版上冊第 47 課「禮貌」（P63）：
　　門外客來
　　迎入室中
　　正立客前
　　對客行禮
台語讀本第一冊 50 頁：
　　父命我　出見客
　　我至客前一鞠躬

客握我手　問我年

問讀何書

商務版上冊第 50 課「愛同類」（P68）：

一犬傷足

臥於地上

一犬見之

守其旁不去

台語讀本第一冊 29 頁：

小白兔

草中走

我欲投石

哥哥搖手

課文內容各具巧思，主旨亦略異，後者可名篇爲「愛異類」。

有「課名」完全相同者，目前只找到一篇，然內容則重新改寫。即商務版下冊第 25 課「兵隊之戲」，課文如下：

兒童戲習兵操　削竹為刀

執木為槍　以竹筒為巨砲

使小犬曳之

年長者　持刀指揮

分群兒　為三隊

令行則皆行

令止則皆止

行列整齊　進退有節

初學漢文讀本第三冊第 18 課「兵隊之戲」課文如下：

溫課已畢。弟謂兄曰：「吾輩可遊戲乎？」

兄曰：「弟欲何戲？」弟曰：「吾輩有竹刀、木槍。習為兵隊可乎？」

兄曰：「可。」遂率諸弟，為兵隊之戲。

同題，然內容詳略懸殊。筆者又發現「台語讀本第二冊」（初學適用國文讀本第二冊同）第 38 頁，已有「兵隊之戲」之內容，並畫出一隊人擎槍前進之雄姿。課文如下：

一隊長　執刀前行

數小兵　旗影飄飄

開步走　鼓聲鼕鼕

整體來看，黃茂盛先生編輯這套八冊的初級教材，在圖文方面均受到上海出版的國語教科書影響，插圖雅致，應該也是此書能暢銷再版的原因，更重要的是課文的敦厚蘊藉，寓理託事，耐人尋味。商務版因每課有標題，不免流於公民道德，蘭記的漢文讀本，前兩冊不立標題，其實技高一著，但三、四冊以後，課文多見動植物及生活日用器物，每冊 50 課，主題之間缺乏單元安排、頗顯零碎，亦因強調實用知識，而令課文愈來愈乏文學性，當然是美中不足，但作為台語地區語文教科書的先行者，已屬前無古人。至於八冊課文仍以文言為主，完全承襲商務版國語教科書的風格，此種淺近文言文，其實是民初極為盛行的書翰文主體，亦符合彼時書房（私塾）教育的胃口。到了 30 年代出版的開明本與世界書局本，則全以白話文主，如果黃茂盛先生能夠與時俱進，重新選一套白話文，對於光復初期的國語教育當更具影響力，可惜他這套改

名爲《初學適用國文讀本》只有前二冊適合國小（白話文），後六冊只能適用初中以後，並不能滿足當時教學的需要是可以預期的。事實上，國民政府的教科書是完全走了官方標準本的道路，這也使得黃茂盛先生這系列（包括高中漢文讀本）教材，不久就被國立編譯館的版本所取代，而黃陳瑞珠女士雖然腦筋曾動到改編爲台語教材，但是由於業務繁忙，她又沒有找到可以合作的同好（或者她並未積極改編），而把精力投注到其他二部字典及手冊上去，形成她的 Lan's 五種，但台語讀本正式以加注注音符號出版的卻也只有 1、2 冊而已，這可能是她心中最大的遺憾也不一定。

四、兩本國語文學習的壓倉之寶

除了初級的三套讀本外，黃茂盛還用黃松軒的別號編了一套《中學程度高級國文讀本》八冊（民國 20 年 4 月初版，民國 34 年 12 月 10 版），也編過學日語的《國語會話》（昭和 19 年〔民 33 年〕第 10 版）。還出版蔡啓人編的《繪圖初級國文讀本》（現存二、四、七冊，民 34 年再版）。日治時期的「國語」指日語，光復後的「國文」指漢文。另外有兩部書，筆者認爲可視爲蘭記語文圖書的壓倉之寶，即：1.黃森峰編《漢字母標注中華大字典》（民 35 年 2 月 10 日初版）漢字母即國音字母，也就是注音符號。民國 93 年 5 月 10 日修整再版。2.邱景樹編《注音字母北京語讀本》（民 26 年，1937 年初版）

何以說這二種是壓倉之寶？因爲《中華大字典》與 1915 年中華書局出版的字典同名，前有編輯大意及民國 35 年黃森峰的序文。同一年由初版印到 4 版，應該是暢銷一時。依部首排序，每頁三欄，每字字頭下先標注音字母，接著出現反切、直音、聲調、韻目，常用字的釋義往往超過十項，應是據《辭源》、《康熙字典》等書，「審別去取，約得萬餘字」，排版小字頗爲美觀。釋義下引用書證甚詳，兼收科學名詞（或

附英文原名），綱舉目張，夠得上稱《中華大字典》。尤其在民35年出版，政府開始推行國語，除了難得一見的大型詞典如康熙字典、辭源、辭海之屬，一般人需要繁簡適中的字典，個人覺得蘭記出版的語文工具書中，本書水準最高。

前已介紹的各套漢文讀本，都不是國語的日用會話，邱景樹的這本《注音字母北京語讀本》有1937年的作者自序。共有91課，全屬日常會話，課目有「朋友電話」、「查問旅館費」、「看望朋友」、「路上相遇」、「久別重逢」、「探問病人」、「同吃便飯」、「購買物品」等等，極其實用。相信在光復初期，政府大力推行國語，會是一本暢銷書，可惜未見出版頁，不詳版次。書內有「最新出版目錄」，而有一本《北京語會話》與本書並列；另有《實用書翰辭典》、《十分間演說集》各乙冊。本書排版為注音國字，聲調卻是傳統的漢字四角加點，現在看來略不自然。但內容用語，或可代表30年代的一種北京話，但不是京片子，因為罕見兒化的標幟。試舉二段課文為例：

「現在甚麼時候了？」「差不多八點左右。」「當初你不是有學過官話嗎？」「我雖然學過，但是發音不大正確。」「剛才你沒見過他嗎？」「恰好我進來的時候，偏巧他又出門去了。」「我告訴你的那話，難道你還信不及（作者按：現代華語「及」作「過」解）我嗎？」「那是你太多心了，未必如此罷！」（**第4課**）

「一向好嗎？」「很好，你哪？」「也好，多謝。」「許久不見，你到甚麼地方去來著？」「我到上海去來著。」「你到上海作甚麼？」「我去參觀實業。」「你所看到的，可以見教一二嗎？」「沒有問題，在匆忙之間，那裡看得透徹，好像管中窺豹，只見其一斑，等到我脫稿了，才呈上斧正，自然也就知道其大略了。」（下略）（**第37課**）

　　現在看起來，這些 30 年代的舊式國語，還有一點生澀，但作者曾
遊學在中、日之間，自序裡說他從中國回台後，每年在家裡開設的「官
話研究會」及在「花果園修養會」擔任語學科，均以本書為課本。

　　我手上剛好有民國 37 年 11 月正中書局台增訂初版的《實用臺語會
話》，編者為林紹賢，曾任國語推行委員，會話內容簡潔，看來是道地
的台灣閩南語，試以第九課「坐車（二）」的前六句為例：

　　甲：借問咧，這滿有落南的車次無？

　　乙：十點五十有一幫，是急行的。

　　甲：囝仔著車單亦免？

　　乙：六歲以上著，六歲以下免。

　　甲：行李，會使提上車沒？（「沒」當用

　　　　「否」boo）

　　乙：細件的會使得，大件的著寄車。

　　這本會話注音用台語羅馬字，事實上，光復初期也許為配合國語推
行，使用「臺灣方音符號」（朱兆祥編）者更多，據張博宇編《臺灣地
區國語運動史料》[2]，國語推行委員會為實驗從方言學習國語，於民國
35 年 10 月 1 日成立示範國語推行所，派推行員三人，朱兆祥任指導員，
到 36 年 8 月此項工作告一段落。該所曾出版編有《臺灣省適用注音符
號十八課》、《國臺字音對照錄》（36 年 9 月）、《廈門語方言符號傳習小
冊》（朱兆祥，37 年 3 月）、《實用國語注音、臺方音符號合表》（朱兆祥
編，39 年 9 月）、《臺語會話》（陳璉寰編，39 年 8 月）、《臺灣方音符號
表》（林良，39 年 9 月）、《注音臺語會話》（陳璉寰，40 年 4 月）、《國

臺通用語彙》（朱兆祥，41 年 8 月）、《注音符號和方音符號》（何容，朱兆祥，43 年 2 月）、《標準臺語方言符號課本》（鐘露昇，44 年 4 月）、《臺語對照國語會議課本》（朱兆祥，44 年 1 月）等書，先後由省國語會印行。

　　光復初期，教部國語會曾根據全國國語運動行動綱領的理想，對台灣現實環境做了個假定，「假定臺胞在光復後，痛心於使用日語，在尚不能講國語時，會自覺的恢復使用母語——閩南話和客家話。當時希望這個假定和實際沒有多大出入，不過後來事實的答覆是，有多少人並沒有想到閩南話和客家話，也是文化上值得重視的一種中國語言，而影響其行動，以後的工作又因此多一枝節。」[3]由於各縣市國語推行所不久即遭撤銷，改由省國語會直接指揮，這裡不免也有路線之爭。換言之，透過母語的恢復來學習國語，有些人覺得沒有必要，但是那個方向本是正確的，其實還有原住民的母語問題，應該採漸進式以免欲速不達。張博宇也指出：「光復後的民眾補習教育政策，原擬計畫是先從方言入手，然後再從方音符號進到國音國字。這個計畫未能實現，各機關團體推行的都是直接學習國語，認識國字。39 年起實施的民眾補習班，從教學科目不難看出太偏重於知識的傳授，忽略了語言的訓練。課本只有一種，是國立編譯館的初級成人班課本（36 年修訂本）。」[4]

　　有兩件事似乎可以印證國語政策的執行，操之過急，才埋下後來被認為刻意打壓方言母語的惡名。第一件自然是連民眾教育都不重視語言的訓練，教科書也沒有民間插手之餘地，難怪蘭記圖書局的「初級台語讀本」連注音符號本均沒有完成出版，到民國 83 年才推出一，二兩冊，想必是沒有市場的誘因，但是黃陳瑞珠女士不斷充實她手頭上的蘭記叢書五種，至少做了歷史的見證，證明台語與國語教學並存共榮，是符合

---

3. 同註 2，頁 27。
4. 同註 2，頁 152。

一般民心的。第二件是設計台灣方言符號的朱兆祥先生到民國 44 年還有《臺語對照國語會話讀本》印行，而始終採用這套符號來編字、辭典，還有台大的吳守禮教授，蔡培火也編了改良式的台語注音符號的《國語閩南語對照常用辭典》（民國 58 年，正中書局初版）、《國語閩南語對照初步會話》（民 65 年 6 月，正中書局臺初版）。後來朱兆祥離台赴新加坡，遠離台灣，大概與他主張的兼顧方言保存的路線有關。這已不是本文焦點，故不擬詳論。

五、尾聲

本文最初只是想介紹蘭記出版社（原名圖書局）70 年滄桑中，對於台灣語文圖書的出版、規畫及其影響，由於發現兩代經營人對漢文與台語教育的推展各有獨鍾，才因此想一窺早期漢文讀本與後來的國語教育之間是否具有互動的關係，由於三套塵封上海的 30 年代的國語課本的出土，讓筆者可以追溯「漢文讀本」的取材及各本之間的關聯，也因此牽涉到光復初期的國語政策與教材的問題。我的結論是在那個青黃不接的年代，蘭記的漢文讀本提供政府初期國文課本的急需，已是風雲際會中的盛事一樁，同時也凸顯了黃陳瑞珠女士對母語教育執著的外一章，以及本文第四節所看到的台語注音符號在國語推行中所扮演的角色。

從《漢文臺灣日日新報》
看蘭記善書刊印情形

◎黃文車
屏東大學中語系副教授

　　嘉義蘭記書局第一代經營者黃茂盛先生幼時即於私塾學習漢文，勤奮好學；雅愛文化，熱中閱讀。工作之餘兼作「蘭記圖書部舊書廉讓」經營，就這樣因緣際會地開展嘉義蘭記書局風光的傳奇歲月。

　　蘭記圖書部舊書經營開張後，愛書者趨之若鶩，黃茂盛先生與同好商議後決定創立「漢籍流通會」，其於流通會〈緣起〉中提到：「……世道日非，世風不古，奸邪放縱，道德淪亡。有心人睹此，深爲焦慮，雖有志挽回，然非藉群策群力，實難如意。是以不揣固陋，始創小說流通會於客秋，意在網羅古今有益稗史及諸善書，聊以警世，怡養精神，竟蒙島內諸公極力聲援，大博各界歡迎。……敝會旨趣在乎普及文化、推廣道德爲重，……新學雖可興，舊學未可廢。苟思挽既倒之狂瀾，維持世道，非多讀漢籍不可。……」由是可知，黃氏創立「漢籍流通會」乃爲網羅古今有益稗史及諸善書，用以普及漢學文化、推廣道德。然漢文圖書眾多，該取何捨何？〈緣起〉中亦言流通會「不吝重資多方搜求，上自經史子集，下及古今名作、詩詞歌賦，網（莫）不籌備。更就所剩小說善書，拔其精萃有益人世者，彙齊約有五千部，用是花樣翻新別開生面。」可見經史子集詩詞歌賦之外，有益人世之善書，亦是漢籍流通會搜羅書日。

　　《漢文臺灣日日新報》（以下簡稱《新報》）中提到：「嘉義街黃茂
盛氏，所創小說流通會……氏鑑世風日下，道德淪亡，爲挽回風化，補
救人心，特辦名人格言，遷善改過諸善書類數十種。」（8588 號，1924.4.14）
而彙集這些善書，乃爲藉以流通，補救人心，故蘭記書局常有「贈送善
書」之舉。如《新報》所載：「嘉義總爺街小說流通會黃茂盛氏……備
有書籍五百餘部，此回又購入三種，欲贈送各位，其名如下：《覺悟良
友》、《福壽寶鑑》、《青年進德錄》各一千冊。」（8755 號，1924.9.28）；
又如此則：「嘉義街西門外蘭記圖書部黃茂盛氏……其書之種目有《格
言精粹》、《青年鏡》、《三聖經》等。」（《新報》，10286 號，1928.11.20）

　　蘭記書局自「漢籍流通會創設以來，屢贈善書」（《新報》，1925.9.7），
首爲流通漢籍，更甚者乃欲藉流通善書以達世道人心淨化之功。然隨著
書局營運擴展，孔方需求逐日增高，因此除平日所得之外，各地善士捐
印善書之捐款金也間接支撐書局的經營與推展。例如台南善士陳江山與
屏東馮安德各資助一千圓與五百圓捐印善書。《新報》中記載：

　　　　台南市入船町一丁目陳江山氏，手著善書《精神錄》一部，客歲
　　　　夏間，曾託嘉義蘭記圖書部，代向滬上印刷五千部，分贈各處。
　　　　（10706 號，1930.2.5）

　　　　台南市入船町一丁目陳江山氏，手著善書《精神錄》一部，曾印
　　　　送各處。（10711 號，1930.2.10）

　　　　所（台）南市入船町一丁目陳江山氏手著善書《精神錄》一部，
　　　　再版分送事。（10734 號，1930.3.5）

　　此外，馮安德之捐贈，可見於蘭記書局刊印之《圖書目錄》次頁所

載：「代贈善書：（一）戒淫文輯證（二）文武二帝救劫經（三）家庭講話（四）修身寶鑑……茲幸屏東郡長興庄馮先生熱心勸世，樂捐鉅款委囑敝會購辦前記善書各數千本。」（1925.8）至於細目，《圖書目錄》列有《性命圭旨》、《悟性四註》、《修身要旨》、《孔聖孝經》、《三字經註解》、《惜字寶訓》、《家庭教育》、《勸孝歌》、《醒人鐘》、《繪圖女子廿四孝》、《關文帝君警世寶誥》、《天上聖母經》、《觀音勸善文》、《太上玉笈金燈感應篇》、《普濟靈丹》、《太陽太陰經》等 221 種善書，並註明均由屏東馮安德購贈代印；若再補對蘭記書局於昭和九年（1934 年）四月改正之圖書目錄摘要，善書種類當不只如此。要而言之，嘉義蘭記書局所印製之善書種類多元，然而無論修身、養生、教育、勸善、惜字、警世、信仰等，蓋涵括儒釋道三教，重點均以勸人為善為宗旨。故如近二萬言之《精神錄》亦強調「為善最樂」，自〈維天之命〉至〈擇乎中庸〉等 36 章所言均在修身養性、尊道重德等觀念之發凡與力行。

　　據嘉義黃哲永先生回憶：蘭記圖書以《精神錄》、《嫗解集》等書流傳最廣，嘉義地區幾乎是人手一本。《新報》記載：「嘉義市書町蘭記書局，此次發行第五版《精神錄》六千七百部，因得有志者集同印送。」（13296 號，1935.3.31）據民國 50 年 12 月 30 日仍由蘭記圖書部發行的《精神錄》第六版書後版權頁記載，《精神錄》於昭和四年（1929 年）1月 25 日《精神錄》初版發行五千部後，分別於昭和 19 年 7 月 10 日、23 年 4 月 4 日、23 年 11 月 10 日、26 年 2 月 20 日，共刷印五版，累計發行量計二萬七千本，加上第六版發行一萬七千一百本，共計四萬四千一百本，這還不包括民國 66 年 6 月由屏東劉鴻模印贈的二千本等，由是可見《精神錄》此善書捐印之盛，影響之大。

　　據第六版後載印贈者芳名錄所記，當時來函索書或捐款助印者遠自亞洲各地，除陳江山自印第一版五千本外，從第二版開始，有台灣各處如桃園、新竹、員林、中港、沙鹿、麻豆、西螺、新店、斗南、斗六、

埔里、玉里、二崙、茄苳、嘉義、台南、屏東、東港、鳳山、大樹等地
人士助印，更有遠從南洋爪哇、暹羅，香港，中國之四川、浙江、湖南、
福建、上海、江蘇、山西等地人士來函索書與捐印。此外，《精神錄》
第六版後亦附有各地來函摘要，黃茂盛言各地來函索書並發表贊同者約
有三千餘人，如霧峰蔡旨禪去函摘要所言：「辱蒙函錫《精神錄》，吐納
莊騷，出入揚馬，真令人愛不釋手，足見婆心救世。」或如暹羅曼谷林
景瑞言：「此書足以挽回頹風之一助。」江蘇蔣伯源言是書「足徵苦口
婆心，有功於世事。」等等，可以想見《精神錄》讀者廣佈，流傳遠盛。
如此，或真達到編撰者陳江山於自序文中所言：「願閱此錄者，永為傳
播，而於世道人心，不無小補。」

　　蘭記書局捐印善書風氣一開，各地索書或助印者蜂擁而至，如《新
報》所記：「高雄陳啓清氏，今回託嘉義市西門外蘭記圖書部，向上海
印刷《齊家準編》一千部，欲贈送各界。」（11162 號，1931.5.11）除了
善書捐印及贈送持續進行外，更有他處善士向蘭記書局購買善書、醫書
贈送，如《新報》所載：「台北市大和町……此次向嘉義蘭記書局購買
《世界道德》、《精神錄》、《勸孝文》、《戒殺放生文》、《戒訟□戒淫文輯
證》、《醒世良方》、《普濟良方》、《達生編》、《驗方新編》、《難狀元詞》、
《痘疹金鏡錄》、《白喉治祛捷要》、《眼科研究良方合編》，其他十數種
善書醫書，贈送各地云。」（11099 號，1931.1.27）當此之際，嘉義蘭記
書局的營運應可算是達到巔峰。

　　日治時期嘉義蘭記書局的善書捐印情形，並不因蘭記圖書部於昭和
九年發生大火被迫移出大通同町四丁目而中斷（《新報》，12177 號，
1934.2.27）。蘭記書局努力維持善書捐印，其用意與目的或可從以下四
點進行思考：（1）勸善化俗，改易人心；（2）賡續漢文，維護傳統；（3）
接受善款，維持經營；（4）連絡海外，互通訊息。無論如何，善書捐印
之用意與成果，和蘭記圖書部以及漢籍流通會創立時以「維護漢文」、「勸

善人心」等宗旨是互相謀合的。

　　再者，藉著閱讀《漢文臺灣日日新報》等同時代之報刊來觀察嘉義蘭記書局捐印善書之動機、目的及成果，我們可以發現下列五點重要意義：（1）發掘少見或未見之台灣歷史文獻史料；（2）補強台灣（區域）文學史之建構工作；（3）肯定蘭記書局於台灣出版史之歷史價值，如出版書籍種類及特色、各時代所擔負之責任等；（4）觀察日治時期中台書籍與文化交通情況；（5）考察日治時期台灣報紙及訊息流通情況等。換句話說，從《漢文臺灣日日新報》閱讀同時代的嘉義地區文學文化盛事，除可補充文獻史料證據不足外，更可確認嘉義蘭記書局捐印善書用以勸善傳文之動機與價值。

蘭記代理有關中國與台灣文學書籍的分析

◎柯喬文

台灣首府大學通識教育中心兼任助理教授

知識渠道的打開

回眸日治，漢文化的濡養與殖民現代性的相摩相刃，在臺灣社會造成深刻的影響，以圖書出版而言，漢文圖書仍以傳統石版爲主，新式印刷仍要交付中國的上海等地，加上殖民統治者的言論箝制，在這樣多重的困難下，漢文書局的存續，具有重要的時代意義。

日治作家吳瀛濤，在〈日據時期出版界概觀〉一文中，較早指出當時臺灣的書店約七十餘家，晚近，河原功〈戰前台灣的日本書籍流通〉的觀察，進一步將書店在戰前的數量，推估達百餘家，從此窺得日文書籍的流通，以及跨國資本的滲透，這些在資本競逐中，取得相當的優勢，換言之，商業與殖民的提攜下，造成漢文日益衰頹的困境。

這樣文化危機下，臺灣漢文書局的創發，往往是站在「存續文化」的思維下，創辦如中台的中央書局、北台的雅堂書局等漢籍流通處，正是因爲「走遍全臺，無處可買……欲購書者，須向上海或他處求之，郵匯往來，論多費事，入關之時，又須檢閱，每多紛失；且不知書之美惡，版之精粗，而爲坊賈所欺者不少」（連橫語），但書局本身，爲了維持經營，往往兼作文具、傳統字畫等販售，然仍常入不敷出，論者多矣的雅

堂書局，維持僅兩年的時間，便以出清庫存作收，因此，蘭記的經營，
跨越日本與國府時期，殊顯難得與重要。

　　過往，對於漢文書局的討論，多集中在經營者的身上，連橫、蔣渭
水、莊垂勝，乃至台南興文齋的林占鰲兄弟，披諸史料，黃茂盛經營蘭
記的歷史，彷彿沉靜在故紙中，這或許與黃氏以圖書代理人自居，有相
當的關係，對於終身從事圖書交流，卻未參與著作、運動的文化人，如
何衡定其位置，確實尚待有心人士，予之重建。

一、蘭記在臺灣出版史上的位置

　　殖民者掌控言論，與商業資本的利潤取向，造成漢文及其知識產
業，在出版印刷販售等空間，受到相當程度的壓縮，能夠在管制與發聲
間，取得突破並長期發展，「蘭記」當是值得關注的案例；蘭記晚至 1922
年，開始由黃茂盛（1901-1978）艱辛創辦，至末代主人黃陳瑞珠
（1933-2004）女士逝世，超過八十年，目前是臺灣存續最久的書局，
回顧蘭記，便是臺灣書局發展史，更是一頁知識流通史。

　　蘭記創立的時期，正是所謂「大正德模克拉西」，此時，臺人對於
種種不合理的現象，勇於從法制層面，予以批判，如〈對於輸入中國書
報的台灣海關的無理干涉〉（《台灣民報》：1925.7），對於日本統治者，
假借規章，行阻滯民智之遂，提出批判，大環境逐漸改變，黃茂盛從興
趣入手，乘時興起，採取的策略，一方面遵守相關的法律規範，一方面
訴諸商業邏輯，販售通俗與實用書籍，獲得長久經營的成效，正因為如
此，維繫住漢文的圖書知識，細緻地說，以蘭記作為販售圖書的窗口，
加深加廣圖書的面向，從上中下游的統合，佐以函購、折扣與宣傳，於
今看來，雖然冒險，卻具創意與靈活應變。

　　從上游而言，蘭記早期，主要是採取代理方式進口圖書，圖書種類，
約可分為幾大類：醫書、善書、陰陽卜筮等；然而，除代售書籍外，黃

茂盛亦有掛名編務者,其中,以「松軒」為名,出版《漢文讀本》系列,成為厚植基業的暢銷書,而讀本單元內容,取材於「中華高級國文教科書」,對於漢文輸入,具有極大意義。

從印刷進行觀察,多數書籍,是通過上海印刷廠印妥,再通過海關,部分書籍,則採取與本地印製,其中,台南「鴻文」是較常合作的協力廠商,鴻文最初是以「活版舍」型態,1922 年,首先矗立在台南市區,其創辦人黃振耀,與傳統文人黃拱五,係為叔姪,因此,鴻文除尋常印製品外(如膠盤唱片封套),也代印《臺灣詩醇》等詩文作品,蘭記與其合作,有二三〇年代的初高級《國語讀本》與《明心寶鑑》等叢書,兩者協力關係,持續到戰後不輟。

下游的銷售,則從點到面,鋪設網絡,主要是通過店鋪、傳媒廣告與社群交往,多層次建構而成,目前所見,遺留大量報刊廣告、函購書單、現存與知見藏書,約略可見廣告,對於蘭記的維繫,具有重要貢獻,書頁、報刊、明信片與圖書目錄,乃至店前立牌,將書目與價格分類呈現,值得一書的是,蘭記在平面的廣告,多在臺人的漢文刊物上,以贊助方式認購版面,如戰前的《台灣民報》、《三六九小報》等,戰後的在地雜誌,如《文藝列車》,均可見到蘭記廣告的身影。

最後,蘭記與島內漢文書局,有所往來、互通有無,除了地區性的書局外,當雅堂書局進口漢文圖書,而被海關沒收時,蘭記適時提供進書,補足店鋪庫藏,是為一話。

二、書籍流通與文化斡旋

「書籍」,對於黃茂盛而言,具有相當意義,通過愛書而藏書,積藏而後交換、散出,進而開設書局(類似從「雅愛」到投入經營的思維,亦表現在養蘭上);因此,「書籍流通」,除了圖書販售,還包括小說與漢籍流通,以及相應的同名組織,流通書籍,概有書條浮貼/戳記鈐印,

以爲標識，前者商業成分居多，後者則文化流通與啓蒙民智，較爲側重；
商業販售，多是從上海等地批書入臺，但亦有例外者，如黃氏的崇善行
爲，便常將陳江山的《精神錄》，餽贈上海，遠及中國內地，即使販售，
亦有從臺銷至中國，如浙江陳伯憩，來信索書，崇文集鳴鼓集詩鐘均在
信中提及，希望從臺灣寄書，再從大陸匯支款項。

　　再者，戰前，黃茂盛與詩文社、傳統文人，如崇文社、彰化黃臥松，
以及台南許丙丁諸人相善，除出版《崇文社文集》、《過彰化聖廟詩集》
外，亦可見《金川詩草》、《東寧擊鉢吟》等藏書，以及蔡旨禪、張淑子
諸人的書信，戰後藏書，則可見《小封神》等；黃氏與傳統文人交誼日
久，早在三〇年代，便有「黃茂盛傳」，登刊於崇文社刊物，而嘉義在
地文人，如賴雨若《壺仙詩集》、張李德和《琳瑯山閣唱和集》、賴子清
《臺灣詩海》與陳聯滄的《磊園吟艸》，乃至玉珍漢書部的歌仔冊，均
在府藏之列。

　　從蘭記的販售目錄，廣告詞「經售中華全國各大書局出版古今書
籍，上自經史子集詩文筆記字典辭源、書譜法帖、善書佛經卜易星相、
醫學用書農工商諸參考書新書小說莫不齊備更有美術圖書種類繁多特
備詳細目錄贈閱如承函索即寄」，約略可以概括，觀察文學的部分，以
通俗品類較多，如寇盜誌、彭公案與兒女英雄傳等，關於傳統的歷史、
寶卷宣講與公案小說，同時也可看見現代作家作品的引進，值得注意的
是「新小說」的歸類，在一方面可見其引入圖書，是以上海爲主，「金
輸出禁止前，臺灣金票一圓，可兌上海洋銀二元四角，現時……差額將
及三倍矣」，一方面，書列增列的玉梨魂、孽海花、荒將女俠、滬濱偵
探錄、福爾摩師自殺案等，既有被劃爲舊派的鴛鴦蝴蝶，同時也可見被
翻譯文學影響下的創作，以今視之，當時分類的雜揉混亂，可見對「新」
（new-）的理解與再統整。

　　漢籍流通的宗旨，在於「促進社會文明」「陶養個人精神」，因此，

古今中外圖書，除有礙風俗者，皆可收納，加上如馮安德等人的捐贈、有料會員的會費挹注，書種上架繁雜，黃氏一度析爲經史、衛生、讀本、尺牘與法帖等，亦如函購目錄，分類混亂，其中，「詩文集類」，收入李太白、蘇東坡、梁啓超等詩文作品，「雜誌類」，頗一新人耳目，除本地的《臺灣詩薈》與《黎華新報》，其餘均爲中國發刊雜誌，《東方》、《少年》、《婦女》、《小說月報》、《兒童畫報》……，赫然寓目，林林種種，看似不相關的書籍，形成某種無體系的知識型態，交流在「諸有益善書凡數千種專供會友隨時輪流取規不限期日」的漢籍流通會中，相較於帝國藏書的體目森然，以及伊能文庫的土俗取向，流通會看似隨意，反見知識斡旋過程的可貴。

至於，戰後的白話讀物，晚些亦在流通之列，時人寫作，如中國報人陶菊隱，其著作《天亮前的孤島》、味橄的《北平夜話》、寁先艾《四川紳士和湖南女伶》，歷史故事重寫，如《巧舌婦的故事》、《民間奇案》、《民間傳說》等，從口語到書面，從故事到新編；以上林林種種，古典與現代，先後轉手閱讀，其中，關於五四與三〇年代文學，雖然少量陳列其中，但其所象徵的意義，卻可與代理圖書，同樣有足觀者，新綠文學社編纂的《名家遊記》，內收郁達夫〈釣臺的春晝〉、陳西瀅〈南京〉、周作人〈遊日本雜感〉、朱自清〈西比利亞〉，另有魯迅、孫伏園、吳敬恆與俞平伯等數十位名家，紙上舒展大陸景觀，這些在現代文學史上舉足輕重的作家，透過此一選本，飄洋來臺，成爲戰後漢文復興的先驅之一。

二、戰後中國文學的仲介

隨著日本戰敗，臺灣與中國間的物質交通與隱性交流，隨即恢復，政權的轉移，意味著社會等結構的翻轉，漢文需求孔急，蘭記除了繼續發訂相關書籍外，值得注意的是，漢文讀本系列再度熱銷，在此同時，

更加緊密地與中國出版社，以及晚些，中國書局在臺支店的聯繫。

中國出版社的往來，以世界（福州路）、新生（四馬路）、大中華（鳳陽路）、大方（山東中路）等上海書店爲主，傳統古籍，則向卓有令譽的千頃堂（望平街）、掃葉山房（河南中路）批發，所進書籍，不外乎三字經千字文等童蒙，尺牘、中醫等實用類別，尤其是國語課本自修書、常識口頭試問考試書籍，也就是對於「國語」內涵的改變，帶動聽說讀寫的需求，讓蘭記忙於進書，夾雜其中的，孫文學說、蔣主席大演講集，反應一定的時代氣氛，然而，隨後的物價騰貴，也對書店的經營，帶來陰影。

特別值得關注的是，在通常的讀本中，關於中國新文學作品的引進，對於當時臺人對於五四白話文的陌生，提供一定的視野。二〇年代，《台灣民報》轉載中國五四作家作品，包含胡適、魯迅、徐志摩等，尚以漢語原文直接刊登，四〇年代的臺灣知識份子，同化日深，繼起的一代，必須通過日文才能進行理解，楊逵閱讀魯迅的作品，即是日文《大魯迅全集》（改造社，1937）便是一例。戰後，漢文書籍長驅入臺，在蘭記的進貨單上，可以看見，如《魯迅傑作集》等書籍的謄錄，包括左翼的茅盾、巴金、郭沫若，以及文學研究會的冰心、論語派的林語堂，說明了五四倡議下的白話文/現代文學，兩次來到臺灣，這些文學作品（以及背後的社團精神與論爭歷史），幾乎是以同時到位的方式，廣泛出現在臺人的閱讀視域中，戰後初期的共時經驗，值得在文學史上一書。

至於趙家璧主編的晨光叢書，亦在贈書清單上，第十九種張天翼《在城市裡》，扉頁印有「蘭記書局」「台南大方書局經銷」，可見輾轉流通的販售現象；曾爲徐志摩學生的趙家璧，戰前主編《中國新文學大系》、《良友文學叢書》，讀者廣泛，連賴和亦收藏該叢書第五種：張天翼的《一年》，1946 年 11 月，創辦晨光，任經理兼總編輯，《晨光文學叢書》是其最特出的文學系列，出版陸小曼編《志摩日記》、王西彥《村野戀

人》、蕭乾《珍珠米》與老舍、巴金等作家作品，耿濟之翻譯的《卡拉馬助夫兄弟們》，亦在叢書之列；換言之，作爲戰後初期的晨光，其發行的書籍，肩負文化交流的可能，這類書籍的多元與寬廣，讓進行語言轉換與跨越的臺灣知識份子，能夠吸取較爲健全的養分，類似的文學作品，尚見巴金《死去的太陽》等。

相對於戰後初期的繁華，緊隨於後的物價高昂、政治緊縮，使得蘭記漸漸進入休眠期，活動力漸衰，國府來臺、兩岸冷戰，以及原在中國書局紛紛抵臺，蘭記失去進口圖書優勢，黃茂盛也轉而養蘭集郵等怡情活動，平常則奉侍高堂，書店經營，也就順勢進入世代交替的階段。

蘭記的曲終未散

「書局」，作爲知識仲介的載體，兼具商業與文化的功能，書籍的選擇與販售，一定程度上展現主事者的視野，並承接讀書市場的考驗，蘭記主人黃茂盛，在小規模的組織內，身兼多職，以靈活的傳銷，鋪展出文化的道路，放在二十世紀初期的臺灣，是值得予以肯定的，不只是做爲嘉義在地、泛台南區域（日治隸屬州治），或者拓幅至全臺，而是在日治時期，漢文性/日文性，臺灣性/殖民性的複數爭奪中，黃氏搭乘新興傳媒，活化漢籍，不但架構臺灣與中國、日本的關係，更是暢達知識的渠道，從圖書販售，到知識代理人，從這箇角度，較能掌握在時代脈動中，黃氏所具有的關鍵位置。

再者，二代主人振文、三代的黃陳瑞珠，讓蘭記橫亙甲子有餘，頗有守成之功，後者，面臨的是書局、出版社整合局面，隨著國府來台的出版社，根基深厚、掌握，黃陳女史苦心孤詣維繫一脈，同時編纂臺語手冊、從事母語教學，難能可貴的是，在幾年來的往覆口訪中，黃陳女史謙辭己身、推崇前人的風範，再再讓人低回不已；「蘭記」，雖然於本年正式卸下招牌，嘉義店住業已轉手，然而，先人遺輝，援筆翰誌，莫

敢或忘。

＊本文的完成，積累於前行者的研究外，尤要感謝台灣文學發展基金會、文訊雜誌
　社，及其內部同人，提供協助，謹此致意。

駁雜與異端
初窺「蘭記」時代的兩性之書

◎李志銘

作家、城鄉規畫師

　　從小到大，每個人的回憶裡總隱藏著某些來不及時間追趕的事物。生而有涯的侷限、未能躬逢其盛的遺憾，屢屢需要另尋出口，以至於，人們試圖跨越時空的異常幻想總是從未停滯。於此，與舊書結緣的人兒無疑是幸運地。一本經歷了多年的光陰淬練而輾轉流浪至眼前的舊書，而得以使人重新咀嚼這些冊葉芳華。這，幾乎等同提供了一次讓思緒跨越時空的機會。

　　此番嘉義「蘭記書局」的藏書出土，無疑勾起了些許歷史幻夢。而在對外公開展覽前，「蘭記」即已透過媒體報導而備受學界書友矚目。然而，最讓人感到唏噓惋惜的，根據黃家後代所說，這最後一批存書，至今得以保留倖存者，尚不足原有全數的五分之一。

　　不過，歷劫後的「蘭記」雖非完璧，倒也並非讓人無計可施。其中，特別是有關漢文教材方面，長期關注中台灣文脈的蘇全正兄早已耕耘有成，首先以〈日治時代台灣漢文讀本的出版與流通〉一文布下了窺探「蘭記」堂奧的經緯藍圖。至於其他來自各地文學界的前輩學者，亦得各展所長，透過此番契機，於學術瀚海之間旁敲「蘭記」的久遠故實。

　　我生也晚，卻也意外跟著走入此殘簡亂堆當中，想欲重建這段幾乎被遺忘的書人歷史，實非易事。所幸，在舊書的寬廣天地裡，對於純粹的愛書人而言，只有所謂「不想寫」的念頭，而絕未有過「不能寫」的

領域題材。

正逢面對著「如何破題」而舉棋不定之際，我那性好揶揄的潛意識竟一時起心動念，注意到摻雜在這當中名不見經傳的不少駁雜「歪書」：諸如《神女生涯》、《銀幕秘史》、《戲法祕傳》、《古今巧事大觀》、《洗冤錄集證大全》、《三姑六婆罪惡史》、《姨太太外傳》、《上海神秘寫真》……。光看書名，即可明顯感受它那彷彿與俗世道德「唱反調」的味兒。

因而，我啞然驚覺，與其一本正經地從事考古蒐證，不妨換個角度疾走偏鋒，或許亦能推敲出「蘭記」難登大雅之堂的俗文化另一面（尤其是當時的這些性別話題）。於是，這篇文章敘事就這麼定調了。

蘭記的駁雜與異端，窺探日治台灣思想禁臠

書的分類，一言以蔽之，從來都不只是圖書學專家所宣稱的「客觀知識」。各種分類的選項及別名，其實清楚呈現了分類者不自覺的主觀價值判斷。上述這些書籍內容的「駁雜」與所謂「異端」、「不正經」，反而替我們製造出另類的觀點與距離。

端看許多日本舊書店年鑑，提及舊書版本，除了一般愛書人熟知的初版本、限定版、簽名版之外，往往還歸納出一項名曰「雜書」的版本類別。其中，又以涉及性別話題的香豔之書為多。另參照我手邊前年由上海書店編輯發行的《日本禁書百影》，其中以猥褻、妨礙風化為由而查禁的書，整體來說竟高達三成之譜。

此處的「雜」，字面看來，意指依據分類規則而難以「名正言順」遂行歸類的書。熟逛舊書攤的老書客大多深知，逛書應往「雜」處中尋覓，才可能較有機會遇見「沙中瀝金」的美事。在這一片混雜書海當中，反而隱然形成了不同於俗世觀點的秩序。

在書物流通面，「雜書」所挾帶的另一副作用，在於有助偷渡政治

禁令的魚目混珠。據黃春成〈日據時期之中文書局〉一文描述，彼時日治台灣的圖書檢查，主要針對涉及政治思想以及性道德之書。內容凡是議論時政或有傷風化，以及其他各種不利於台灣總督府的論著，一概列為禁書。其中，又以查緝政治思想書籍居多。然而，對於縱揚男女情事與紀豔詩文的檢查卻似乎較為寬鬆且標準不一。

此外，當時台灣管理中國進口圖書雖嚴，但從中國寄回日本的書卻全不檢查，而日本寄台灣的郵件與貨物，因屬同一國土，故也無須檢查。由種種跡象觀之，或許，乃是解開當時此類的庸俗豔情書籍之所以成為「蘭記」進口漢文教材之外另一大宗的楔子。

上海，腥羶異聞冊頁的輸出地

日治期間，被殖民的台灣人處在政治高壓的氣氛下。性，往往成了宣洩苦悶情緒的最直接出口。對於傳統中國原鄉想像仍割捨不斷的台籍漢族人士來說，這個宣洩來源往往不是殖民地台北，也不是內地東京，而是來自彼岸第三地的上海城。

早先，在清末民初時期，上海娼妓界即已盛極一時。彼時文人習於結伴上酒館青樓，交遊不羈、喝酒狎妓蔚為風尚。因此，對於上海租界社會底層人們的生活情調，在諸多文章著述當中均可顯見不少生動描述。尤其涉及有關妓女歌場戲子的生活描寫，不僅歷歷如景，亦頗多珍聞，實可作為研究海派戲曲史、娼妓史的考鏡源流。

書籍的傳布遞嬗，經常如實反映出某種時代風尚。代銷上海諸多書籍的「蘭記」，自是免不了上海豔情文風的影響。端看羅列的進口書目，諸如《上海神祕寫真》（曼麗書局）、《銀幕秘史》（中國電影通訊社）、《三姑六婆罪惡史》（蝴蝶書店），《老上海見聞》（國光書店），《姨太太外傳》（蝴蝶書店）⋯⋯這些書，甚至連發行單位名稱都挾帶著些許摩登潮流般的如夢似幻，如「曼麗」書局、「蝴蝶」書店。

　　與橫行於當前台灣書市的「狗仔」書、八卦雜誌相較，昔日上海這類專揭人陰私（尤其是女明星之間的桃色新聞）以供大眾酒餘飯後的閒話消遣爲初衷的舊聞出版物，雖然圖面照片的編排花稍尚不逮今日，但光論文字的腥羶勁爆程度卻猶有過之。並且，由於是以「老上海」爲主題，內容往往記錄了不少清末民初的史事舊聞以及 30 年代市井生活景況，甚至還囊括了各種政治案件、名人逸事乃至於時事報導等，可說具有相當程度的文獻價值。

　　此般流風所及，戰後（1945 年以後）的台灣本地書市業者很快便懂得「依樣畫葫蘆」，將 19 世紀末的上海豔情傳奇値入了 20 世紀的台灣都市背景，包括新生南路上的三輪車、馬場町、朝風咖啡廳、北投美華閣、高雄北上的夜班火車、台北圓環的浴池等地，皆爲人物敘述的主要背景場所。而劇情內容則不外乎：未婚男女「藍田種玉」爲愛私奔、已婚夫婦幽會偷情、留日老醫師祕密從事墮胎、遇害幽魂藉夢托孤、老夫少妻的生活齟齬和出軌等。

　　表面上，這些仿上海自製的「台版豔書」大多雖以鋪陳時髦男女之間的荒唐事蹟爲能事，實則仍是鞏固宣揚「家醜不可外揚」的傳統倫理。比如《寶島奇談》（東方文化供應社）一書，更可得見當時從上海來台的女人總是讓台灣男人充滿了情慾想像。甚至於在陳述父女母子亂倫等禁忌的性別話題之際，有心的編者竟不忘要兼顧「政治正確」。

從傳統中國取材，改頭換面的怡情之書

　　日治末期以至戰後初期的台灣，除了近代上海腥羶豔書的直接影響外，淵遠流長的中國傳統文化，此時亦轉化成另一種編輯形態，巧妙地偷渡春宮情事。好比說，藉由傳統唱詞等藝文途徑來盡訴男女之情，如《民間情歌畫集》（上海中央書店）即是。此書的插畫作者，乃早年知名的中國民間藝術與漫畫裝飾工藝美術家張光宇（1900-1965）。過去在

三十年到四十年代期間，張光宇創作了大量的裝飾繪畫。其中，尤以在《上海漫畫》、《時代漫畫》和《時代畫報》等刊物連載的「民間情歌」專欄插圖爲其代表作。後來，這些毫無矯飾的隨筆作品於 1936 年結集爲《民間情歌畫集》出版發行。

在自序中，張光宇吐露：「實在因爲歌中所寫男女的私情太真切了，太美麗了。我相信世界惟有真切的情，惟有美麗的景，生命的一線得維繫下去。虛假的鐵鏈常束住你的心頭，獸性的目光往往從道學眼鏡的邊上透過來」。至於本文所述「私情真切」的創作尺度究竟如何，端看這幾首詩歌詞句節錄：

> 與郎相會非容易，今朝遇著莫心慌，我把嘴兒親著你，妳把讒唾餵我嘗。
> 家蔥沒有野蔥香，家郎沒有野郎強，家郎說話像棒打，野郎說話像蜂糖。
> 姐妮生得搖來搖，好像風吹楊柳條，別人纏道奴是胎裡病，勿得知奴是十三歲偷郎閃到腰。
> 姐妮走路牽勒牽，月經布落廟門前，撥夜叉小鬼拾得去煎湯吃，閻羅王嘗嘗果然鮮。

其中，有具體展現親密動作的陳述，亦有公開歌詠已婚男女外遇的偷情劈腿，甚至有開葷腔、搞戀物癖之徒竟扯到陰界魂靈與閻羅王身上去了，不可不謂「色膽包天」。以 60、70 年前的時代風氣而言，這些文字本身的氣味已是相當的薰香熱辣了，幾乎直逼人臉紅心跳。至於張光宇搭配的畫筆插圖，不僅勾勒傳神，且騷而不淫，點到即止，真是絕妙之作。

另外，清初劇作家李漁的《閒情偶寄》亦爲當時「蘭記」自上海引

進的偷龍轉鳳之書，經刪改節錄部分內容而成《李笠翁閨房祕術》、《李笠翁行樂祕術》（上海中西書局）等分冊。乍聽之下，後兩者的書名豔氣十足，與原作《閒情偶寄》端地一派彰顯文人墨趣的稱謂相較，實是大相逕庭。

當年林語堂、周作人原把《閒情偶寄》視為中國人生活藝術的袖珍指南。然而，時空背景一到了 30 年代的上海，這樣一本情趣盎然的生活之書，竟被懂得運用廣告口號行銷的書店編輯看出它媚惑人們情慾的閱讀潛質，故而將之改頭換面，另取了一具有享樂主義意味的名稱。而且，還不忘加上個引人遐思的「祕」字。論及內容，該書除了道盡豔樂享慾之能以外，倒也不乏穿插世間冷暖的人情諷喻，比如書中提及的「無錢行樂之法」：

> 窮人行樂之方，無他秘巧，亦止有退一步法。我以為貧，更有貧於我者。我以為賤，更有賤於我者。我以妻子為累，尚有鰥寡孤獨之民，求為妻子之累而不能者。我以胼胝為勞，尚有身系獄廷，荒蕪田地，求安耕鑿之生而不可得者。以此居心，則苦海盡成樂地。

這論調，不就是前些日子在台灣書市暢銷的《窮得有品味》（2006，商周出版））所鼓吹「口袋裡雖然沒有幾個大錢，但仍然可以過上有品味的生活」、「沒錢也能搞格調，再窮也要扮高雅」的新貧說法嗎？今昔對照下，豈不也有異曲同工之妙。

此情可待成追憶，回首撫看「情書大全」

爾後，隨著時代社會的演變推移，某些文類正在不知不覺迅速地隱沒消失，比如：「情書」。

在近代電影小說創作當中，情人書信的魚雁往返，那般吊人心脾的等待、焦慮、期待與喜悅，總成為創作者愛不釋手的敘事主題。有時，文人寫就的優美情書本身甚至直接被當成某種特定類型的浪漫文學作品，如徐志摩寫予陸小曼的《愛眉小札》、沙特寫予西蒙波娃的《寄語海狸》。約莫在戰後 60、70 年代左右，這段期間，台灣各坊間書店亦頗為時興販售「情書大全」。而就「蘭記」現存的藏書內容來看，有關「情書」寫作尺牘的文類可謂樣態繁多，包括了：

> 首先最常見的《女子書信》、《男女白話書信》、《男女交際新尺牘》、《女子交際尺牘》等，多半使用一般口白語文體，內容往往較為瑣碎而實際，純粹是以工具書來定位。而《風流情書合集》（上海中央書店），主要講究傳統文人吟詩作詞的情致古韻，文字形式包括了唐詩宋詞五言七言，並依人物關係與內容情節畫分：室家、金蘭、青樓、幽蘭等部。雖名為「情書」，實際卻是言情之詩。

其次，《戀愛情書──裘麗書信》（上海大通圖書社）採取「現代小說手法」的意境模擬，內容以四對青年男女為敘事主角，囊括了偶遇、追求、相思、送別、臥病、驚夢、釋疑、求婚、妒恨、懺悔、心冷等各式各樣可能想得到的考驗情節。令人不禁莞爾的是，部分段落屢屢在情話綿綿之際，總會穿插幾段甚不自然的「反攻大陸」、「復興祖國」等政治標語，刻畫出當年國府法西斯的歷史塵跡。

另外，《愛的書信》（上海文友書局）猶如《未央歌》主人翁的純情傾訴，經常出現高度浪漫化的詞句：「不要讓明月透進碧紗，窗前的花任它開或落也無心管它，不是不愛光，也不是不愛花，只為的是她已不愛我了。」或是不知何人所作的現代詩。至於《情典》（上海大通圖書

社），則是屬於搜羅獵奇式的性知識撰述。

　　起自 90 年代網路郵件以及手機媒介盛行以來，青年人使用情書的頻率習慣驟減。到了世紀末，手機簡訊乃至所謂 MSN 工具愈加普及。瑣碎、頻繁、短小的指尖囈語，更是徹底打斷了「文字」與「言談」之間的界線。如今，從傳統書信裡追尋，那份道不盡欲語含羞、輾轉悱惻的筆端傳情，似乎已快要成了一門瀕臨絕滅的老技藝。看樣子，今人欲得詞句奔放、娓娓傾訴的長篇情書，只得往舊書堆中尋了。

輯四◎
餘音猶在

耆老共話當年

訪老嘉義人，談對蘭記書局的印象

◎柯榮三

雲林科技大學漢學所副教授

　　「日本時代，在嘉義市的『大通』，嘉義市規模第一大的街道上——即今中山路，居民多爲日本人。『二通』爲今中正路，居民多爲台灣人——在『大通』上最出名由台灣人開設的書店，就是『蘭記』！」這是嘉義世家前輩賴彰能先生（1925～）對蘭記的評語。

　　據陳澄波先生（1895～1947）的哲嗣陳重光（1926～）先生表示，自己從小時候有印象起，就經常出入蘭記書局；當我到「嘉義市二二八紀念文教基金會」訪問陳重光先生之時，陳先生特邀夫人陳賴金蓮（1925～）女士共同在座，陳夫人雙親與黃茂盛夫婦熟稔，回想當年的蘭記書局，陳夫人依稀記得店內十分縱深，後面更有中庭花園，黃茂盛先生與其夫人皆身形瘦高，爲人十分客氣，陳夫人幼年時經常跟著父母到書局去，大人們擺桌坐椅，喝茶聊天，小孩子則在書局裡吃糖果、餅乾。

受訪者：賴彰能

採訪者：潘是輝、柯榮三

訪問時間：2006 年 10 月 31 日 15:00～17:00

訪問地點：嘉義市芳安路賴寓

　　造訪賴彰能先生的那天下午，嘉義市飄著細雨，潘是輝先生和我一

起在賴先生家的客廳中，聽老人家精神矍鑠地向我們述說記憶中的蘭記書局。在他印象中蘭記書局的位置，位於今日嘉義市中山路台灣銀行斜對面；言談中我發現，賴先生雖多年幽居小巷，但對嘉義市最新的發展與變化情形，完全了然於心。賴先生以現在中山路上的建築物為座標說：「蘭記就在台銀再過去，啊！就是現在號稱嘉義市地價最貴的『地王』那間金飾店啦！金飾店的隔壁兩三間，蘭記就是位於嘉義市『大通』的繁華地帶。」當時「大通」的居民大多是日本人，但是為什麼存在一間由台灣人開業的蘭記書局，而且還能販賣漢文書籍呢？賴先生表示，蘭記書局有取得「正式許可」，雖兼販賣漢文書籍，不過由於書籍內容非關政治，並沒有違背日本當局的政令，不過賴先生也提醒：「當然，日文書籍也很多。」

　　在賴先生印象中，蘭記書局的書很多，但店面不是很開闊（寬約五公尺，深約十公尺），實際存書比架上販賣者還多，較舊的書籍堆置後方，書多到無處可放。年輕時偶爾於星期日步行到「大通」（但也不太常在「大通」走動，因為是日本人住宅區），經過蘭記書局時，會看見黃茂盛先生坐在店內。黃先生為人忠厚、老實，從未聽說會與人喝酒、賭博等，外表看來屬高瘦型的身材，記憶中黃夫人也頗高身兆。

　　熱愛閱讀的賴先生謙虛地說，自己未曾在蘭記書局買過書，一者是求學過程中沒有多餘的時間，當時多半是閱讀老師指定的課本或額外的參考書而已。二者是自己從台南州立嘉義中學校（今嘉義高中）畢業後（昭和十八年，1943年），未幾，旋即被調入日本軍隊（非志願兵，是台灣人被徵召的唯一一次）而離開嘉義，根本無暇讀書。三者是蘭記書局所賣的書籍，與自己閱讀的興趣不盡相同，迨至戰後，反而常到台北「鴻儒堂」購買自己所需要的書籍。賴先生言：「我可以說是和蘭記沒什麼緣分吧！反倒是陳重光老師和蘭記較有緣分。」我從老人家的話裡，聽出了一絲歷史與時代造成的無奈。

受訪者：陳重光、陳賴金蓮

採訪者：柯榮三

訪問時間：2006 年 10 月 19 日 14:00～16:00

訪問地點：嘉義市國華街

「二二八紀念文教基金會‧陳澄波文教基金會」

　　陳澄波文教基金會董事長陳重光先生是賴彰能先生讀嘉義中學校時代還晚兩屆畢業的學弟，當我請陳先生回憶起蘭記書局時，陳先生談到，因為自己是受日本教育的關係，所以對蘭記書局曾經出版的漢文書籍較為陌生，求學時期倒是曾到蘭記書局買書，但也多半是日文書籍，主要是必須應付學校課程考試用的參考書（特別是數學）；陳夫人出身於台南州立嘉義高等女學校（今嘉義女中），問起老太太對蘭記書局的書最有印象為何者，她笑眯眯地告訴我，「常在書局裡翻閱日文的漫畫，有成套的啊！還有專門寫給兒童閱讀的雜誌。」在陳夫人眼神中，我彷彿看到少女童年的夢幻身影。

　　陳重光先生似乎確實和蘭記書局多點緣分，因為蘭記書局第二代負責人黃振文先生，恰好是陳先生就讀嘉義中學校時同屆畢業的同學，我請陳先生說說對老友黃振文的印象，可惜的是，當年兩人並沒有經常談論蘭記書局的種種。不過，他最記得的是，當時放學後有一個鐘頭的「課後活動」（類似現在的社團活動）時間，有網球、柔道、劍道、游泳、田徑等部，陳重光與黃振文共同加入嘉中課後活動的田徑部。印象中黃振文功課不錯，更是個田徑好手，三千公尺的賽跑經常跑第一，這一點讓同為田徑部一員的陳先生自嘆弗如。

　　也許仍是受到歷史與時代因素干擾的關係吧！當他們中學校畢業，正欲再展鴻圖之際，無奈卻剛好遇上戰爭最激烈之時。我問起盟軍大轟炸對蘭記書局的影響，賴彰能先生表示，他個人是在 1945 年 9 月

才從日本軍隊中退伍回到嘉義市,對轟炸當時的實際情形不甚清楚,但聽說嘉義市「大通」確實被轟炸得滿目瘡痍,「那些美國仔真厲害,大概是知道『大通』是日本人街仔,從車頭一直炸到靠近中央噴水池附近,全都燒光光!」賴先生如此告訴我。同樣的問題,陳重光先生的回答更具體,「整條中山路都被炸光光了啊!我家舊厝蓋得比較高一點,當時從舊厝可以直接看到車頭,中間什麼都沒有,我家舊厝在國華街與蘭井街交叉口吶!」我隨陳先生起身,走向「嘉義市二二八紀念文教基金會」館內一張嘉義市街全圖,陳先生指著地圖說:「你看,從這裡到這裡,都被炸掉了。」

受訪者:黃哲永

採訪者:吳東晟、黃文車、柯榮三

訪問時間:2006 年 10 月 15 日 14:00～17:00

訪問地點:嘉義縣六腳鄉台糖蒜頭糖廠

　　蘭記書局創辦人黃茂盛先生辛苦蒐集的珍本藏書,亦有部分慘遭無情的戰火兵燹。戰後,蘭記書局迅速重建,以新進圖書與舊有存書同時並賣,戰前倖存的善本古書,除有一部分保留在蘭記書局經營者手中以外,其餘者可能要數出身嘉義縣蒜頭鄉的文史專家黃哲永先生(1953～)購藏最多。「黃哲永」三字,堪稱嘉義地區文史學界的金字招牌,透過吳東晟先生介紹,連同黃文車先生和我,我們三人擇日聯袂拜訪黃先生,意欲一探「少年輩的嘉義耆老」對於蘭記書局印象為何?

　　身為書癡,黃哲永先生談起自己與蘭記書局接觸的經驗,讓我聽來既有歡喜又有遺憾。歡喜者,蘭記書局是他從 1965 年 9 月到嘉義市就讀初中(足 12 歲)開始,吸收課外知識的最佳場所。每逢下課,若不趕忙搭下午四點四十五分的朴子線小火車回蒜頭鄉,黃哲永便如魚得水一般,盡情在嘉義市的幾間書店裡免費讀書,當時嘉義市中央噴水池附

近尚有明山書局、文化書局，與蘭記書局形成了一個書局圈，和蒜頭鄉只有「文具行」裡一、兩櫃書可以閱讀的狀況比起來，黃哲永說：「離開蒜頭鄉到嘉義市，才發現竟然有蘭記書局這麼大的書局，裡面有這麼多書……在蘭記書局讀書是一大享受，可以得到相當大的滿足感與閱讀的樂趣！」

這個情形一直持續到 1966 年左右；遺憾者，是他沒能趕上蘭記書局發展史上的黃金時期，只能從舊書店去追尋蘭記書局早期的出版品。黃哲永表示，自己有意識地想要大量蒐購蘭記書局的出版品，大約是在 1969 至 1970 年間，當時他已是東石高中高農科的學生，閱讀欲更加旺盛，文采也比一般高中生更具水準。

然而由於經濟因素，想買書只好到舊書攤尋寶。他經常在星期日早上，從蒜頭鄉出發，連踩 20 公里的腳踏車，一路騎到嘉義市民族路上，優游於附近的三間舊書店中。憑著一股對文學的熱情，因緣際會，拜入雲林、嘉義地區的名詩人黃傳心先生（1895～1979）門下。黃哲永自忖，若要成為有如黃傳心一般漢學素養深厚的詩人，一定要接受和傳統文人相同的文學訓練。當黃哲永穿梭在民族路上的三間舊書店時，在故紙堆中發現，原來，早在日本昭和時代，蘭記書局就有《漢文讀本》等出版品問世。黃哲永說，當時私塾的漢學先生也會向蘭記書局訂購中國出版的「漢詩文」教材。

談到此，黃哲永妙語如珠地為我們敘述家藏的蘭記書局出版珍品，包括台中張淑子《台灣三字經》（1929）·台南陳江山《精神錄》（1929）、嘉義林珠浦《仄韻聲律啟蒙》（1930）、新竹黃錫祉《千家姓註解》（1936）等等，都是蘭記書局所出版的台灣人漢文著作。

為什麼黃哲永能收藏這麼多蘭記書局的出版品呢？背後還有一段傳奇般的故事。黃哲永尊翁過世時，身為人子的他，為父親「燒」了很多古籍善本，也剛好在此時，民族路的某間舊書店因為庫存量日積月

累，汗牛充棟，意欲搬遷到國華街，然而書籍凌亂不堪，乏人整理，黃哲永由於經常出入這間舊書店，趁有喪假未滿，便自告奮勇願意義務協助舊書店老闆整理舊書（包括所有塵封多年的線裝書，全數開箱），藉此機會也得窺舊書店裡所有的好書。搬遷事畢，黃哲永亦挑出了自己所愛古籍，基於互助情誼，舊書店老闆遂以低於行情價格，廉售與黃哲永一批好書。

　　無獨有偶，黃哲永強調：「那時一定是我父親默默地顯靈！」在整理搬遷、議價買書，忙了一整天之後，舊書店外來了一個專收廢紙鋁罐的古貨商，用「鐵牛」（拼裝車）載著好幾個麻布袋的舊書要賣給舊書店，但由於品相破爛，舊書店老闆眼見無法修補，當下拒收。古貨商前腳一出門，黃哲永後腳便追上前，毫不考慮地將整車舊書全數攬下。古貨商復帶著黃哲永到囤書的房子，面對整間房子的破爛舊書，黃哲永以不高也不低的價格收購入手，雇了一輛貨車全部載回家。到家打開一看，才知道裡頭原來竟全是蘭記書局經銷的庫存書，「光是彰化崇文社《鳴鼓集》初續集合編就有幾十本！我都拿來相送朋友……但是，後來就捨不得送了啦！台北百誠堂林漢章開業時，我也提供了兩大箱給他咧！」聽黃哲永這麼說著，不禁讓人心嚮往之。

　　然而，在黃哲永接觸蘭記書局的時間點（1960 年代）前後，蘭記書局已經漸漸轉型成經銷圖書為主的書店，較少著力於日治時期曾經有過的出版事業。我問起黃哲永對自己在蘭記書局買的第一本書有何印象，他說，自己在蘭記書局沒買過什麼書，反倒是在舊書店買到蘭記書局出版品的印象最深刻。那麼，蘭記書局的哪些出版品帶給黃哲永的印象最深呢？他說：「可能是《人道集》或者《精神錄》。《人道集》一套有好幾十本，是教人為善的書；《精神錄》那時候也非常多，也是一本善書；啊！尤其是那時買到鹿港陳懷澄編的《嫗解集》特別歡喜！都是七言絕句，取『老嫗能解』的意思，要推廣傳統漢文，想不到台灣竟然有人可

以編出這樣的書……不過，我後來比較常逛民族路的舊書店，蘭記書局出版的書，我都是在舊書店買到的，去蘭記書局買書這件事，可以說和我『絕緣』啦！」

在這次探訪幾位嘉義前輩中，還有一位是嘉義市麗澤吟社社長，高齡 90 而老當益壯的詩人蔡義方先生（1917～），因原籍布袋，後居朴子，1945 年後始定居嘉義市，年輕時和蘭記書局的接觸比較少，因此對於蘭記的印象不多。

蘭記書局當真與嘉義文人無緣嗎？十年前離開台北負笈到嘉義的我，透過幾位朋友的陪伴與引薦，何其有幸藉此機緣造訪在地的諸位先生，聆聽幾位嘉義老前輩，敘述著他們對蘭記書局「看似無緣卻有緣」的深刻印象，也算是促成了蘭記書局和我的緣分吧！

受訪者：蔡榮順
採訪者：柯榮三
訪問時間：2007 年 1 月 26 日 14:30～16:00
訪問地點：嘉義市文化局 2 樓會議室

緣分一旦結成之後，就似乎一輩子也斷不了。

在《文訊》第 255 期（2007 年 1 月）刊出後，《文訊》編輯部輾轉與嘉義市金龍文教基金會董事長蔡榮順先生（1950～）取得聯繫。金龍文教基金會長期致力於規畫、推廣嘉義地區的文化與藝術活動。身為董事長的蔡榮順先生不僅鑽研嘉義的交趾陶藝術卓然成家，更親自參與《嘉義寫真》（嘉義市老照片集，2006 年 9 月已出版至第四輯）的徵集與編撰工作。蔡先生在讀過「記憶裡的幽香——嘉義蘭記書局史料研究（上）」後，因著自己對嘉義文史資料的嫻熟度，立刻為《文訊》編輯室在處理蘭記書局史料時，提供不少資訊。於是，我在 1 月底有了造訪蔡榮順先生的機緣。

　　蔡先生表示，談起蘭記書局，嘉義市稍有年紀的人都知道，這是當地首屈一指的書局。由於他自己經常穿梭於嘉義市街頭巷尾，也才有緣和幾位耆老談過關於蘭記書局與黃茂盛先生的軼事。例如，以今日的觀點視之，日治時期黃茂盛對蘭記書局的經營策略與行銷手法相當先進，何以如此？「這可能和黃茂盛年輕時，經由服務於銀行界的舅舅楊象淹介紹，進入『嘉義信用組合』（據蔡先生提供的資料，此機構爲後來『嘉義第二信用合作社』前身，並非『嘉義市農會』）工作很有關係。『嘉義信用組合』是當時純粹由日本商人、地主投資的金融機構，可以說是當時最先進的企業形態，黃茂盛也因此吸收了當時日本人帶來最先進的財政、金融概念。」

　　蔡先生接著說：「包括黃茂盛懂得爲蘭記書局買保險，所以也減低日後遭遇火災的損失……我和幾位耆老討論的結果，我們認爲，這段『職場經驗』對他後來經營蘭記書局的『企業理念』有很大的影響。」再者，我們知道蘭記書局之名起源於黃茂盛喜愛蘭花。對此，黃茂盛的第五公子黃德興先生告訴蔡先生，當年父親喜愛蘭花，曾經有三處蘭園分別位於：興中街（即蘭記書局後期的店址）、嘉義女中附近、中山路。但黃茂盛何以愛蘭？蔡先生以他身爲嘉義人對嘉義事獨特的敏銳度指出，這應該是受到黃茂盛姨丈林玉書先生的影響。林玉書在明治 33 年（1900年）進入台灣總督府醫學校就讀，學成後返鄉服務，是嘉義市有名的醫生。雖然林玉書身爲西醫，但卻雅愛書、畫、詩、琴等文學藝術，更是羅山、鷗社、麗澤、嘉社等吟社的前輩主持與顧問，可謂兼有名醫、儒者與藝術家三種身分。蔡先生特就記憶所及，帶來《嘉義市文獻》第 1期（1986 年）第 110 頁上對林玉書先生的介紹對我說：「你看，『林玉書，號臥雲又號香亭，嘉義市人……詩書畫俱佳，善繪松竹，又好藝蘭、圍棋……』黃茂盛不僅在喜歡閱讀漢文書籍方面受到姨丈林玉書的影響，黃茂盛喜歡蘭花，可能也和林玉書的影響有關係。」

　　話鋒一轉，蔡先生接著談到：「黃茂盛年輕時透過舅舅楊象淹介紹，進入『嘉義信用組合』工作，吸收最先進的企業經營理念；喜歡閱讀漢文書籍與欣賞蘭花則受到姨丈林玉書的薰陶，可見他受母親方面親戚的影響不小。」蔡先生的一番話，點醒我重新注意黃茂盛的父親黃衷和先生，在黃茂盛童年時遠赴南洋經商（在 1920 年黃茂盛 19 歲時，黃衷和不幸客死異鄉），故黃茂盛從小便跟隨母親（楊勤女士）與外婆家比鄰而居的生活背景。

　　最讓人感到佩服、驚喜與振奮的是，蔡先生從「記憶裡的幽香——嘉義蘭記書局史料研究（上）」柯喬文〈蘭記書局大事年表〉中所記，黃茂盛曾在 1970 年擔任「公學校同學會」輪值發起人這件事，立刻聯想到一張由嘉義市長春醫院（今公明路長春世家大樓）林淇漳醫師提供的老照片（收入蔡榮順編撰，《嘉義寫真》第四輯，頁 69），照片下題「嘉義公學校第十一屆畢業生第四次同學會留念／於長春醫院後花園／中華民國五十年六月二十七日」，中排左起第 3 人即為黃茂盛先生！目前所知，嘉義市崇文國民小學編纂《崇文一世紀誌》（1999 年 5 月，頁 109）時，係將黃茂盛列為第 12 屆（1914 年）畢業的校友，然而，林醫師提供的照片卻題作「嘉義公學校第十一屆畢業生第四次同學會留念」，兩者之間有一屆之差。

　　姑且不論第 11 屆與第 12 屆究竟孰是孰非吧！這張黃茂盛先生晚年的身影，讓我不禁有緣分一旦結成，就似乎一輩子也斷不了的感覺，曾經存在過的一絲一縷，總有一天會因緣際會地再度牽成一條線。當年，若非黃茂盛童年時由斗六舉家遷居嘉義，恐怕也沒有機會進入嘉義公學校與林淇漳醫師為同學，也無日後同學會上寫真留念的可能；之後，若非蔡榮順先生有心投入整理嘉義文史的工作，又有誰？會在什麼時候？才能見到林淇漳醫師這張「嘉義公學校同學會」的老照片？

　　如今，若非《文訊》雜誌規畫了「記憶裡的幽香——嘉義蘭記書局

史料研究」專題，我想縱使有再多關心嘉義蘭記書局朋友的回憶，也沒
有緣分匯聚在這裡，共話當年的一抹幽香。

蘭記書局憶往

◎黃英哲

日本愛知大學現代中國學部教授

　　60 年代後半到 70 年代初期，我在我們稱爲「山城」的嘉義市度過八年的青澀年少歲月。記憶中，當時嘉義市火車站前的中山路有三家較具規模的書店——專賣教科書與升學用自修書籍的明山書局和中國文化服務社，另一家就是蘭記書局。蘭記書局的格局要比明山書局與中國文化服務社來得小，但是店內卻琳瑯滿目，堆滿各類雜書。由於蘭記書局離嘉義客運總站很近，每天當我放學後要到嘉義客運總站搭車回海邊小鎮前，行過中山路時總會不由自主的進去蘭記書局瀏覽群書，那個空間也彷彿成爲我自己年少時期的知識寶庫，更是我青春記憶中不可或缺的一頁。

　　記憶中，蘭記書局的店面不大，呈狹長型，入門可望見很高的天井，格局雖深但不長，空氣中老是飄著一股濃厚的樟腦味。坐在收銀台後面的老闆，中年左右，頭髮老是梳理得服服貼貼，並抹上一層光鮮髮臘，偶爾老闆不在，會有一位老太太出現在店裡幫忙看店。書店的顧客總是不很多，至於擺在書架上的群書，至今仍讓我印象深刻的有漢文學習書（三字經、百家姓等）、曆書與當時我還看不懂的日文書。那時懵懂的我常常感覺到蘭記書局中有著異於其他書局的特殊氛圍，似乎隱藏著什麼故事。

　　1981 年，當我進入中研院近史所當約聘助理時，我的閱讀興趣不只

限於五四時期的期刊雜誌，同時也對日治時期台灣的期刊產生興趣。當時蘊藏日治時期台灣期刊雜誌的寶庫是光華商場旁的台灣分館，偶爾我也會到台灣分館去翻閱日治時期的期刊雜誌，運氣好的時候，還會遇到劉金狗先生，劉先生戰前即服務於台灣總督府圖書館，戰後台灣總督府圖書館先後改制為台灣省行政長官公署圖書館、台灣省圖書館、台灣省立台北圖書館、國立中央圖書館台灣分館。劉先生始終沒有離開過這個工作崗位，他儼然是這座古老圖書館之日治時期期刊雜誌、報紙、圖書的守護神。我遇見劉先生的時候，他已經從台灣分館退休，但偶爾還會去分館走走，透過大學時代王啟宗老師的介紹，每回遇到劉先生時，我總會央求他作導覽。在我翻閱日治時期的報紙、期刊雜誌過程間，無意中竟發現在《三六九小報》、《臺灣民報》等報紙中，居然出現「嘉義蘭記圖書部」的廣告，更加引起我對蘭記書局的好奇心。

那幾年，中研院近史所呂實強老師先後聘用了許雪姬小姐與林滿紅小姐兩位年輕的台灣史研究新銳人員，有一回和林滿紅小姐談起蘭記書局的事情，她表示以書局為中心來研究日據時期台灣文化史是一個值得發展的研究課題，蘭記書局會是一個很好的研究調查對象。當時我還認真的和林滿紅小姐討論半天，記得她建議的調查方向有：

1. 蘭記書局的成立經過。創設時間與動機？地點可曾遷移、變更？創立人的背景（學歷、經歷），資本與人數的變更（書局開業證書、業務記錄資料）。

2. 蘭記書局的性質，只是承銷或兼印刷？

（1）如兼印製

a. 負責印製的技術工與非技術工各約若干？裝訂工作是否亦行自理？

b. 印刷哪類的書籍？所印刷各書的銷售程度如何？

c. 往來的作者多半是什麼樣的人？書店與作者如何聯繫？彼此間

的契約、書信可有留存？關於書的版權，日本政府有無什麼法律方面的規定？稿酬如何？稿酬能否維持一位獨立作家的生活？

d. 一本書的完成當中，稿費、印刷費、運費、銷售量各約若干？

e. 書局可有其他經濟來源或從事其他經濟投資？

（2）如果只是承銷

a. 承銷書籍直接來自大陸，或台灣其他書局，或是來自日本？

b. 所承銷之書籍是否亦可借閱而索取借閱費？借期及借閱費各若干？

c. 蘭記書局在全台各地是否設有分銷機構？

d. 透過什麼方式廣告？書籍運銷過程所用之交通工具為何？

e. 書價及一般人的購買力如何？是否有保留當時全台書店公會會員手冊、廣告、劃撥等資料？

當時和林滿紅小姐討論後，我還興沖沖的特地利用回鄉時前往蘭記書局，正式「登門造訪」，但是卻吃了冷冰冰的閉門羹。這已是二十多年前的往事了。最近從網路新聞上得知蘭記書局資料出土的消息時，非常興奮，證明了多年前我的直覺並沒有錯。今年（2006 年）暑假趁著返台之便，前往《文訊》雜誌社閱覽蘭記書局的出土資料時，發現藏在我心中二十多年的蘭記書局之謎似乎都能迎刃而解了。

附錄

年表◎圖書目錄◎書評

蘭記書局大事年表

◎柯喬文

時間	蘭記書局發展	蘭記圖書著作出版與代理	東亞出版與文壇記事摘略
1895年 (光緒21年,乙未) (明治28年,日紀2555) (以下紀年以西元為主)			5月,臺灣民主國宣布成立,唐景崧為總統。 6月,清日代表李經芳與樺山資紀(臺灣首位總督)於基隆外海的「西京丸號」上,簽訂交接式。 6月17日,臺灣總督府舉行始政式,定每年此時為始政紀念日。 ＊臺灣社會結構面臨轉換,民眾與傳統文人也面臨認同與選擇。 10月9日,近衛師團佔領嘉義城,民軍、日軍皆死傷多人。 日本的《太陽》雜誌創刊,12開本、200多頁。 新高堂書店的創辦者,熊本人村崎長昶(1870-1950)隨軍來臺。
......			1896年10月,實施「紳章制度」。 1898年,「新高堂」開設,由村崎長昶在台北市榮町一丁目創辦,初期兼賣文具與圖書,後者以教科書、通俗雜誌與書籍為主。 1898年5月,台灣日報社編輯局局員倡

			議設立圖書館，獲該社長守屋善兵衛的贊同與資助。 1898 年 12 月，「台北圖書館發起人會」於民政長官官邸(時爲後藤新平)召開，議決創設圖書館。 1900 年 1 月，臺灣總督府公佈：「臺灣新聞紙條例」(律令第 3 號)。 1900 年 2 月，臺灣總督府公佈：「臺灣出版規則」(府令第 19 號)。 1900 年 3 月，兒玉總督舉行「揚文會」，假台北淡水館召開。 1900 年 5 月，圖書館進行經費與圖書的招募。
1901	6 月 20 日，蘭記創辦人黃茂盛(1901-1978)，出生於台南州斗六街，字松軒；其父衷和、母楊勤，生一女黃燕，長茂盛兩歲。		1 月 27 日，私立台灣文庫開庫典禮，於淡水館(今長沙街一段)舉行，成爲台灣圖書館之濫觴。 4 月 19 日，台灣民政長官後藤新平在廈門訪問林維源。 5 月 27 日，發布「刑事訴訟手續」。 7 月 23 日，清國福建省知縣修補俞戴祐及按察使潘震德來台調查鴉片與樟腦制度。
……			1904 年，日俄戰爭爆發，在臺日人熱購日俄戰爭的相關出版品，帶動書店的興盛。 1905 年，新高堂涉足出版，首先推出伊能嘉矩編的《領臺十年史》、《臺灣巡撫劉銘傳》兩書，多以日人作者、日文著述爲主。

1906	6月，茂盛隨父，遷居嘉義街北門外百二十番地之一。		3月17日，嘉義發生大地震。 4月14日，強烈餘震，死亡千餘人。 6月14日，林爾嘉返台，台北紳士於板橋林邸宴請之。
......			1912年，東洋學會台灣支部建議台灣總督府設置官立圖書館。
1914	畢業於嘉義公學校(今崇文國小)第十一屆，同屆有洪寬敏、林明月等人。		＊第一次世界大戰開始(1914-1918)。 4月，林爾嘉在廈門鼓浪嶼，建菽莊別墅。 總督府公布「台灣總督府圖書館官制」。臺灣總督府，成立官辦圖書館，其中部分藏書，即爲原私人台灣文庫所有。 8月6日，限本繁吉先生以總督府視學官，任臺灣總督府圖書館首任館長，籌備開館。 ＊次年3月5日，「圖書館規則」由臺灣總督府發布。 ＊次年8月9日，圖書館開放閱覽
1916	經舅父楊象淹引薦，進入嘉義信用組合工作；平日受姨丈林玉書影響，嗜讀漢書，晚上因興趣，與友人交換圖書閱讀，日有規模，時在總爺街三一番地，日後，此想法落實爲「漢籍流通會」的成立。		5月16日，太田爲三郎，由圖書館事務囑託，昇任第二任館長。 本年，興文齋，由林占鰲(1900-1979)創於台南本町四丁目(該區尙有廖恩助的恩堂、杜榮陞的浩然堂、曾依仁的崇文堂)，專售漢文書，推廣文化運動、社會主義，如《反普特刊》、《赤道報》等。 《婦女公論》創刊，中央公論社出版。

1917	(案：林景淵做本年蘭記圖書部創辦，辛廣偉《台灣出版史》因之)		《主婦之友》創刊，主婦之友社出版。 12 月，臺灣總督府公佈：「臺灣新聞紙令」(律令第 2 號)。
……			1918 年春，崇文社於彰化創立。 本年 9 月 20 日，清水鰲西詩社與台中櫟社，舉行跨社聯吟，會中芻議「臺灣文社」。 本年 10 年 19 日，台灣文社創立。 本年 12 月，圖書館編印〈臺灣總督府圖書館和漢圖書分類目錄〉。 1919 年 1 月 1 日，《臺灣文藝叢誌》創刊，林少英為編輯發行人。
1920	10 月，黃衷和客逝他鄉。 12 月，黃氏繳交社費六圓，加入台灣文社。		1 月，北洋政府教育部，通令部屬國民學校一、二年級改用語體文，不久又頒佈新式標點符號。 ＊在此之前，商務印書館出版黎錦熙等編的《新體國語教科書》(8 冊)，法令公布後，大型書局如中華、世界等，紛紛編纂教科書與參考讀本。 1 月 11 日，留日臺籍學生在東京創「新民會」，為台灣新文學鋪路。 7 月 16 日，「台灣青年會」設立「台灣青年雜誌社」，創辦日文雜誌《台灣青年》。 8 月 8 日，並河直廣(1921-1927)任第三任館長。 11 月 5 日，《臺灣通史》上冊，臺灣通史社(大稻埕)出版，連橫作者兼發行。 10 月，圖書館編印〈臺灣總督府圖書館所藏洋書目錄〉。 12 月 27 日，《臺灣通史》中冊發行。(次

			年，4 月 28 日，下冊發行) 《婦女俱樂部》創刊，講談社出版。
1922	娶妻吳金(九山運送店吳海盛之女)。 蘭記設立圖書部，即「蘭記圖書部」(今蘭記書局)於嘉義市榮町四丁目西市場旁，白天黃氏仍於組合工作(大正末年始辭職)，由妻顧店，晚上接手；嗣後，成立函購部，提供訂書。 ＊本年，鴻文活版舍由黃振耀創立，舍址於台南市末廣町二丁目一五四番地(今台南市永福路 54 巷內)，專營活版印刷業務，與蘭記關係密切，戰後改名「鴻辰」，今仍存。		1 月 1 日，「法三號」生效，同時「三一法」廢除。 1 月 20 日，陳端明發表〈日用文鼓吹論〉於《臺灣青年》，掀起臺灣白話文運動的序幕。 9 月，實施第一回巡迴書庫。 本年： 中島紅浪編《南瀛》。 黃清淵《茅港尾志》。 鈴村串宇輯《臺灣全志》。 蔣渭水(1891-1931)申請，成立文化義塾被駁回。 施士洁病逝於鼓浪嶼。 太田爲三郎任日本圖書館協會得總會會長。

1923		蘭記經售《風雷集》(線裝)等漢文書籍。	1月8日,臺灣總督府公佈實施「治安警察法」 1月30日,蔣渭水一派等人組「臺灣議會期成同盟」。 8月19日,黃百寧出生,係爲臺人資本的鴻文第二代,於光復後接手營運。 9月1日,關東大地震爆發,人民死傷數十萬計,連帶影響集中在東京的出版界。 10月23日,本年起舉辦圖書館講習會,提高圖書館從業人員的素質。 ＊「臺灣書籍商組合」提出須通關的書籍,售價應提高爲「定價加一成」。
1924	4月3日,漢籍流通會,正式成立於台南州嘉義街字西門外一五九番地蘭記號內,主旨在「促進社會文明。陶養個人精神。俾節有用之金錢與時間。而務有益之消遣」,據其所稱,成立未幾,便「達四百餘名」,「特辦經史子集等諸有益書籍累數萬部」。 ＊蘭記圖書部,除「善書流通處」、「小說流	發行《羅狀元詞(羅狀元修道真言)》,係爲線裝形式出版。	1月1日,《臺灣民報》因編輯被捕而停刊。 1月20日,陳滿盈參加上海臺灣人大會,被選爲執行委員。 2月,連橫校訂,泉南夏琳著《閩海紀要》 2月8日,許地山於北京組織「新臺灣安社」。 2月9日,臺北「星社」同仁,創《臺灣詩報》雜誌。 6月5日,日本報社要求美國,廢除5月頒布的〈排日移民法〉(Japanase Exclusion Act)。

	通會」外，日後並成立「園藝部」等組織。		
1925	8 月，《臺灣詩薈》20 號出版，蘭記登載廣告：「消夏之法，讀書最佳，若欲讀書請入本會，諸君全年僅出會費參圓六角(半年三個月壹圓貳角)，可得瀏覽書籍雜誌數百種」	4 月，蘭記圖書部漢籍流通會，發行「圖書目錄」。 8 月，蘭記圖書部漢籍流通會，發行「圖書目錄」，並提供函購服務，數量約 2,778 種。 本年，蘭記批發《臺灣革命史》等書。	1 月 1 日，張我軍〈請合力拆下這座敗草叢中的破舊殿堂〉，發表於《臺灣民報》，造成迴響。 3 月 11 日，《人人雜誌》出版，係由楊雲萍、江夢卿創辦。 5 月 12 日，魯迅出席女師大學生自治會，所召開的師生會議，支持學生運動，時魯迅爲教育部僉事兼女師大講師、許廣平爲自治會總幹事。 5 月 30 日，中國發生五卅慘案。 6 月 29 日，港九舉行大罷工。 7 月 1 日，中國國民黨國民政府成立於廣州，汪精衛爲爲常務委員會主席兼軍事委員會主席。 8 月 22 日，魯迅等組織「未名社」，以翻譯外國文學著作爲宗旨。 本年，日本公佈治安維持法。 本年，池田敏雄與家人來臺，入臺北旭小學二年級。
1926	本年，蘭記嘗試將書稿，在源祥印刷所製版印刷。 本年，蘭記嘗試將書稿，送往上海正中書局、千頃書局等製版印刷。		1 月，楊逵、蘇新、許乃昌、商滿生等人在東京，成立「臺灣新文化學會，研究社會主義。 3 月 10 日，神田正雄、清瀨一郎向眾院提「關於朝鮮及臺灣的施政調查機關設置案」。 5 月 9 日，日本文部省發佈，嚴禁學生研究社會科學的命令，此禁令包含個人研究。 6 月 30 日，文化協會成立「中央俱樂部」，

				開辦圖書代售,理事蔣渭水同月成立「文化書局」(台北市太平町,1934 年,成為義美首家店鋪迄今,今台北市延平北路 2 段 31 號),都是著眼於「透過圖書、報紙、雜誌的啓蒙運動為目的」。 8 月 1 日,「亞細亞民族大會」在長崎召開。 12 月 19 日,廣東臺灣革命青年團成立,有謝文達、張月澄、郭德金等臺籍青年參與。 12 月 23 日,臺灣無產青年會於臺北成立。
1927		自上海輸入新式教材《國語教科書》(商務印書館),牴觸殖民政策,自上海輸入時,遭到海關沒收。 黃振文出生,日後接掌蘭記。	12 月 15 日,《(百期彙刊)崇文社文集》(八卷八冊),由中西書局印刷。	1 月,臺灣文化協會,因左右路線而分裂。 1 月 3 日,中央書局開幕於台中市寶町上(戰後仍營業,八〇年代,位址於中正路 125 號)。 3 月 28 日,「臺灣新文化學會」在「臺灣青年會」內部設置「社會科學研究部」。 8 月,《臺灣民報》改在臺發行,增加篇幅。 11 月 13 日,「社會科學研究部」佔領「臺灣青年會」,由左傾幹部主導。 7 月 9 日,若槻道隆為總督府視學官,兼代圖書館職務。 8 月 31 日,總督府任命山中樵為圖書館第五任館長,任職最久,直到日本結束殖民。 秋,雅堂書局開幕,由連橫、黃潘萬各出二千圓資本,引進來源為掃葉山房、商務、中華、世界與泰東等書局,設址臺北市太平町三丁目二二七番地(今延平北路三段一帶)。(據張維賢、黃春成回憶,而「雅堂先生年表」,作 1928 年)。 本年,岩波文庫創立。

| 1928 | 蘭記發行《(初學必需)初級漢文讀本》，獲得銷售上的成功，奠定往後綿延七十餘年的根基。

以《青年鏡》(線裝)，分贈各界，內頁有「嘉義蘭記圖書部廣告」說明與書單全版。

＊蘭記擴張之初，得麟洛馮安德、台南陳江山贊助金錢，並成為終身朋友，往來通信不輟。

＊蘭記因中國印刷費用較低，嘗試將書稿，送往上海正中書局、千頃書局等製版印刷。 | 2月25日，《(百期彙刊)崇文社文集》由蘭記經售。

7月，邱景樹《國語讀本(註音字母)》出版，黃茂盛任發行人、印刷者黃振耀。

9月，《(初學必需)初級漢文讀本》(8冊)印刷出版。

11月30日，《鳴鼓集》由中西書局印刷、發行所：崇文社。

12月20日，陳江山《精神錄》由中西書局印刷，初版印量五千部。

本年，壺麓主人編·《增補十五彙音》(石印本)，上海：大一統書局印刷、蘭記發行。 | 3月15日，共產黨大檢舉，即三一五事件。

3月17日，台北帝國大學設立。

4月15日，臺灣共產黨於上海租界成立，隸屬日共的臺灣民族支部。

5月，南社詩人楊宜綠因參與「臺南廢墓地事件」，遭日警拘捕入獄，在獄中寫有〈獄中得兒書有作〉等詩作。 |

1929	陳江山《精神錄》出版,該書係在上海印刷,	1月15日,《精神錄》發行,由蘭記贈閱。 1月20日,《鳴鼓集(三集)》由蘭記經售。	2月12日,總督府以「違反〈臺灣出版規則〉第17條」,檢舉台灣農民組合。 4月16日,第二次共產黨大檢舉,史稱四一六事件。 10月9日,日本圖書館協會在臺灣總督府會議室,召開「全島圖書館協議會」。
1930	編纂出版《高級漢文讀本》,前後共計八冊,同樣受到歡迎,版印不止。(1945年時,已十版) ＊「本書取材於中華高級國文教科書,如中外歷史地理、名人傳記,及各種科學,搜羅豐富,讀之可廣見聞」(《三六九小報》16號) 10月26日,蘭記在《三六九小報》第十六號,開始刊登「新書摘要」,除經售外,漢文讀本系列與《蓮心桂影集》等,列入列冊中,廣告版面擴大。 11月,四川李雪峰去函,索取	3月,《(中學程度)高級漢文讀本》(1-6冊)印刷出版。 4月,《(中學程度)高級漢文讀本》(7-8冊)印刷出版。 7月,綠珊盦主人編:《蓮心集》(《蓮心桂影集》),由中西書局印刷、蘭記經售。 7月30日印刷、8月20日發行,林珠浦,《新撰仄韻聲律啓蒙》(大一統書局印刷、蘭記經售)。 9月,黃臥松編《過彰化聖廟詩集》印刷出版。	3月29日,《臺灣民報》自306號起,改稱《臺灣新民報》。 8月2日,《臺灣新民報》自324號起,開闢「曙光」的新詩專欄。 8月17日,臺灣自治聯盟成立。 9月9日,《三六九小報》創刊於台南,第三號起,蘭記圖書部開始在該報,長期刊登廣告,時在嘉義街西門外(即西市場前)。 10月27日,霧社事件。 ＊《三六九小報》社內同人,以南社為主幹,蘭記時與同人如洪鐵濤、趙雅福、許丙丁等熟稔。 ＊1930年前後,經濟蕭條和大恐慌蔓延,臺灣與日本則共產黨活躍,如《伍人報》、《明日》、《洪水報》等出版。

		「精神錄」「救急良方」各六七份。 年底，黃茂盛的蘭記與台北施乾的愛愛寮、嘉義市朱木通的義和商店，以及東港郡的張汝寬，成爲小報全臺的取次所與販賣點，直到1935年該報停刊。	
1931		4月，《高級國文讀本》(中學程度，一至四冊)，編輯人署名「黃松軒」、印刷人黃振耀。 5月，《初學尺牘指南》印刷發行，「蘭記書局」總經售、「大一統書局」初版。 本年，《彰化崇文社拾五週年紀念圖》(附追懷武訓廖孝女詩集合刊)。	8月，留日學生王白淵、吳坤煌等，創辦《臺灣文藝》(共2期)。 8月5日，蔣渭水感染傷寒症病逝，臺灣民眾舉行大眾葬。 本年，日本正式對中國滿洲的侵略。

1932		本年,《彰化崇文社紀念詩集》。	1月,賴和、郭秋生與葉榮鍾等,創辦《南音》(中文,共 12 期)。 1月11日,首次舉行「臺灣圖書館週」。 3月,留日學生張文環、蘇維熊、王白淵、吳坤煌等,於東京組「臺灣藝術研究會」。 7月15日,創刊《福爾摩沙》(日文,共3期)。 4月15日,《臺灣新民報》改週刊為日刊。 5月19日起,楊逵〈新聞配達夫〉,連載於《臺灣新民報》。 3月1日,偽滿成立,言論統轄由資政局弘報處負責。 9月16日,日本全國 132 家報社,聯名發表聯合聲明,極力讚美偽滿成立。 10月24日,偽滿公佈《出版法》。 12月1日,偽滿成立通訊社(「國通」)。 本年,許克綏於台中,創設瑞成印刷廠。
1933	3月16日,《三六九小報》272號,刊登〈衛生視察二日記〉一文:「晚餐後,隨意外出,僕等則結隊往蘭記購書,書坊雖不甚廣,而布置整然,魚魚雅雅,左右圖書,主人黃茂盛君,亦優禮招待,乃各購所需書籍而出」。		1月23日,「臺灣愛書會」在山中樵、植松安、河村徹、大澤貞吉、瀧田貞治等人集結下,首次集會。 6月16日,《愛書》雜誌,發行創刊號。 本年,日籍台北帝大教授:久保天隨《澎湖遊草》自刊。

	本年，陳瑞珠出生於雲林褒忠，日後適黃振文，並維持蘭記經營，成為第三代負責人。		
1934	2月10日，蘭記店鋪遭到祝融波及，由嘉義市西市場前(榮町一丁目四十一番地)，暫假該市大通羅山館跡營業，通信處為自宅元町一ノ一六二。 ＊事已見次日《台日》等報，往來諸友，如趙劍泉、蔡哲人等，馳信問候。	2月，陳懷澄《吉光集》出版發行，總經售蘭記圖書局。 ＊隨書贈陳氏的《媼解集》。 5月30日，因應火災與匯兌問題，發行兩大張圖書目錄摘要，內容有：經史、常識、讀本與新舊小說等23類，並刊登臨時營業所。 9月17日，《明心寶鑑(附三聖經)》發行，係為線裝形式，發行人黃茂盛、印刷者黃振耀。	4月1日，偽滿設立郵政管理局，掌理郵政業務。 5月6日，「臺灣文藝聯盟」成立，張深切為委員長。 7月15日，《先發部隊》由「臺灣文藝協會」創辦，專題：「臺灣新文學的出路的探討」。 10月，《媽祖》發行創刊號(日文，共16號)，西川滿創辦。執筆者有水蔭萍、楊雲萍與矢野峰人等人。 11月5日，《臺灣文藝》創刊(中日，共15期)，係為「臺灣文藝聯盟」機關刊物。

1935		新築落成,設址榮町二丁目七十番地(今中山路 367 號),並舉行打折活動,以招睞讀者;此地遂為定居。	6 月,賴子清編:《臺灣詩醇》(前、後編),蘭記代售。 ＊戰後,賴子清編:《臺灣詩海》(1954),亦由蘭記代售。 10 月,張淑子《(臺灣)三字經》出版發行,發行人黃茂盛,印刷人黃振耀。	8 月 7 日,《滿洲日報》與《大連新聞》合併為《滿洲日日新聞》。 9 月 6 日,《三六九小報》似於此日結束發刊。 10 月,偽滿設立滿洲弘報協會。 11 月,總督府圖書館舉辦「第一屆全臺公私立圖書館館長會議」。 12 月,楊逵脫離《臺灣文藝》,另出版《臺灣新文學》(中文,共 15 期)。 ＊本年,由菊池寬提議為紀念友人芥川龍之介而設立芥川賞,同年設立直木賞;前者係純文學,以獎勵新人為主,後者係獎勵大眾文學,需有著作方能入選。
1936			1 月,《前明志士鄧顯祖、蔣毅庵、十八義民、陸孝女詩文集》出版發行,發行人黃臥松,發行所:崇文社、代發行所:蘭記書局。 7 月,黃臥松編輯:《彰化崇文社貳拾週年紀念詩文集》發行,黃氏兼發行人,鴻文印刷,發行所:崇文社、	6 月,日本公佈「不穩定文書臨時取締令」(法律第 45 號)。 6 月,李獻璋編《臺灣民間文學集》出版。 7 月 13 日,《南滿抗日聯合會報》創刊。 8 月,臺灣總督府公佈「臺灣不穩定文書臨時取締令」(敕令第 1 號)。 9 月 28 日,滿洲弘報協會成立,對東北的新聞通訊事業加強統制。 10 月 19 日,魯迅去世,享年 50 歲。 10 月 22 日,郁達夫訪臺。 12 月,總督府圖書館舉辦「第一屆圖書館事務研究會」。 12 月 25 日,偽滿公佈《郵便法》,壟斷東北地區的郵政事業。 本年,鴻文因應時代需求,新設「石版印刷部」於台南市錦町一丁目。

		代發行所：蘭記書局。 9月，(日)熊崎建翁《熊崎式姓名學之神祕》印刷出版，白惠文翻譯與發行者，蘭記書局為發行所。	
1937		4月30日，善書《四十二品因果經》，由源祥活版印刷。 5月6日，《四十二品因果經》發行，發行人吳源祥，發行所蘭記書局。 5月，蘭記書局發行的新書目錄，數量約計156種。 7月，黃臥松《彰化崇文社貳拾週年紀念詩文集續集》出版發行，印刷所鴻文活版舍，代發行所：蘭記書局。	3月29日，滿洲圖書會社成立，負責出版與書籍進口。 ＊7月7日，盧溝橋事件爆發。中國各出版機構內遷，由商務等共組「七聯」，在重慶共同印行國定本教科書。 臺灣總督府發佈戰時警告，禁止「非國民之言動」。 8月15日，《大阪朝日新聞》臺灣版，開設「南島文藝」欄。 本年，鴻文活版舍，改名為「鴻文印刷合資會社」。

		本年,《彰化崇文社詩文小集》。	
1938		7月11日,《(初學必需)初級漢文讀本》再版。	1月23日,小林總督實施臺灣人志願兵制度。 4月,《愛書》第10輯發行,專號「臺灣特輯號」。 5月,日本公布〈國家動員法〉,第二十條規定:「政府在戰時,因國家動員需要,得依勒令對於報紙其他出版物之記載,予以限制或禁止」。 4月,《愛書》第10輯,專號爲「臺灣特輯號」。 本年,臺灣義勇隊於浙江金華成立。
1940		5月,《大乘金剛經石註》印刷發行,發行人黃茂盛,印刷所源祥活版印刷所。 12月,黃臥松《祝皇紀貳千六百年彰化崇文社紀念詩集》,發行所崇文社,代發行所蘭記。	5月,日本內閣情報部,設置新聞雜誌用紙統制委員會。 12月,內閣情報部改組爲情報局,加強言論管制措施。 6月,山丁的短篇小說集《山風》由文叢刊行會出版發行(次年獲《盛京時報》的「文藝賞」)。 10月,《華文大阪每日》刊登,山丁:《關於梅娘的創作——從〈小姐集〉到〈第二代〉》。 12月28日,僞滿新聞協會成立。
1941		5月,陳啓明:《改姓名參考書》出版發行,發行所:	2月11日,《臺灣新民報》改稱《興南新聞》。 3月23日,僞滿公佈《藝文指導要綱》。 5月,《愛書》第14輯發行,專號「臺灣

		蘭記書局、神測一字館，印刷所：源祥活版印刷所。	文藝書誌號」。 5月5日，日本出版配給株式會社(日配，にっぱい)，在情報局與出版文化協會等指導下，成立於東京都神田區淡路町二ノ九，實行全國出版物的配給統制。 ＊日本出版配給統制會社臺灣支店：臺北市樺山町十八番地。 5月，《臺灣文學》發行，係由張文環、黃得時與中山侑等人脫離「文藝臺灣社」而成。 7月15日，《民俗臺灣》創刊(日文，共43期)。 8月25日，偽滿公佈《滿洲國通訊社法》、《新聞社法》、《記者法》等，企圖全面控制言論與通訊。 12月，日本公佈「言論、出版、集會、結社等臨時取締法」(法律第97號)。 本年，滿洲出版協會，由偽滿政府成立。 本年，「台南書局」，創於該市中正路上。
………			1942年1月，臺灣總督府公佈「言論、出版、集會、結社等臨時取締法」(敕令第21號)。 1942年1月，偽滿實行新聞新制，將滿洲通訊社、新聞社與日日新聞社、康得新聞社等，改為特殊法人新聞社。 1942年4月，《滿洲日日新聞社》，由偽滿與滿鐵創辦，是一日文報紙。 1942年6月，中國成立「中國出版配給公司籌備委員會」。 1942年7月，日本情報局發布「一縣一報主義」，報紙被嚴格地限縮於國家管制之下。 1942年8月，偽滿作家大會在新京召開。

			1942 年 4 月,「臺灣出版協會」在台北市成立,15 名理事中,僅有蔣渭川等少數臺人,可以說是日人主導,並配合「日配臺灣支店」統制。
			1943 年 5 月,中國結束「中國出版配給公司籌備委員會」
			1943 年 6 月,中國成立「中國聯合出版公司」。
			1943 年 8 月,第二次大東亞文學者大會於偽滿召開。
			1943 年 11 月,「大東亞會議」與《大東亞宣言》。
			1944 年 5 月,《滿洲日日新聞》與《滿洲新聞》合併,成為《滿洲日報》。
1945年 (昭和 20 年, 日紀 2605) (民國 34 年, 乙酉)	4 月 3 日,嘉義市受到盟軍軍機轟炸,市區木造房屋火燬,蘭記亦受波及,戰後,旋及重建二樓店面,並恢復營業。 11 月,大甲張步升等向蘭記索取圖書目錄。 *戰後漢文圖書需求大增,再度索購一空,如《高級漢文讀本》本年已十版,後易名為《高級國文讀	10 月,《新版監本千金譜》出版發行,發行所蘭記書局,印刷所鴻文印刷合資會社。 10 月 10 日,蔡哲人編:《初級國文讀本》(8冊),再版。 10 月,許丙丁編《中國之命運》出版發行,發行者黃茂盛、印刷所鴻文印刷合資會社。 11 月,蔣中正	日本興亞院華中聯絡部責令,商務等 5 家書局發起,並聯合上海各書店,與日本書商合營,設立「中國出版配給社」,以統制出版。 *8 月 15 日,日本宣佈戰敗。殖民下的官民組織,圖書與出版界,如「臺灣書籍組合」隨之解散。 8 月 31 日,楊逵在台中瓦窯寮成立「新生活促進隊」。 9 月 15 日,三民主義青年團中央直屬台灣區團台中分團籌備處成立。 9 月 15 日,《一陽週報》在台中創刊。 10 月 13 日,教育部擬具體計畫接管台灣各級教育:各縣設教育局、國民學校,添設師範學校,台北帝大改為國立台北大學。 10 月 25 日,台灣省行政長官公署成立。

	本》等。	《中國之命運》，中國書局發售，蘭記書局分售。 《三民主義問答》。	11月9日，行政長官公署公布教育接收辦法。 11月18日，「台灣文化協進會」成立。 12月，新高堂書店由游彌堅派員租下，掛牌為東方出版社。 ＊鴻文於戰後，遷址於台南市安平路44號(今民生路二段)，更名為「鴻文印刷廠」。
1946	10月，蘭記圖書館印製藏書籤，下印有「臺灣光復周年紀念」。	1月，南友國語研究會編《精選實用國語會話》，鴻文印刷，蘭記批發。 1月20日，黃松軒編：《高級國文讀本》(8冊)。 2月10日，黃森峰編《(國音標註)中華大字典》，由鴻文印刷。 ＊黃森峰，另	1月，重慶版的《臺灣通史》，由商務印書館印行。 1月1日，《民聲報》(週刊)在台中市創刊。 1月27日，《人民導報》創刊，當時臺灣物價膨脹。 2月12日，行政長官公署發布日文圖書雜誌取締規則。 3月15日，台灣通訊社成立。 4月，臺灣「國語推行委員會」組織規程公布。 4月，《正氣半月刊》創刊於台北市，前後共發行13期。 5月4日，台灣文藝社於台北成立，發行機關刊物《台灣文藝》(月刊，僅1期)。

		名寶炬，居屏東市，年輕時活躍於屏東政壇，曾任第一屆屏東市民代表主席(1952年)，黃能寫古典詩，還爲詩友陳文石編過《漱齋詩草》詩集(線裝.1965 刊於屏東)，晚年競選連任失利，從此淡出政壇。	8月，台灣省行政長官公署教育處下，設立編譯館，負責出版與審查，許壽裳任館長。 台灣英文雜誌社成立，代理英文圖書。 9月，《台灣文化》月刊於台北市創刊(共27期)，係爲台灣文化協進會機關刊物。 10月，《台灣月刊》(月刊，共7期)創刊於台北，係爲行政長官公署宣傳委員會機關刊物。 11月，《台灣文化》1卷2期，甫出版就被查禁，因其專題「魯迅逝世十週年特輯」。
		2月20日，《民刑訴訟公文程式寫作法大全》發行，蘭記發行、鴻文印刷，批發處：中國書局、新民書局，代售處：全省各書局。 6月10日，發行《(國音標註)中華大字典》，發行者黃茂盛，臺南興文齋、屏東嘉文堂、屏東新民書局等經	

		售。 12月5日，二樹庵、詹鎮卿合編：《國臺音萬字典》發行，發行所蘭記書局，印刷所鴻文印刷廠。 詹鎮卿：《國臺音小辭典》，蘭記為發行所。 詹鎮卿：《英漢學生辭典》，蘭記為發行所。	
1947	＊蘭記於戰後，地址更易為嘉義中山路213號。(今嘉義市中山路367號，寶島皮鞋公司承租)	9月10日，黃松軒編《大笑話》，鴻文印刷、發行者蘭記書局。 10月，出版「嘉義蘭記書局批發目錄」。 《臺灣偉人吳鳳傳》。	1月，《奮鬥》月刊創刊於台北。 7月，中華書局於台北設立分店。 ＊次年，如啟明書局、商務印書館，亦於台北設立分店。
1949		《眼科學》。	11月，《自由中國》(半月刊)於台北市創刊，發行人胡適，社長雷震，主編毛子水，聶華苓主編文學創作之版面。 本年，鴻文增設照相製版部。 世界書局於台北設立分店。 正中書局於台北設立分店。
1951		10月，許丙丁	3月，東方出版社董事長，由林呈祿繼

		《小封神》，許氏兼發行人，蘭記書局代售。	任。 5 月，《文藝創作》創刊(月刊，計 68 期)，社長張道藩，主要刊登中華文藝獎金委員會得獎作品及獲得稿費酬金者，成為掌理文壇方向的重要刊物。 11 月，《新詩週刊》借自立晚報副刊創刊(週刊，計 94 期)，每逢週一出刊，為戰後臺灣首份新詩周刊。 △ 《台灣風物》季刊創刊，初創時期由陳漢光任發行人，楊雲萍任主編。
1952		6 月 3 日，鴻文印刷創辦人黃振耀(1890-1952，63 歲)逝世。	1 月，《新文藝》月刊創刊。 3 月 《中國文藝》月刊創刊。 6 月，《文壇》月刊創刊，發行人穆中南，為五〇年代重要刊物之一。 8 月，《詩誌》創刊，係為戰後首本詩刊雜誌。 9 月，中國文藝協會的《會務通訊》創刊，日後更名為《文藝生活》。 12 月，《台北文物》(季刊)創刊。 本年，鴻文增設平版印刷部。
1955		黃振文與陳瑞珠(1933-2004)結婚。	1 月，《新新文藝》於雲林縣虎尾鎮創刊(月刊，計 54 期)，發行人秦家洪。 3 月，《大學雜誌》創刊於台北。 10 月，《文風雜誌》於嘉義市創刊，社長翁華如，陳廣祥、陳秋分任主編。
1958		6 月，文心《千歲檜》出版。	1 月，《現代詩訊》創刊。 1 月，《南北笛》復刊，由旬刊改為周刊，10 月，《東方文藝》半月刊創刊於基隆市，主編婁子匡，內容著重民俗文學。 12 月，《藍星詩頁》創刊，藍星詩社發行。 本年，鴻文遷址於台南市友愛街 52 號、

			易名爲「鴻文美術印刷廠」,並取消活版印刷部門,活版印刷方式走入歷史。(1984年,易名爲「鴻辰印刷股份有限公司」,1987年遷於永康市中正南路)。
1970	黃茂盛妻子黃吳金女士接手掌理蘭記。 12月20日,黃氏等任嘉義公學第十一屆畢業同學會第十次聚餐籌備人。 12月26日,上午10時30分,嘉義公學校第十次同學聚會餐於鈴蘭食堂舉行,會後另有餘興節目與照相。		1月,《文藝復興》創刊於台北,創辦人張其均,華岡學會出版。 5月,《這一代》創刊於台中(月刊,計6期),當時於台中師專就學的洪醒夫、陌上桑、陳恆嘉等人參與。 本年,南一書局遷至博愛路(今台南市北門路),該書局以參考書爲主,此次遷移,帶動北門路成爲該市的「書店街」。
1978	11月3日,黃茂盛逝世,享壽七十八,育有六男三女。		1月,《漢聲》中文版創刊,主編黃永松,係爲七〇年代重要刊物之一。 4月,《文學思潮》季刊創刊,發行人尹雪曼,青溪文藝學會主編出版,「其創辦與鄉土文學思潮的興起有一定關係」。 5月,《前衛文學叢刊》出版。 10月,《大地文學》創刊,前身爲《大地詩刊》(雙月刊)。 本年,瑞成書局因第一市場大火波及,暫時歇業,後於親友協助下復業經營。
1991	10月,蘭記由中山路的店面,轉		6月,《詩象》創刊,共出版五期。 12月,《誠品閱讀》雙月刊創刊。

移至興中街 98 號，採店住同構方式，繼續經營。		12 月，《文學台灣》季刊創刊，爲九〇年代重要刊物。
1994	7 月 27 日，黃陳瑞珠編《閩南語發音手冊》，黃振文發行、蘭記出版。	4 月，《小作家》創刊於台北市，發行人林良。 11 月 24-25 日，「五十年來臺灣文學研討會：臺灣文學中的社會」舉行。 11 月 25-27 日，「賴和及其同時代的作家：日據時期臺灣文學國際學術研討會」舉行。
1995	5 月 29 日，黃陳瑞珠增補《蘭記臺語字典》系列出版，此書原爲《國臺音萬字典》(1946)。	1 月，《植物園詩學季刊》於台北創刊。 4 月，《台灣新文學》創刊於台中。 9 月，《茄苳台文雜誌》創刊於台北。
2004	黃陳瑞珠不慎跌倒，延醫不治，生前甫親書遺囑，遺物委由姪女吳明淳處理。 ＊蘭記正式走入歷史。	3 月 9 日，文建會發表《全臺詩》、《台灣史料集成》、《台灣歷史辭典》三套叢書，由遠流出版公司出版。 4 月，《Ho Hai Yan —— 台灣原 YOUNG》創刊，係爲首本原住民少年雜誌。 10 月 2 日，《笠》創刊 40 週年，舉行紀念會與「笠詩社四十週年國際學術研討會」。 11 月 27 日，「台灣新文學發展重大事件研討會」舉行，內含「日據時代新舊文學論戰」等 14 項新文學重要事件。
2005	7 月 6 日，吳明淳女士與台灣文學發展基金		1 月 16 日，三民書局重新出版 12 位 60、70 年代文學名家，如張秀亞、林海音、林雙不等人之 15 本經典作品。

	會王榮文,在蘭記辦公室,檢視34箱書籍,隨即北運保存。 7月23日,《自由時報》、《民生報》、《中國時報》皆披露此一捐贈消息。		1月24日,簡體字書店「上海書店」於台北開幕。 2月1日,奇幻文化藝術基金會舉辦的「第一屆奇幻藝術獎」揭曉與頒獎。 3月1日,中國大陸作家尹麗川,應台北市政府文化局邀請,來台擔任駐市作家。 7月5日,《蔣渭水全集(增訂版)》新書發表會,並以「蔣渭水大眾葬紀錄片」開場。 10月28-29日,「第二屆兩岸現代文學發展與思潮學術研討會」舉行,黎湘萍、李瑞騰等18篇論文。 11月,《台文戰線》文學雜誌創刊。 12月,外省台灣人協會等主辦的「榮民與外省族群家書」,徵文比賽揭曉,計39人獲獎。 12月7日,首屆「溫世仁武俠小說百萬大賞」,公佈入圍決選名單,計賈志剛〈俠兄盜弟〉等五人入圍,次年,吳龍川〈找死拳法〉獲獎。
2006	8月7日,於財團法人臺灣文學發展基金會舉行「蘭記專題籌備會」,會中有籌備者王榮文、封德屏,黃氏家屬吳明淳、黃蔡明珠,以及論文撰寫者十餘人與會。 台灣文學發展基金會以「嘉義		5月27日,「鄭清文國際學術研討會」。 9月30日,「台灣大河小說家作品學術研討會」與「東方白《浪淘沙》等創作資料捐贈展」,開始舉行。 10月20日,旅日學者黃英哲執編:《日治時期台灣文藝評論集》,部份成果,計四冊出版。 11月12日起,俄羅斯文學三巨人展開始。 12月,《野葡萄》停刊號發行,計發行3年4個月。 12月21日,龍瑛宗全集(中文卷)新書發表會舉行。

	蘭記書局史料研究」，獲得國藝會 95 年第 1 期文學類獎助		
2007	1-3 月，《文訊》推出「蘭記專號」。 台灣文學發展基金會以「記憶裡的幽香－嘉義蘭記書局史料論文集」，獲得國藝會 96 年第 1 期文學類獎助		1 月 10 日，舉行《全台賦》新書發表會。 3 月 7 日，林海音‧何凡(夏承楹)文物捐贈儀式舉行。 3 月 21 日，「鄭清文國際學術研討會」。 5 月 9 日，葉笛逝世週年紀念展開展暨《葉笛全集》新書發表會。 6 月 8 日，「灌漑文學的花園：1997-2004 年文物捐贈主題展」首期，於國家文學館開始。

【參考資料】

台灣文學發展基金會提供蘭記捐贈圖書，楊永智與個人等收藏，參考資料如陳建忠、沈芳序「百年文學雜誌特展」等撰文，特此申謝。

蘭記書局出版與代銷圖書目錄

　　本圖書目錄以目前財團法人台灣文學發展基金會所藏，以及楊永智、柯喬文提供之蘭記書局圖書目錄資料，無論單張或者曾出版的《蘭記圖書部目錄》爲基礎進行統計，分日治時期與光復後兩階段，再依書籍種類分類整理，總計約種書。由於資料有限，如有錯漏，請方家不吝指教。

一、日治時期（大正十四年、昭和五年）

（一）宗教類書籍（共約 255 種）

善書、經書（約 213 種）

修行百歲經、感應篇讀本、格言精粹、繡像白衣大士神咒、太陽太陰經、三聖經讀本、救苦經、白衣救苦經、大藏血盆經、灶神經、灶君寶懺、佛化基督教、人生必讀書、金剛經註講、代香山十殿、三聖帝君真經、天上聖母經、天上聖母靈籤、大上三官經、高玉觀音經、白衣觀音經、北斗延壽經、仙著太陽經、仙著太陰經、廣結眾緣集、梁皇懺隨聞錄、東方廣佛華嚴經、大乘妙法蓮花經、地藏經、彌陀經、

天后經、真武經、中斗、東斗、西斗、金剛經、梁皇懺、壽生懺、血
盆懺、藥師懺、孟婆懺、報恩懺、觀音懺、水懺、宣講大全、宣講拾
遺、宣講醒世、宣講集要、福海無邊、五柳仙踪、參同契、參同契註、
仙佛真傳、菜根譚、雲遊記、太上寶筏、繪圖坐花果誌、傳家寶、遠
色編、身世準繩、修道全指大本、繪圖暗室燈、修造命運法、目蓮三
世寶卷、看破世界、純陽呂祖度寶鑑、何仙姑、養生寶命錄、明心寶
鑑、觀音靈異記、佛化教科書、玉歷至寶鈔勸世文、看破世界、修身
寶錄、格言合璧、繪圖廿四義夫賢婦、敬灶全書、道德真經、大乘金
剛經、勸戒錄類編評註、勸戒新錄、繪圖女子廿四孝、廿四孝圖說、
家庭講話、孔聖孝經、明心寶鑑、善惡錄、天地心、勸善寶訓、仙佛
辨、雷公經、王公經、高王經、天公經、北斗經、十二覺員、八卦培
元經、繪圖太上寶筏、頭上天白話果報、救生船、心傳韻語、同善錄
摘要、醒世詩、大生要旨、清言醒世、天際真人語、善書撮要、戒淫
格言挽世丹、惜字寶訓、西方公據、三戒真言、果驗度解救刼真經、
仙佛真言、永明禪師戒殺文、醒世真經合編、多看看、勸世格言仙方
聯壁、八字歌、勸孝歌、太上正氣篇、修身要旨、種子奇方、隨感錄、
南無大士救刼仙方、大士救產真言、金剛經五十三註、大乘金剛經、
傳家寶、開闔十二段錦、善惡錄、天地心、勸善寶訓、仙佛辨、十二
覺員、繪圖太上寶筏、頭上天白話果報、救生船、心傳韻語、同善錄
摘要、坐花誌果繪圖、太上玉笈金燈感應篇、七真傳、王歷因果經、
救刼回生、大生要旨、關帝君明聖經、心經口氣增註、禳災救刼寶經、
醒夢編、濟世慈航、不可錄、天際真人語、養正篇、三生石「即三世
因果」、觀音心經真解、富貴源頭、清言醒世、醒世良言、勸醒良言、
福壽金鑑、感善梯航、楊椒山公傳家寶書、玉皇心印妙經、鍼心寶卷、
心印妙經註解、繪圖三聖經、陰律難逃、歸源寶卷、闡道要言、達摩
寶傳、呂氏小兒語、生天地母救刼經、觀音心經、青年必讀、勸世格

言仙方聯璧、戒殺放生丈、袁了凡先生四訓、醒世詩、關文帝君警世寶語、五常寶卷、五公天閣妙經、悟性窮源、達生編、道岸慈航、文武二帝救劫經、指路碑、中學參同、八字歌、勸孝歌、八字覺圖、生意經略、關帝永明經、繪圖三聖經、風雷集、上天梯、修道真經、五彩八德圖、黑色覺路圖、醒痴圖、因果寶徑、大士救產真言、太陽太陰經、金仙直指性命真源、初機淨業指南、西山先生答客難、敬惜字穀文、醒世俚言、惜字白話、養性集、敬竈寶訓、繪像白衣大士神咒、南無大士救劫仙方、萬佛救劫經。

陰陽卜筮（約 24 種）

地理大成、地理大全、天機會元、地理人子須知、地理不求人、地理雪心賦、地理鉛彈子、地理仁孝必讀、風水講義、一貫堪輿、沈六圃地學、地理入地眼、撼龍疑龍經合刻、八宅明鏡、平沙玉尺經、魯班經、諏吉便覽、六壬學講義、六壬大全、易經占卜法、增刪卜易、易隱、梅花易數、河洛精蘊。

道教神仙傳（約 18 種）

人譜類記、性命主旨、悟真篇、仙佛合踪、居士參禪簡錄、仙佛真傳、三教一貫、呂祖全書、神仙通鑑、道書十二種、道書十七種、歷代神仙傳、天仙正理、呻吟語、五種遺規、悟性四註、張三丰全集、道學十三經。

（二）中國詩文集類（共約 108 種）

經部（8 種）

檀弓精華、公羊傳精華、穀梁傳精華、孟子精華、詩經精華、尚書精華、周禮精華、左傳精華。

史部（8 種）

國語精華、戰國策精華、史記精華、漢書精華、前漢書精華、後漢書

精華、三國誌精華、五代史精華。

子部（9 種）

老子精華、莊子精華、管子精華、墨子精華、列子精華、孟子精華、荀子精華、韓非子精華、淮南子精華。

集部（約 83 種）

李太白集、李太白集精華、韓昌黎全集、蘇東坡詩集箋註、王右丞集箋註、楚辭王逸註、陶淵明集、陶淵明文集精華、白香山詩集、白香山集精華、李義山詩箋註、杜詩鏡銓、杜詩精華、蘇書精華、蘇子由欒城集精華、王介甫臨川集精華、歸熙甫震川集精華、魏善伯伯子集精華、魏冰叔叔子集精華、魏和公季子集精華、汪召公文堯峰集精華、溫飛卿詩集、吳梅村詩集、吳梅村集精華、龔定盦全集、龔定盦集精華、柳柳州全集、方望溪全集、王荊公全集、王陽明全集、袁子才全集、歸震川全集、湛園未定稿、唐賢三昧集、趙松雪全集、楊忠烈公集、道古堂全集、仇註杜詩、林和靖詩集、李長吉集、白香山詩選、誨香詩鈔、左文襄公文集、湘奇樓文集、飲冰室文集、樊山滑稽詩文集、李笠翁一家言、十八家詩鈔、七家詩箋註、王摩詰集、顧亭林詩文集、離騷三種、陸放翁詩鈔、冠萊公詩集、孟東野詩集、曝書亭詩集註、惜抱軒集、杜樊川集、趙甌北詩鈔、王夢樓詩集、歐陽文忠公集、蘇老泉集、隨園全集、張廉亭集精華、吳勢甫集精華、王湘椅集精華、李詩法入門、漱玉詞、斷腸書詞箋、嚴幾道文集精華、張季直文集精華、康長素文集精華、馬通伯文集精華、林琴南文集精華、梁任公文集精華、章太炎文集精華、歷代女子文集、歷代女子書集、宋元明書評註讀本、文選精華、古今小品精華、古今辭類纂精華、四部精華。

（三）教科書類（共約 136 種）

名賢集、群註孝經、朱子格言、三才略、小學韻語、地球韻言、中華故事讀本、百孝圖全傳、列女傳、國文成績大觀上、中、下編、初等新文範、高等新文範、初等論說指南、高等論說指南、初等論說新範、共和論說崇階、共和新論說、論說門路、初等論說模範、中等論說模範、高等論說模範、論說啓悟、論說實在易、論說游戲、論說入門、小論啓蒙、歷朝史論精華、文法必讀、初等作文捷訣、高等作文捷訣、學文法、作文法、造句門路、新時代文學大觀甲種、當代名人新文選集、當代名人新書信集、當代名人新宣講集、當代名人新小說集、新時代文學大觀乙種、廣註論說文自修讀本、廣註記事文自修讀本、廣註駢體文自修讀本、廣註書翰文自修讀本、學生自修必讀、社會學入門、常識百科全書、新式初等歷史讀本、新式初等地理讀本、言文對照國文讀本、言文對照清代文評註讀、言文對照歷代文評註讀、言文對照四書廣註讀本、言文對照左傳評註讀本、言文對照史記評註讀本、言文對照漢書評註讀本、言文對照國語評註讀本、言文對照國策評註讀本、言文對照白話文法百篇、言文對照初等學生文範、言文對照高等學生文範、言文對照學生應用文範、言文對照女子作文新範、少年進德叢書、成家立業青年模範、誠樸堅苦學生模範、新婦女進德錄、新青年進德書、小倉山房尺牘、樊山判牘、伍秩庸公讀、康南海書牘、梁任公書牘、飲冰室書牘、黎元洪書牘、袁世凱書牘、彭剛直奏議、勤儉論、克己論、職分論、品性論、講演集、青年與職業、世界十大成功人傳、國恥小史、中國風俗史、中國商業史、最新國文教科書、簡明國文教科書、單級國文教科書、新法國文教科書、新式國文教科書、女子國文教科書、女子國文教授書、實用修身教科書、最新修身教科書、初級算術教科書、中國歷史教科書、中國地理教科書、新時代學生

文庫初編、新時代學生文庫二編、小學學生新文庫、白話書信、白話尺牘、官音彙解、官話散語集、初學必讀漢文讀本、精神教育新三字經、繪圖歷史三字經、繪圖千字文、繪圖百家姓、繪圖幼學雜字、模範楷書習字帖、指明算法、大小九九算、初學指南尺牘、分類指南尺牘、大字寫信必讀、校正四書白文、繪圖速成四書、速成大中白文、速成上論白文、速成下論白文、繪圖重增瓊林、白話註解千字文、白話註解三字經、白話註解四書、新編中華字典、聲律啓蒙、臺灣三字經、三字經四書集字、和譯支那語會話。

（四）藝術類（共約 130 種）

法帖類（約 31 種）

欽定三希堂法帖、近代碑帖大觀、墨池堂法帖、鄭板橋四子書墨跡、篆文大觀、柳公權金剛經、清道人金剛經、唐榻夫子廟堂碑、唐榻溫泉銘、宋榻薦季真表、宋榻樂毅論、初拓曹全碑、初拓李璧碑、鄭石如隸書西銘、岳陽樓記、女子習字帖、楊近孫臨揭石頌、吳倉碩石皷文、伊立勳貞節坊碑、吳鴻恩教子弟言、鄭板橋城隍廟記、楊見山白鶴道人、張文襄張氏嗣堂記、漢隸合刻、趙之謙潘公墓誌銘、曾熙興學記、曾國藩節孝傳、嚴達關岳廟記、清道人尉夫墓碑、楷書合寶、印格模範習字帖。

大楷類（約 32 種）

趙文敏壽春堂記、趙子昂充國頌、趙松雪觀音殿記、蘇學士潘陽湖、顏魯公双鶴鳴、顏魯公遊山詩、顏魯公箴規、徐昌緒蠶桑記、曾國藩昭忠詩記、姚孟起陋室銘、張文襄公法書、黃自元百字銘、柳公權玄祕塔、黃山谷書法、曾文正竹遊記、彭宮保青山詩、何紹基墨寶、范氏心箴、親王咸陽碑、黃自元正氣歌、馮閣學時運詩、王可莊勸世文、彭玉麟勤學記、左宗棠法書、徐太史座右銘。陸潤庠讀書樂、陸潤庠

森廟碑、李鴻章碑文、李海峰醉翁亭、張季直石闕銘、羅先生楷書三種、朱子格言。

行書類（約 17 種）

趙文敏蘭亭序、趙文敬梅花詩、趙子昂淨土寺詩、蘇學士寒食詩、蘇學士赤壁賦、蘇學士洞庭春色賦、董其昌樂志論、劉石庵中山松醪賦、劉文清公法書、李海峰習字帖、乾隆御筆知過論、陸潤庠習字帖、黃山谷梨花詩、翁松禪墨寶、王夢樓滕王閣、岳武穆和赦表、劉文清公法書。

草書類（約 14 種）

顏魯公三表、朱南呂十七帖、岳武穆前出師表、岳武穆後出師表、董其昌千字文、趙子昂千字文、王右軍千字文、王右軍百家姓、趙文敏天冠山、蘇學士大江東、成親王百家姓、顏魯番爭坐位、海上吟、翁兆中墨蹟。

印譜類（約 7 種）

小石山房印譜、春暉堂印譜、吳聖俞印譜、四庫全書簡明目錄、書目三種、張氏書目問答、讀書敏求記。

書譜類（約 19 種）

中紙精印芥子園全集、石印芥子園畫譜、梅花館畫譜、古今名人畫稿、醉墨軒畫稿、詩畫舫、中國名畫廿七種、時人畫集、新畫譜、真相寫真畫報、海上名人畫稿、廣告美術畫、彩色香艷花影、古今扇集大觀、人物仕女畫譜、古今畫史、繪事津梁、畫譜採新、飛龍閣畫譜。

楹聯類（約 10 種）

楹聯叢話、楹聯全璧、楹聯大觀、楹聯滙海、楹聯彙編、曲園楹聯、對聯從新、中華新春聯、輓聯合璧、對聯人觀。

（五）生活實用類（共約 78 種）

常識工具（約 22 種）

商人萬寶全書、零賣商店營業法、中西花草栽培法、花果栽培法、實用家庭萬寶全書、治家模範、家庭模範、家政全書、新式交際錦囊、最新日用萬事全書、新編家庭寶庫、古今神相大觀、十三家相法大全、萬國奇術、新編養蓄全書、廢物利用全書、丹方大全、家庭日用常識、男女護身要術、最新遊滬指南、西湖遊覽指南、上海遊覽指南。

家用占卜（約 21 種）

仙秘秘庫、鬼谷算命術、武侯未來預知術、濟公財運知術、趨吉避凶奇書、玄祕預知鐵算盤、管絡神相祕傳、華陀神醫秘傳、人生萬事祕訣、哲學萬能全書、辰州靈符秘訣、人生百歲長壽哲學、錦囊妙計、傳家之寶、家庭遊戲萬寶全書、祕術海、秘術五百種、動物催眠術、各病治療催眠術、不老健身術、實用記憶法。

家庭衛生（約 35 種）

育兒指南、男女種子法、強健身心法、健康法、人工美容術、長生不老術、慾海、賣春害、母道、胎教、婦女修養談、婚姻訓、中國婦女美談、育兒一班、園藝一班、烹飪一班、衛生叢書、人生二百年、長生不老法、因是子靜座法、家用醫學錦囊、男女婚姻衛生寶鑑、最近育兒法、男女衛生寶鑑、廣嗣全書、女醫者、通俗自療病法、肺病、神經衰弱療養法、學生衛生\寶鑑、傳染病豫防法、花柳醫治法、學生病、男女淋病治療法、實驗房中醫。

（六）雜誌類（共約 40 種）

愛國報（第一期至第四十期）、勸善雜誌、東方雜誌、學生雜誌、少年雜誌、英文雜誌、婦女雜誌、教育雜誌、中等教育、初等教育、革新、太平洋雜誌、學藝雜誌、民鐸雜誌、史地學報、數理化雜誌、社

會雜誌、科學雜誌、農學雜誌、博物學雜誌、英語週刊、小說月報、小說世界、東方小說、兒童世界、兒童叢書、體育季刊、青年進步、師範教育、工學、化學工藝、同濟雜誌、醫藥、中醫雜誌、學林、美術、中國留美學生季報、中國留日學生季報、上海總商會月報、心聲雜誌。

（七）醫學用書類（共約 165 種）

六科準繩、陳修園七十種、內外科醫宗金鑑、景岳全書、丹溪心法、外臺秘要、徐氏十六種、驗方新編、千金翼方、醫學心悟、醫學原旨、中西醫學滙參圖說、中西良方大全、丹方全書、萬病回春、瘍醫大全、四時病機、四季傳染病、元享牛馬經、種痘新書、引痘略、濟陰剛目、幼科三種、幼科集成、幼科指南、眼科大全、大字藥性賦、簡明眼科秘訣、實驗起死回生秘訣、婦女調經得子祕訣、醫宗金鑑、陳修園七十種、陳修園四八種、中西滙通五種、聖濟總錄、王肯堂六科準繩、張氏醫通、張景岳全書、李東垣十書、張仲景全書、公餘四種、公餘五種、公餘六種、王氏五種、張馬素問合註、黃帝內經、王李脈訣、大字難經脈訣、華陀仲藏經、金匱要略、五十家註金匱要略、金匱直解、金匱心典、金匱翼、傷寒三六書、張註傷寒論、大字傷寒論註、百大家註傷寒論、傷寒來蘇註、傷寒淺註、傷寒全生、傷寒三字經、萬氏婦科、婦科良方、傅青主男女科、胎產秘書、女科證治秘訣大全、中西合纂婦科大全、女科經論、幼科三種、幼科集成、幼科指南、幼科發揮、幼科金鍼、種痘新書、育兒寶鑑、兒科醒、小兒按摩術、中西合纂幼科大全、幼科易知錄、喉科指掌、喉科秘旨、喉科紫珍集、喉科十八症、奇驗喉證明辨、眼科大全、銀海精微、眼科纂要、銀海指南、一草亭眼科、眼科龍木論、眼科祕旨、眼科研究良方、眼科人成、眼科捷徑、本草綱目、大字本草綱目、頂大本草綱目、木草綱目

求真、小字本草綱目、大字本草備要、本草從新、本草三家註本草詩箋、本草醫方合編、大字本草醫方合編、中外藥名對照表、中外病名對照表、中國藥物新字典、中國實用藥物學、雷公藥性賦、清代名醫醫案精華、正續名醫類案、陳修園醫案、張聿青醫案洋紙、陳蓮舫醫案秘鈔、增廣驗方新編、大字驗方新編、頂大字驗方新編、花柳病豫防法及治療法、妊孕生產學、生育研究實驗優生學、種子秘方、廣嗣新書、房中衛生術、男女美容法、男女強壯法、秘密病豫防治法、怪病奇治、中西良方大全、生理與衛生、診斷與治療、藥物與驗方、飲食指南、驗方彙編、救急良方、普濟良方、驗方類編、百病通論、摘方備要、藥性提要、飲饌服食譜、靈秘丹藥秘訣、扁鵲心書、神傳護身術、健康修養法、華陀神醫秘傳、救急良方、眼科研究良方合編、備急醫方要旨、巢氏病源、痢疾論、中西合纂外科大全、針灸大全、外科真銓、五彩銅人針灸圖、銅人經絡骨節掛圖四張、葉氏女科、驗方五千種、三指禪、臺灣漢藥學、吐血與肺癆、竹泉生女科集要、日本漢醫傷寒名著、飲饌服食譜。

（八）西方通俗小說（共約 242 種）

偵探小說（約 93 種）

俠女破奸記、壁上血書、娜蘭小傳、天際落花、劇場奇案、夢遊廿一世紀、華生包探案、案中案、奪嫡奇冤、雙指印、鬼山狠俠、指環黨、疊花夢、桑伯勒包探案、一束緣、車中毒針、寒桃記、畫靈、多那文包探案、壹萬九千磅、煤孽奇談、一仇三怨、海衛偵探案、奇女格露枝小傳、碧玉串、樹穴金、血痕、社會影聲錄、奇婚記、女師飲劍記、蛇首黨、秘密軍港、紅粉織仇記、四字獄、妬婦遺毒、賊博士、當顧女、毒菌學者、玫瑰花、黑偉人、童子偵探隊、華生包探案、太陽黨、三大偵探、束頸帶、三角黨、江南燕、怪面人、怪醫生、惡虎村、脂

粉罪人、秘密地圖、謀產奇案、偵探學講義、木足大盜、俠女探險記、玫瑰花、偵探指南、一粒珠、秘室、美人劫、盜盜、生死美人、身外身、柳暗花明、電妻、淫毒婦、秘密女子、車中女郎、福爾摩師偵探案全集、達夫偵探案全集、暴奕頓偵探案全集、八大偵探案全集、貝克偵探案全集、海威偵探案全集、探偵世界全集、偵探小說精華全集、民國十年現形記、新遊記、五福船、大澤秘密、鐵軌上、顧博士、窗外人、留聲機上、愛河情浪、福爾摩斯偵探案、中國偵探案、金窟、浪子回頭記、離奇暗殺案、千百年眼。

科幻小說（約 11 種）

科學家庭、新飛艇、鏡中人語、火星飛艇、火星與地球之戰爭、八十萬年後之世界、說鬼、天界共和、科學罪人、人間地獄、眾醉獨醒。

歷史小說（約 25 種）

博徒別傳、清宮二年記、遮那德自伐八事、遮那德自伐後八事、雪花圍、鐘乳髑髏、盧宮祕史、劫花小影、拿破崙忠臣傳、希臘興亡記、西班牙宮闈瑣語、驃騎父子、法宮祕史前編、法宮祕史後編、外交秘事、巴黎繁華記、斐洲煙水愁城錄、撒克遜劫後英雄畧、俄羅斯宮闈秘記、重臣傾國記、復國軼聞、鐵匣頭顱、鐵匣頭顱續編、飛將軍、千古恨。

冒險小說（約 26 種）

青梨記、海外拾遺、洪荒島獸記、雪市孤踪、墮淚碑、苦兒流浪記、域中鬼域記、黃金屋、金銀島、回頭看、降妖記、秘密室、秘密怪洞、苦海餘生錄、英孝子火山報仇錄、荒村奇遇、斷雁哀絃記、埃及金塔剖尸記、環遊月球、航海少年、化身奇談、新天方夜譚、苦海雙星、寶蓮從軍記、悽風苦雨記、新西遊記。

鬼怪小說（約 5 種）

驅中驅、塚中人、鬼士官、西樓鬼語、鬼窟藏嬌。

綺情小說（約 51 種）

模範町村、白頭少年、青衣記、美人磁、錯中錯、孤士影、稗苑琳琅、紅星佚史、金絲髮、朽不舟、時諧、合歡草、玉樓慘語、不測之威、金臺春夢錄、恨縷情絲、牝賊情絲記、孤露佳人續編、桃大王因果錄、後不如歸、愛兒小傳、小仙源、哈邊燕語、迦茵小傳、珊瑚美人、賣國奴、懺情記、再世為人、模範家庭續編、鐵血美人、紅顏知己、翻雲覆雨、車中女郎、寫真緣、蓮心藕縷緣、圍爐肖談、癡郎幻影、現身說法、泰西古劇、白羽記續編、金梭神女再生緣、情俠、三人影、橘英男、雙喬記、雙鴛侶、孝友鏡、菱鏡秋痕、貧士、美人心、死死生生。

知識類書籍（約 31 種）

現代哲學一臠、西洋倫理主義述評、心理學論叢、名學稽古、近代哲學家、柏格遜與歐根、克魯泡特金、甘地主義、戰爭哲學、處世哲學、羅素論文集、究元決疑論、科學基礎、宇宙與物質、相對性原理、新歷法、進化論與善種學、迷信與科學、國際語運動、考古學零簡、開封一賜樂業考、元也里可溫考、東方創作集、近代英美小說集、近代法國小說集、近代佛國小說集、歐洲大陸小說集、近代日本小說集、泰戈爾短篇小說集、集枯葉雜記、現代獨幕劇。

（九）漢文小說（人物傳記、奇觀異聞、歷史演義）（共約 294 種）

歷史演義（約 89 種）

繪圖開闢演義、繪圖廿四史通俗演義、廿四史通俗演義、繪圖封神傳、繪圖東周列國誌、繪圖後列國誌、繪圖前後七國誌、繪圖走馬春秋、繪圖東西漢演義、繪圖三國誌演義、繪圖後三國演義、石印大字三國志、鉛印大字三國志、石印中字三國志、石印小字三國志、大字後列

國春秋、鉛版大字封神演義、石印中字封神演義、石印小字封神演義、鉛版大字西遊記、石印中字西遊記、石印小字西遊記、繪圖東西漢演義、大字三國志、繪圖隋唐演義、繪圖唐史演義、繪圖說唐全傳、大字前後說唐、繪圖薛反唐、繪圖說唐征東、大字西洋通俗演義、大字二度梅、大字南北宋、繪圖說唐征西、繪圖三下南唐、繪圖五代殘唐、繪圖五代演義、繪圖羅通掃北、繪圖宋史演義、繪圖宋史十八朝演義、繪圖南北宋演義、繪圖飛龍傳、繪圖五虎平西南、繪圖楊家將、繪圖五才子水滸傳、小字五才子水滸傳、鉛印水滸傳索隱、鉛版大字蕩寇誌、石印大字蕩寇誌、石印中字蕩寇誌、石印小字蕩寇志、繪圖蕩寇志全傳、鉛印加批精忠說岳傳、繪圖說岳全傳、繪圖元史演義、繪圖明史演義、繪圖英烈傳、繪圖乾隆遊江南、繪圖七國志演義、左公平西、新漢演義、明清兩國誌、鉛版大字聊齋誌異、石印中字聊齋誌異、繪圖後五才子、鉛版大字五才子、石印中字五才子、五虎鬧南京（臺灣外誌）、五虎平海氣氛、文廣平閩十八洞、明末拾遺竹蘆馬、臨水平妖傳、大明忠義傳、繪圖情史、繪圖野叟曝言、前漢通俗演義、後漢通俗演義、兩晉通俗演義、南北史通俗演義、唐史通俗演義、五代史通俗演義、元史通俗演義、明史通俗演義。

人物傳記（約 46 種）

四大忠臣歷史、四大奸臣歷史、岳武穆歷史、關公歷史、諸葛亮歷史、包公歷史、秦檜歷史、曹操歷史、董卓歷史、嚴嵩歷史、四大神仙全傳、李鐵拐全傳、漢鐘離全傳、呂洞賓全傳、張果老全傳、藍采和全傳、何仙姑全傳、韓湘子全傳、曹國舅全傳、周文彬趣史、吳佩孚百戰奇略、陳炯明演義、張作霖演義、黎元洪全史、李烈鈞全史、馮玉祥全史、曹昆全史、徐樹淨全史、繪圖吳三桂演義、洪秀全演義、繪圖洪秀全演義、袁世凱演義、康梁演義、繪圖前後濟公傳、繪圖包公案、繪圖大字彭公案、繪圖小字彭公案、續集彭公案、繪圖濟公全傳、

石印大字施公案、石印小字施公案、繪圖施公洞庭傳。

武俠小說（功夫用書）（約 69 種）

俠女殺仇記、紅閨大俠、俠女懺仇記、奇俠精忠傳、乾隆劍俠奇觀、關東女馬賊、清代劍俠奇觀、飛行劍俠、神劍奇俠傳、三十六女俠、劍俠奇緣、南北百大俠、九十六女俠、劍俠駭聞、紅葫子、飛仙劍俠、風塵劍俠、女子劍俠、古今劍俠大全、馬永貞演義、繪圖火燒紅蓮寺、江湖好漢全傳、神怪奇俠傳、少林奇俠、武當奇俠、江湖奇俠傳、江湖廿四俠、江湖百大俠、江湖英雄、雍正劍俠奇案、武俠劍俠駭聞、飛仙劍俠大觀、五湖劍俠、荒山怪俠、華山劍俠、荒村奇俠、江湖劍俠、奇人劍俠、水陸奇俠、江湖情俠、荒江女俠、巾國春秋、紅娘子、紅粉大俠、江湖遊俠、南北女俠、山東女俠、萬里情俠、江湖女怪俠、江湖百俠、四大劍俠、黃衣女俠、七劍三奇俠、鴛鴦奇俠、英雄血、桃花劍、秘密客、姐妹俠、劍珠錄、古今義俠鑑、草莽奇人傳奇、熱血英雄、患難夫妻、英雄走國記、中華武術秘傳、少林棍法圖說、少林拳法圖說、長槍法圖說、長刀法圖說、劍法圖說。

笑話諧語（約 35 種）

守財奴日記、瞎纏先生記、牛皮大王記、潑婦日記、頑童自述記、拍馬屁日記、大戀女婿、懼內笑史、遊戲娛樂全書、愛樓遊戲文、古今笑林大觀、滑稽聯話、滑稽詩話、客中消遣錄、一見哈哈笑、一見就笑、不能不笑、裝起面孔不要笑、老學究現形記、笑話萬種、滑稽日記、破涕錄、笑話一萬種、卓別令趣史、唐伯虎趣史、祝枝山趣史、文徵明趣史、曲辨子趣史、守財奴趣史、荷花大少爺趣史、鄉下大姑娘趣史、怕老婆趣史、呆子婿趣史、天下百有趣、天下百稀奇。

奇觀異聞（約 55 種）

社會萬惡三姑六婆秘史、尼姑萬惡史、道姑萬惡史、卦姑罪惡史、牙婆罪惡史、玉環外史、媒婆罪惡史、師婆罪惡史、虔婆罪惡史、穩婆

罪惡史、古今第一奇觀、繪圖大小字今古奇觀、忠孝奇觀、節義奇觀、姦盜奇觀、詐騙奇觀、清代奇案大觀、繪圖今古奇聞、世界奇聞大觀、神鬼怪異奇觀、神異奇觀、鬼異奇觀、怪異奇觀、駭異奇觀、上海黑幕大觀、養媳婦慘史、藥婆罪惡史、制專婚姻史、浪子懺悔史、晚娘罪惡史、清朝宮場奇報、人類七十二變、萬國奇案大觀、古今奇案彙編、古今騙術大觀、神仙大觀、婦女世界、鬼趣奇觀、怪話、貓苑錯誤、閣世奇談、點金奇術、夢話、清代奇聞、民國百大奇案、北京四大血案、江湖異聞、集錦小說、三教九流秘術真傳、二百五、五千年皇宮秘史、黃金崇、百大妖精鬥法、中國四大妖精、太平廣記（神仙類、女仙類、道術類、方士類、異人類、異僧類、妖怪類……）。

二、光復後（民國三十五～三十七年）

（一）工具書籍（各式百科全書、字辭典共約 102 種）

日本百科大辭典、大百科事典、國民百科大辭典、國民日用百科全書、家庭百科大事典、日本百科全書、圖解現代百科辭典、日本國語辭典、大言海、國民百科事典、常識百科事典、新修百科辭典、康熙字典、大字典、新辭源、新修漢和大辭典、詳解漢和大辭典、最近漢和大辭典、完成漢和大辭典、漢和辭典、辭苑、辭林、辭源、廣辭林、和英併用新式辭典、獨和辭典、英和辭典、和英辭典、クラウン英和辭典、コンサイス英和辭典、新經濟辭典、經濟學辭典、臺日新辭典、臺日對譯語苑、學生常用國英小字典、標準國語辭典、國台音萬字典、中華大字典、國音學生新字典、日文對譯國語大辭典、國台音小辭典、學生小辭典、學生字典、學生新字典、學生字彙、學生新字典、學生國音字典、國音學生字彙、大方小辭典、學生新字源、大眾新字典、生四用字彙、學生小辭彙、五用小辭典、實用大字典、學生四用辭彙、學生小辭海、大眾小辭林、學生小辭源、中華國語大辭典、中華成語辭典、中華諺海、白話詞典、四用辨字辭典、日華辭典、日華成語辭典、日華兩用辭典、辭源、王雲五小辭典、王雲五小字典、啓明英漢辭典、學生英漢字典、學生英漢小字典、啓明英漢四用辭典、啓明英漢兩用辭典、學生英漢小字典、寸半英漢小字典、英文成語辭典、漢英兩用辭典、國光學生英漢字典、國光英漢新字典、國光標準漢英辭典、大方模範英文字典、大方模範漢英字典、大方實用英漢字典、寸半標準英漢字典、原文袖珍牛津字典、英語會話辭典、英語會話、數學辭典、地學辭書、博物辭典、理化辭典、經濟學辭典、外交大辭典、

中外人名大辭典、當代中國名人辭典、世界人名辭典、中國醫學大辭
典、中國藥學大辭典、四書全書辭典寸半本英漢字典、四用英漢辭典。

（二）世界各國研究（日文書，共約 122 種）

臺灣研究（約 68 種）

殖民地大鑑、朝鮮、臺灣、帝國主治下之臺灣、臺灣農業殖民論、臺
灣行政法論、臺灣行政法大意、臺灣違警例犯罪即覺決例、臺灣事情
綜覽、臺灣人事工業慣習研究、臺灣舊慣冠婚葬祭及年中行事、臺灣
人情習慣調查報告、臺灣宗教と陋習迷信、臺灣土俗資料、臺灣植物
圖說、臺灣植物名彙、臺灣文化史論叢、臺灣銀行四十年法、臺灣銀
行會社錄、會社銀行名鑑、臺灣糖米年鑑、臺灣年鑑、臺灣の政治運
動、臺灣統治回顧談、臺灣經濟叢書、臺灣糖業、嘉南大圳新設事業
概要、臺灣寫真帖、躍進臺灣大觀、臺灣介紹寫真集、臺南歷史館畫
帖、臺南聖廟考、開山神社沿革誌、臺灣古今談、臺灣見聞記、臺灣
の蕃族、臺灣生蕃人物語、臺灣人根性、臺灣秘話、臺灣古蹟、臺灣
風俗、臺灣人物誌、義人吳鳳、鄭成功、親愛なる臺灣、樂園臺灣の
姿、臺灣野球史、臺灣行進曲、明日の臺灣、臺灣遊記、民俗臺灣、
臺灣全誌、南部臺灣談、臺灣大觀、臺灣大事年表、臺灣美術展覽會
目錄、臺灣博覽會協讚會誌、臺灣語法、臺灣の植物、臺灣教育（月
刊）、特用作物、新聲（月刊）、植民地政策より觀たる、臺灣統治に
關する建白書、臺灣革命史、對臺灣同胞的希望、龍山寺の曹老人、
吳道子。

中國研究（約 10 種）

新生活運動演說、新生活運動綱要、三民主義（上）、三民主義研究、
三民主義上卷、民主主義概說、孫中山先生小傳、獨學華語入門、華
語新聞の讀方、宋朝史論。

西方研究（約 32 種）

人生論、歐洲思想史、英國憲政論、君主經國策韜畧提要、普魯西勃興史、史論叢錄、社會學二十講、概論歷史學、米國小學讀本、英國小學讀本、佛國小學讀本、獨逸小學讀本、伊國小學讀本、世界涯涯各國、在京一年有半、新聞人生活三十年、世界十大戰爭、各時代の大爭鬪、驚天動地大震災史、光明の世界を求めて、百事如意、社會學二十講、總督政治論、英國膨脹史論、俄國革命史、英國印象記、世界奇聞全集、模範世界年表、銀行論、西洋倫理學史、民族心理與群眾心理、民族主義宗教的教育論。

日本研究（約 12 種）

人生讀本、人生日訓、心の日誌、武家道德史論、土佐日記、日本勞動立法の發展、總督政治論、朝鮮政治論、殖民地政策論、日本裏面史、明治裏面史、日本勞動立法の發展。

（三）教科書類（共約 170 種）

獨習華語入門、華語新聞の讀方、米國小學讀本、英國小學讀本、佛國小學讀本、獨逸小學讀本、伊國小學讀本、繪圖國文讀本、高級國文讀本、注音國語讀本、精選實用國語會話、三字經註解備要、石印大字三字經、三字經、鉛印三字經、千字文、弟子規、千金譜、朱子格言、百家姓、神童詩、名賢集、孝經、女兒經、昔時賢文、人生必讀、增廣賢文、幼學雜字、五言雜字、七言雜字、文成堂四言雜字、三字經、四書不二字、千家姓註解、千家詩、新撰聲律啓蒙、勸世吳鳳傳、詩鐘壺天笙鶴雲鴻集、詩鐘吉光集、詩詞歌賦小學弦歌、趣味集（滑稽詩聯話）、臺灣國民讀本、平民國語千字課、童子摭談、國語廣播教本（一～三）、公教人員手冊、新國民手冊、中華國史概要、中國史地問答、外國史地問答、公民常識問答、國學常識問答、中華

歷史概論、國史簡要問答、最新六法全書、上海版六法全書、最新公文必讀、公文作法明解、現代公文程式、民刑訴訟、公文程式寫作法、中華民國憲法草案詳解、黨政常識問答、標準國語發音速習表、對聯從新、共和對聯大觀、指明算法、增補十五音、硃字十五音、初學指南尺牘、商務尺牘教科書、兒童尺牘、社會新尺牘、民國白話尺牘、童子白話尺牘、女子新尺牘、學生新尺牘、兒童新尺牘、商業新尺牘、交際新尺牘、會通新尺牘、唐著寫信必讀、寫信不求人、萬事不求人、現代交際大全、實用新尺牘、新體白話商業書信、民國商業經濟尺牘、共和新尺牘、江湖新尺牘、尺牘會解、秋水軒尺牘、國語註解秋水軒、曾文正公家書、幼學故事瓊林、言文註釋幼學故事瓊林、言文註釋古文觀止、言文註釋左傳句解、言文對照東萊博議、袖本四書白話註解、袖珍四書白話句解、學庸上下論、上中下孟集註、大學中庸白文、上論白文、論說初步、中華故事集、初級模範作文、初級模範日記、少年模範作文、童子撤譚、上論白文、銅版四書集註、學庸集註、白話論語讀本、白話孟子讀本、曾文正公家書、小倉山房尺牘、對聯從新、尺牘描寫辭源、珠算課本、指明算法、雅俗十五音、彙音妙悟、詩韻集成、詩韻全璧、詩鐘吉光集、詩詞歌賦小學弦歌、鳴鼓集初續、國語說話大全、國語基礎、國語自習書、國語會話集、新國語讀本、國語會話教科書、注音國語讀本、民眾國語讀本、國語發音入門、現代時文讀本、白話文速成法、時文、教育文選、國文課本、初中投考輔導、初中考試問題解答、現代氣象學、四科考試準備書、國語常識自修書、常識口頭試問考試、算術考試準備書、模範國語考試準備、國語課本自修書、大全科自修書、模範算術、六科精練、算術精練、高小歷史教材、高小地理教材、高小自然教材、勞作教材、中華歷史概述、國史簡要問答、中國故典、黨政常識問答、小學升學指導、小朋友升學指導、初中入學指導、初中投考指南、大學入學指導、大學投

考指南、現代公文程式…。

（四）連環圖畫類（共約 248 種）

偉大的領袖、國難家仇、為國爭光、保衛蘆構橋、保衛大上海、戚繼光、班超、鄭成功、文天祥、二十四孝、三國演義、岳飛全傳、抗戰八年、眼前報、征東、征西、反唐、施公案、包公案、梁武帝、北伐記、為正義、科學強國、赤胆雄心、火燒紅蓮寺、一失足千古恨、名人幼年故事、忠勇女將、環境、犯法、啞子吃黃蓮、滿城風雨、巾幗英雄、為國犧牲、牛郎與織女、洛陽橋、萬里長城、春歸何處、泰山剿匪記、中國抗戰史、痛、民族正氣、棄邪歸正、國仇家恨、窮、富、聞雞起舞、忍辱復仇、孤兒寡婦、無名烈士、大鬧野人島、夢遊小人國、孟麗君、西廂記、我的心、滿清入關、抗戰的中國、偉大的中國、勝利的中國、復興的中國、三百六十行、治家格言、善惡報應、貞節婦女、鄉下人到上海、社會怪現象、可怕的水、危險的火、勞苦的父親、敬愛的母親、衣冠禽獸、回頭是岸、紅紛知己、殺人者死、怕老婆、山河重光、水滸全傳、還我故鄉、管仲故事、魚樵耕讀、黃金萬兩、八百壯士、忠孝節義、關公出世、林則徐、姜太公出世、羅賓漢、昭君和番、列國志、殺父之仇、一路風順、百善孝為先、雷雨、萬世師表、上海奇案、水、蘇武牧羊、孟母斷機、宋氏三姐妹、勤奮、文、武、天方夜譚、三六九、日本間諜、地下部隊、祕密日記、熱血五十年、長沙大捷、科學兵器、現代海軍、正氣的花火、血戰台兒莊、十九路軍、梁三伯、父子英雄、月夜更深、心心相印、事在肚內、幸福、討救兵、一髮千鈞、忠勇、敵寇的來日、火燒紅蓮寺、諸葛亮、兄弟兵、一條命、春秋劍、父母之愛、保家鄉、大無畏、浮生六記、天地良心、報應到了、清宮演義、唐宮演義、百年長恨、三十六計、忠臣之子、驚天動地、賢妻良母、六國拜相、成則為王、敗則為寇、原子

彈、童子軍、老百姓痛苦、大發趨利財、宋氏三姐妹、捨身救國、二度梅、呂蒙正、善果、八年血仇、最後笑聲、仁宗私訪、青天白日滿地紅、可憐家庭、泰山寶藏、上海即景、抗戰的孩子、民族的靈魂、壯志未成、五子登科、遼東半島、天字第一號、西遊記、蓋世英雄、光復臺灣、敬君三杯酒、不屈服的中國、暴日下的怒火、男兒當自強、韶華不再、無名烈士、冤家喜相逢、爲國犧牲、拳下留情、戰鬪女性、欺貧愛富、福壽双金、中秋月、倭寇、苦得說不出、教師的苦心、明太祖、劉伯溫、孔夫子、苦中得樂、協力同心、丐仙、張良、韓信、兄弟分家、一舉成名、醒獅、福祿壽、萬寶山、張古董、泰山到美國、殺人者死、守節十五年、日本憲兵隊、一門三傑、天長地久、決不屈服、覺悟前非、天寶圖、地寶圖、人之初、妻、少爺、前進、氣貫長虹、慧劍鋤奸、三訪諸葛、母教、花木蘭、趙子龍、見義勇爲、尚武精神、臥薪嘗膽、晚節可風、小鳥依人、錢與勢、智仁勇、血雨橫飛、忍辱報仇、花落誰家、南京大屠殺、哀求、爲國爲民、漁翁得利、水天雪地、受人之托、你恩我愛、獸世界、一本正經、萬能車、科學奇人、狗、義犬、雪、慘、黑吃黑、不打自己人、不斬無罪人⋯⋯。

（五）屏字畫片類（共約 149 種）

屏條字對（約 19 種）

朱子格言屏、二十四孝屏、八仙上壽、漁樵耕讀、花鳥、今古奇觀、十二生肖、忠孝節義、四大忠臣、四大美女、天女散花、十二明星、仕女兒童、三國志、西遊記、封神榜、水滸傳、征西、征東。

美女畫片：（約 33 種）

懷抱欲哺、五子戀母、姣兒慕乳、幼女戀花、姐弟快樂、美滿家庭、春到人間、滿園春色、華美人、清流遊泳、迎風玉立、双義同風、四美合奏、春色天真、自由車美人圖、月下姐妹、活潑天真、快樂家庭、

上海之夜、機車女御、名媛跑水、春光畢露、笑靨頻開、風姿嫣然、荷塘艷舫、倚樹盼歸、喜溢花稍、寶玉伴讀、眉語欲飛、健康美、搖錢寶樹、迴波照影、踞床有侍。

兒童畫片（約9種）

五子登科、龍鳳貴子、宜男多子、金玉滿堂、八子同樂、五子鬧元宵、群童鬧學、嬌兒懷抱、我的愛弟。

神佛畫片（約31種）

西方極樂世界、三寶慈尊、西方三聖、南無阿彌陀佛、彩色送子觀世音、慈航普渡觀音像、地藏王、一星圖、五路財神、麒麟送子、三星高照、彩色關公像、孔子像、呂祖仙師、濟公佛祖、鍾馗、祭祖大掛圖、天堂地獄圖、極樂世界圖、佛字三聖羅漢、佛字三寶全佛、阿彌陀佛、南無觀世音、南無大勢至、送子觀音、福祿壽三星圖、五路財神、、福字郭子儀上壽、祿字五世同堂、壽字王母上壽、玉堂富貴。

戰爭畫片（約14種）

蔣主席領導抗戰勝利、日軍投降、長沙會戰及克服衡陽、台兒莊大捷、琉璜島登陸戰、中美聯合作戰、英勇將士殲敵、沖繩島登陸大戰圖、滇緬路反攻大戰圖、中美聯合反攻大戰圖、太平洋美日海空大戰圖、諾曼第登陸戰爭圖、原子彈爆炸廣島圖、日軍投降簽字圖。

偉人像片（約12種）

彩色總理遺像（國旗花框）、孫總理遺像、彩色蔣主席肖像（國旗花框）、蔣主席玉照、蔣主席閱兵典禮、中華民國軍政偉人像、聯合國軍政領袖像、世界偉人像、彩色大總統像、彩色普天同慶、彩色世界和平。

風景其他（約31種）

西湖風景圖、萬壽山全圖、上海風景、香港風景、瑞士風景、杭景蘇堤春曉、杭景三潭印月、杭景柳浪聞鶯、杭景平湖秋月、朱子家訓治

家格言（一～二）、二十四孝全圖、梁山一百零八將全圖、八仙雀戰圖、木蘭榮歸圖、大觀園、鳳儀亭、鵲橋相會、大鬧天宮、八仙遊戲、有求必應、天賜財源、十二生肖、龍燈大會、鶴鳴富貴、喜得聚寶盆、男女四十八孝、四喜臨門、皆大歡喜、西遊記全圖、秦皇遊河房宮、京劇名伶名戲圖（一～四）。

（六）中國文化思想（共約101種）

思想類（約23種）

孫逸仙倫敦蒙難記、孫中山先生傳、孫中山先生演義、蔣主席演講大集、中國之命運、中國精神、中國文化建設、中國縣制改造、我們的西化、三民主義問答、三民主義男女平權、建國大綱三民淺說、學術研究國家建設、中國革命史、抗日戰爭最後勝利、中國為什麼要抗戰、為勝利而歌、中國最新民歌選、中國探險家故事、中國歷代名人傳、中國七大哲人傳、中國成語故事、中國童話選。

法帖類（約24種）

柳公權皇英曲、柳公權初學習字帖、趙子昂充國頌、趙公雪觀音殿、趙公雪墨寶、陸潤庠大楷讀書樂、陸潤庠西湖風景記、黃自元臨九成宮、黃自元皇甫碑、成親王竹枝詞、成親王易州廟記、成親王歸去來辭、成親王讀書樂、李海峰書醉翁亭記、李海峰書蘭亭序、柳公權玄秘塔、趙孟頫壽春堂記、王羲之正楷百家姓、趙以炯甘時詩品、李鴻章讀書樂、朱柏廬治家格言、胡漢民楷書墨寶、米南宮草書十七帖、黃自元九十二法。

書譜類（約9種）

蠟筆畫、鉛筆畫、水彩畫、五彩中山像、孔子像、結婚證書、中學畢業證書、小學畢業證書、獎狀。

輿圖類（約35種）

甲種現代世界大地圖、甲種現代中國大地圖、乙種現代世界大地圖、乙種現代中國大地圖、丙種中國新地圖，中華民國全圖、世界全圖、漢唐盛時疆域圖、元清盛時疆域圖、中華民國地形圖、中華民國氣候圖、中國主要農產圖、中國人口分布圖、中國政治區域交通、臺灣分縣詳圖、江蘇分縣詳圖、安徽分縣詳圖、江西分縣詳圖、湖北分縣詳圖、湖南分縣詳圖、廣東分縣詳圖、山東分縣詳圖、河南分縣詳圖、臺灣全圖、中國新地圖、中國大地圖、世界新地圖、中國地理教科圖、世界地理教科圖、本外國地理教科書、袖珍世界分國詳圖、袖珍中國分省詳圖、小學適用中國新地圖、小幅世界全圖、小幅民國全圖。

（七）歌仔冊、歌譜類（共約 52 種）

王環記、陳白筆、梅良玉思釵、破腹驗花、桃花女鬥法、珍珠衫、益春告御狀、唐寅珠簪記、祝英台留學、五娘送寒衣、英台吊紙、方世玉打擂、僥倖錢、王塗歌、十七字詩、長工歌、正月種葱、孟姜女長城、十八摸、包公審尿壺、大舜坐天、七屍八命、孟姜女火燒樓、劉廷貴賣身、張文貴紙馬、梁士奇、鄭元和三橋會、三妙娘、烏白蛇放水、搖古歌、五娘跳古井、三國揚管歌、昭君冷宮、失德了、臭頭新娘、出外歌、乾隆遊蘇州、四民經紀、朱買臣、生相大軍、十二碗菜、金姑看羊、陳世美、王昭君和番歌、父子狀元、賣油郎、玉堂春會審、梁山伯遊地府、二度梅、月台夢、相箭歌、百樣花歌、詹典嫂告狀。

（八）日本進口書籍（日文書、共約 142 種）

文學藝術類（約 15 種）

日本畫大成、日本文學大系、日本文學全集、現代日本文學全集、修養全集、蘆花全集、有島武郎全集、廚川白村全集、ヘルマンヘッセ全集、大西鄉全集、小學生全集、源氏物語、亞洲文選、子供研究講

座、漢學講義錄。

理工建築類（約 61 種）

測量學講義、現代理科教育、大測量學、製圖便覽、圖式力學、農業
土木、最新工業智識、工事と機械、送電配電、機關操縱法、最近機
關操縱法、飛行機發動車學、航空機關士讀本、東京無線技術講義、
電氣工業豫備講義、改訂日產機械圖集、ラジオ技術教科書、無線工
學、蒸汽罐、電氣機器、電氣計器、電氣鐵道、電氣工事讀本、電氣
工學、建築工學、水力工學、上下水工學、港灣工學、橋樑工學、隧
道工學、河川工學、道路工學、鐵道工學、鐵筋混疑工學、水理學理
論及應用、橋台と橋腳、橋樑學、土壤學、水力發電、交流發電機、
真空工學、工業數學、立體解析幾何學、高等數學、微分方程式、同
期機、化學工學、有機化學、無機化學、醱酵生理學、化學工業全集、
物理學概要、物理學通論、膠質學、大鑛物學、工事事務取扱、日本
住宅建築圖案百種、日本建築造作圖案百種、日本陶器全集、陶器圖
錄、三貨圖集。

歷史地理類（約 14 種）

地學辭典、日本經濟史、物語日本史、異說日本史、日本研究報告、
概觀日本地誌、地形學、地理學本論、地理學基礎、地形學入門、日
本地形法、新撰地文學、地理學論文集、日本地理風俗大系。

生物醫學類（約 44 種）

生命實相、南洋年鑑、生物學、植物大圖鑑、實驗花卉園藝、趣味四
季園藝、有用植物、花卉園藝精說、世界花言葉集、園藝果樹生態學、
農村問題大系、果樹栽培講義、盆栽寫真集、蘭譜、蔬菜園藝全書、
農業及園藝、植物及動物、實際園藝、作物栽哉學、作物病理學、食
用作物各論、工藝作物各論、肥料學全書、日本鳥類と其態、鳥類魚
蟲生態、日本魚類圖說、日本水產動植物圖集、日本昆蟲大圖鑑、蝶

類圖鑑、貝類圖鑑、博物圖鑑、臨床救急法、各科專門診療醫典、臍帶ホルモン學說と癌腫治療、臨床の日本、血清學、實驗細菌學、家畜診斷學、馬匹外貌學、馬學、家庭醫學、兒童看護の實際、徹底的家庭看護法、健康法全書。

家居實用類（約 8 種）

朝日常識講座、日本百科全書、婦人手藝全集、婦人子供服、現代洋服裁縫、新裝洋服裁縫、洋服裁縫大講座、料理の友。

（九）漢文外板圖書（共約 159 種）

歷史、偵探、愛情類（約 48 種）

木蘭從軍、十美圖、武則天奇案、英烈傳、宋太祖下江南、正德遊江南、正德白牡丹、明清兩國志、戰國英雄傳、燕山外史、前後說唐傳、羅通掃北、五代殘唐、列國演義、後列國志、蕩寇志、封神演義、紅樓夢、繪紅樓夢、濟公傳全集、中國抗戰史演義。廣東偵緝王、探長左輪森、廣州黑社會秘記、血染迷樓、第五號情報員、國際大祕密。五彩姻緣、相思紅淚、刧塵紅粉、雙鳳奇緣、鬼才倫文叔、鬼才二集、冷火熱娘、黃道人收妖、紫帕緣、烟花三月、死吻、毒海屍山、人間孽緣、冷暖晴天、紅皮書、走私奇案、大破筆架山、兩世冤仇、五彩姻緣、六才子西廂、二才子風月傳。

武俠類（約 61 種）

飛俠偷頭記、奇俠雌雄劍、七大奇俠傳、江湖十八俠、大俠霍元甲、大俠馬如龍、虎穴英雄、天南怪俠、蠻荒怪俠、大刀王五、血寶塔、俠女報仇、神州七俠傳、俠女奇男、女俠呂飛琼、漁村隱俠、江湖俠客傳、夜行飛俠傳、八大奇人傳、新兒女英雄、風雲會、寶刀遺恨、空門血案、假鈔票、俠女救夫記、五兄弟（上、下）、紅巾黨、生死板、斷頭亭、藍田女俠、獅頭怪俠、七劍十三俠、血洗孝光寺、俠盜

張保仔、獨臂英雄、八劍保蓮花、拳打廣東、羊城五虎、海角梟雄、乾隆皇三訪功臣俠、喋血情鴛、猴拳巧、血染美人魂、元代劍俠、五龍十八俠、女俠紅胡蝶、江湖隱俠、乾坤俠、忠義三俠、五台山少林俠盜、風塵奇俠、黃三泰學藝、九竜山盜俠演義、新編千里獨行俠、五湖四海英雄會、繪圖小八義、大明奇俠傳、劍俠奇中奇、飛劍奇俠傳、仙俠五花劍。

命理類（約 50 種）

地理直指原真、地理大全、山洋指迷、地理琢玉芥、地理鉛彈子、惑疑龍經合、命學津梁、算命實在易、玉匣記、牙牌神數、萬法歸宗、增刪卜易、奇門遁甲、永寧通、卜筮正宗、神相水鏡、相理衡真、象吉通書、永吉通書、協紀辨方、命理正宗、命理探源、算命不求人、斷易大全、天機會元、地理大成、地理不求人、地理入地眼、地理雪心賦、羅經透解、羅經解定、羅經頂門針、地理五訣、地理人子須知、地理辨正疏、地理四彈子、地理玉隨經、地理水龍經、地理正宗、陽宅愛眾篇、算法統宗、淵海子平、梅花易數、鑑略妥註、青囊經、魯班經、椎背圖、金口訣、金錢課、古今名人書。

（十）醫學類（共約 103 種）

陳修園二十七種、陳修園四十八種、公餘醫錄五種、本草綱目求真、難經脉訣、外科大成、眼科大成、眼科百問、萬病回春、瘍醫大全、外科圖說、醫方集解、醫學心悟、壽世保元、辨證奇聞、醫學入門、醫學三字經、醫林改錯、大字足本鍼炙大成、傅青主男女科、萬氏婦人科、竹林女科、婦人良方、濟陰綱目、中西滙通、本草備要、本草從新、外科金鑑、醫宗金鑑內外科、雷公藥性賦、驗方新編、徐靈胎、溫病條辨、家庭醫藥顧問、神農本草、醫方本草合刻、醫宗必讀、黃氏醫書八種、醫方一盤珠、醫方捷徑、醫門法律、臨證指南、醫示寶鏡、黃帝內經、

經驗良方、葉天士女科、胎產祕書、幼幼集成、幼科三種、達生編、藥性大字典、種痘新書、喉科指掌、喉科祕旨、麻科活人全書、百病自療全書、無藥療病法、萬病驗方大全、民間百病秘方、百丙丹方大全、家庭醫藥常識、大眾醫藥、醫藥顧問、中國醫藥入門叢書、西醫百日通、中西滙通醫書五種、藥性大辭典、國藥字典、西藥辭典、標準藥性大字典、中藥大辭典、中國醫學大辭典、國醫藥物學、中國藥物學、中國藥物新字典、藥草新纂、藥陀神醫祕傳、華陀驗方圖說、急救經驗祕方、急慢驚風救治法、治疗大全、驗方新編、國醫靈驗方案、飲片新參、十三科古方選註、肺病指南、癆病自療法、五官病自療法、傷寒自療法、胃腸病與痔瘡病、怪病奇治、却病延年長生術、虐病指南、痢疾指南、傷科秘訣、肺病自療法、性病自療法、婦人病自療法、小兒病自療法、夫婦性衛生、太素脈訣全書、七十種疗瘡治法。

且讓「蘭記」的研究做為一個開始
評《記憶裡的幽香──嘉義蘭記書局史料論文集》

◎許雪姬

中研院台灣史研究所研究員兼所長

　　1991 年我自台南圖書館獲贈二樹庵（林德林）、詹鎮卿合編的《國台音萬字典》時，就已開始注意蘭記書局。當時我正在寫〈台灣光復初期的語文〉一文，研究當時的政府如何強力推行國語運動，而台灣人又如何習得「國語」，我引用了這本字典作爲台人習得國語重要的工具書。正好這時我到嘉義從事二二八相關訪談，我告訴助理嘉義有這麼一家老牌老字號的蘭記書局，助理說她男朋友家和蘭記主人有點親戚關係，她可以幫我聯絡看看是否願意接受訪談，但不得要領。

　　又過了一兩年，有一次我在南天書局買書時，看到魏老闆正和一位年長婦女談話，原來南天在幫這位女士賣有關閩南語方面的書。女士離開後，我請教魏老闆，他說那是蘭記的媳婦（陳瑞珠），有辭典（《閩南語發音手冊》、《蘭記台語字典》、《閩台音萬字典》）託賣。我當時立刻請魏先生幫我介紹聯絡，我要爲她做訪談記錄，以便留下蘭記的歷史。但最後也沒有結果，我一直引以爲憾！

　　我從小在台南長大，自小就知道有一家興文齋，老闆林占鰲先生和家父有點交情，往後也知道中部還有中央書局、瑞成書局，都是日治時期就已開辦的台灣人書店，但卻沒有相關資料或研究忠實地介紹、評價這些書局在傳播文化上的貢獻。近幾年又由報紙知道蘭記的資料已交給遠流王榮文，我每次碰到王榮文先生就想向他問起這批資料是否已有人

利用，但匆匆見面時總忘了問起。

去年（2007）我的學生蘇全正（中正大學歷史所博士）和我聊天時，我提到日治時期台灣人的書局應該要有年輕人動手研究，比如說蘭記、中央書局。他告訴我，他已寫就〈蘭記編印之漢文讀本的出版與流通〉一文，而這批資料文訊雜誌社正在整理中，不久收到他寄給我的文章，我如獲至寶讀了一遍，對蘭記書局已有初步的認識。

2007 年年底收到文訊雜誌社寄來的《記憶裡的幽香——嘉義蘭記書局史料論文集》，一口氣讀了下去，令我獲益良多。這本書共分四部分，一是「人的故事」，說的是蘭記的經營者；二是「書店的故事」，由學者專家就書店的經營，其扮演的角色，與其他書局的關聯，並涉及了當時人的閱讀，書店的廣告等；三是「書的故事」，分析蘭記自編自印的漢文讀本在日治、戰後出版流通的情況兼及其所利用的善書；四是自上海販入的文學與兩性之書。此外有附錄二部分，一是蘭記的大事紀，二是蘭記出版與代銷圖書目錄。

上述的訪談紀錄或報導，甚至論文，讓我了解「蘭記」名稱的由來，創立的年代，由黃茂盛至其媳陳瑞珠經營的經過，以及隨著陳瑞珠的過世而讓蘭記畫下了休止符。其中最令人動容的是陳瑞珠女士和其弟為重新修訂《蘭記台語字典》、《蘭記台語手冊》所做的付出。而其中我最感興趣的是這樣一間民間的書局，他所負擔文化傳播的角色有多大？如何評價？而在日人統治下的 1937 年，甚至到 1941 年皇民奉公會成立後，以經銷中文為主的書局，是否有些配合政策的做法？2007 年獲郭双富先生贈送《皇民奉公經》（莊萬生編・許克綏發行，瑞成書局印行），不用說是配合時局下的產物，但看蘭記自印的「台版」圖書中，卻只有《改姓名參考書》，差堪說成與改姓名運動有點關係，是否可說蘭記能不隨俗於時局！上述問題值得再深入研究。

近年來我有機會閱讀〈林癡仙先生日記〉、〈灌園先生日記〉，由日

記中也獲得其購書管道大半是自行或託人向上海方面的書局訂購；即使台中中央書局設立後也未完全改變情況，甚至利用到日本的機會去神田內山書店買中文書。在我整理已故台大歷史系教授楊雲萍的相關書信，有大量是與日本書店來往的，或是寄書目來，或是注文新書或匯款；甚至大甲文人杜香國的相關資料中，亦有一些來自日本書店的書目，卻未見有與台灣本地賣漢文的書店通信。也許上述四個例子比較特別，但日治時期中文書的流通管道以及購買者是誰，可以再研究。

　　2015 年我開始解讀鹿港詩人陳懷澄先生的日記，並在 2016 年出版1916 年的日記。日記到了 1924 年開始出現「羅山蘭記小說」的記載。陳懷澄自 1925 年起從蘭記取得「介紹馮安從贈善書五十本」、「嘉義蘭記青年必讀善書」；1927 年起，陳收到「嘉義蘭記圖書部目錄」，陸續購買《字典》、《尺牘》、《女子國文教科書》（8 冊）、《女子尺牘大全》（6冊）、《子不語》，自 1928 年後陸續再買《佛經》（10 部）、《家禮》（4 部）、《精神錄》、《新字典》（20 部）、《辭源》、《畫史》（3 部）、《古文書選》、《東方雜誌》。他之所以贖買女子的教科書，乃因他在辜顯榮家的大和私塾教導女弟子。蘭記還幫陳懷澄出版《古光集》、《媼解集》。可見蘭記出版的書和傳統文人間關係之一斑。

　　《嘉義蘭記書局史料論文集》這本書的出現，應該開日治時期台灣人開的書店之研究先河，接下來中央書局應該有人做，曾聽說台中市立文化中心有意從事，但只聞樓梯響。該書局的後人張耀錡先生（創辦人之一張煥珪之子）告訴我，他手中保存不少資料，希望台大歷史系畢業的他，能夠在不久的將來替自己的書局寫出歷史。接著應該研究的是出過《初等實用國文讀本》（共八冊）的瑞成書局。

——原刊於《文訊》269 期（2008 年 3 月）

2017 年 10 月修訂

國家圖書館出版品預行編目資料

記憶裡的幽香：嘉義蘭記書局史料文集百年紀念版
文訊雜誌社主編.--增訂一版.--臺北市：文訊雜誌社出版，
2017.11
　面；　公分 （文訊叢刊：28）
ISBN 978-986-6102-32-5（平裝）
1.蘭記書局 2.出版 3.歷史 4.文集

487.78933　　　　　　　　　　　　106020908

文訊叢刊 28
記憶裡的幽香──嘉義蘭記書局史料文集百年紀念版

策　　　畫　財團法人台灣文學發展基金會
主　　　編　文訊雜誌社
封面設計　不倒翁視覺創意工作室
出　　　版　文訊雜誌社
　　　　　　地址：10048台北市中山南路11號B2
　　　　　　電話：02-23433142　　傳真：02-23946103
　　　　　　電子信箱：wenhsun7@ms19.hinet.net
　　　　　　網址：http://www.wenhsun.com.tw
　　　　　　郵撥：12106756 文訊雜誌社

印　　　刷　松霖彩色印刷公司
總 經 銷　聯合發行股份有限公司
初　　　版　2007 年 11 月
初版二刷　2009 年 3 月
增訂一版　2017 年 11 月
增訂二刷　2019 年 5 月
定　　　價　新台幣 400 元
ＩＳＢＮ　978-986-6102-32-5